Friedrich Karl von Eggeling

Von starken Keilern, treuen Hunden und pfeilschnellem Federwild

Friedrich Karl von Eggeling

Von starken Keilern, treuen Hunden und pfeilschnellem Federwild

Zweite Auflage

Verlag Paul Parey · Hamburg und Berlin

CIP-Kurztitelaufnahme der Deutschen Bibliothek

Eggeling, Friedrich Karl von:
Von starken Keilern, treuen Hunden und pfeilschnellem Federwild / Friedrich Karl von Eggeling.
— 2. Aufl. — Hamburg, Berlin : Parey, 1980.
ISBN 3-490-0611-3

1. Auflage 1975
2. Auflage 1980

ISBN 3-490-06011-3

Anschriften: Spitalerstraße 12, 2000 Hamburg 1; Lindenstraße 44—47, 1000 Berlin 61. Printed in Germany by Schüthe-Druck, Hamburg 90. Umschlag- und Einbandgestaltung: Jan Buchholz und Reni Hinsch, Hamburg. Umschlagphoto: K. Tönges, Goßfelden.

VORWORT

Wenn im Mittelalter große Ereignisse bevorstanden, so ging es – wenn man den Berichterstattern glauben darf – meist recht eigentümlich zu: Da erschienen Feuerräder am Himmel, der geschwänzte Komet erschreckte friedliche Bürger, und es regnete Frösche und Ungeziefer.

Die denkwürdigen Geschehnisse, welche meine Geburt begleiteten, haben zwar keine weltweiten Spuren hinterlassen, aber sie haben doch stark in meinen Lebensweg eingegriffen und ihn gestaltet.

Es geschah nämlich an diesem Tage zweierlei: Zunächst schoß mein Vater seinen bis dahin stärksten Bock, was viel heißen will, denn die Brunft war gerade vorüber und die Böcke deshalb heimlich. Dieser erfolgreiche Schuß bewirkte, daß Vater sich meinen Geburtstag dauerhaft merken konnte. Wurde er auf mich und mein Alter angesprochen, so gelangte sein Redefluß gar bald auf jenen Bock und damit zu Fragen der Rehwildhege, wodurch ich schon frühzeitig mit diesem Welträtsel in Berührung kam und zum Mitdenken angeregt wurde.

An dem geringen Erfolg dieses langjährigen Mitdenkens erkennt man sehr wohl die Schwere des Problems, nicht unbedingt aber die Tiefe meiner Denkfähigkeit schlechthin.

Als zweites geschah an jenem Tage, daß unser Diener Ferdinand die Böllerkanone lud und nicht weniger als 101mal löste. Die Folge dieses unerträglichen Lärms war, daß Don, meines Vaters Hühnerhund, aus dem unbeheizten Kamin in der Halle, wo sein Sommerlager war, entfloh und sich ungesäumt durch zahlreiche Räume den Weg bis unter meine Wiege bahnte, die mit langen Tüchern versehen, ihm anscheinend als nachhaltiger Schutzspender würdig erschien.

Diese frühzeitige Begegnung mit gewissen Schwächen unserer vierläufigen Jagdfreunde wiederum prägte mich für alle Zukunft, zumal Don auch künftig den Platz unter der Wiege jedem anderen vorzog und die zahlreich anrückenden Tanten in respektvollem Abstand von mir zu halten nicht verfehlte.

Dumpfes Grollen aus verteidigungsbereiter Hundekehle, der sanfte Geruch nassen Drahthaares und langsam verdauten rohen Pansens, ohrenzwangverdächtig langanhaltendes und mit leisem Jaulen begleitetes Kratzen, welches die Wiege in Schwingungen versetzte, sind somit ganz gewiß meine stärksten Eindrücke aus jener Zeit.

Was also lag näher, als daß ich im Laufe der Zeit aus der wie selbstverständlich gewachsenen Bindung mit diesem und manchem nachfolgenden Hund ganz von selbst lernte, mit ihnen umzugehen, mich besonders eng an sie anschloß und in sie hineindenken konnte. Darin, so meine ich jetzt ganz im Ernst, mag es begründet sein, daß ich den großen Vorzug genossen habe, in den 40 Jahren meines Jägerlebens nicht weniger als drei Leibhunde besessen zu haben, die, aus den vielen anderen weit herausragend, ihrer jeweiligen Rasse gemäß in fast vollkommenem Maße dem Wunschbild nahekamen, das wir uns von einem perfekten Jagdhunde machen. Ihnen gelten diese Zeilen, mit denen ich einen kleinen Teil des Dankes abstatten will, den ich allen meinen treuen Begleitern schulde.

INHALT

FALK, GENANNT MÄNNE – DER TECKEL

TRIXI USLAR – DER SPANIEL

DIE LADY VOM ULMENHOF – DER MÜNSTERLÄNDER

FALK, GENANNT MÄNNE – DER TECKEL

Klein fängt man an

Hängen mir einmal Büro, die Arbeit, die Menschheit überhaupt zum Halse hinaus, dann flüchte ich mich gern in die Erinnerung, die angenehme natürlich. Erstes Zeichen wahrhaften Alterns, wie ich feststelle, Zeit also für einen aufrechten Deutschen, seine Memoiren zu schreiben und sich als Jäger zumal des ersten Bockes zu erinnern. Gehorsam also dieser Lebensweisheit, und obendrein ins äußerste Zimmer verscheucht durch die unschuldige Frage meines Erstgeborenen – „Sag mal, Pépé, und wann stirbst Du?“ – fing ich an, in meinen Schußbüchern zu blättern.

Ich muß dazu sagen, daß es außerdem Bindfäden regnete, die Hunde ihren Spaziergang gemacht hatten und es obendrein noch Februar war, für einen Jäger also eine fast tödlich langweilige Zeit, die Menschen wie mich geradezu dahin treibt, das zu kultivieren, was mein Freund Sven „die Existentialtrauer des Mannes“ nennt.

Auf einen Außenstehenden hat solch ein Schußbuch die gleich tiefe Wirkung wie ein Telefonbuch: Viele Zahlen und wenig Handlung. Für den betroffenen Jäger aber ist es eine Fundgrube schier unerschöpflichen Ausmaßes. Wenn man dann, so wie ich, in diese Schußbücher nicht nur Tag, Art und Anzahl der Strecke hineinschreibt, addiert und am Ende meint, daß man ein großer Jäger gewesen sei, und vor lauter Quantität die Qualität vergißt, wenn man also seine Schußbücher mehr als Tagebücher führt und auch von Ereignissen in Stichworten berichtet, die mit Büchse und Flinte nur am Rande zu tun haben, so können sie wirklich zu spannender Lektüre werden, und das bunte Erleben zieht vorbei wie Wolkenschiffe am Abendhimmel.

Mein erstes Schußbuch nehme ich zur Hand, das nämlich, in dem noch die Spatzen eingetragen sind (21. August. 1930: „Ein Spatz mitte Kugel durchn Kopp") und die Eichkatzel an der Nußplantage und die Häher für die Suppe von den Parkeichen und die ersten gefangenen Wiesel vom Durchschlupf an der Friedhofsmauer (1. März 1932: „1 Stänker im Eisen an Omas Grab"). Dann aber fällt mein Auge auf den 24. Dezember 1932, wo mit roter Tinte steht: „Männe ist da!!!"

Man muß ganz klein anfangen, als Jäger wie als Hundeführer, sagte mein Vater. Das hieß für mich, viele Jahre hindurch mit dem Skizzenblock in der Hand, lediglich fernglasbewaffnet, die Böcke im Revier abzeichnen. Das hieß, beim Revierjäger in die Schule zu gehen und Fallen bauen, Hochsitze richten, Schüttungen beschicken, Baue kontrollieren, Rebhühner verhören und in den Wiesen Gelege zu suchen. Das hieß, Rehe zerwirken, Füchse abbalgen, Fasanen aushakeln und sich vom Uhu kratzen zu lassen. Das hieß, Flinten putzen, Patronen laden, Büchsenspannerdienste leisten. Und das hieß, einen Teckel zu führen!

Aber noch war es lange nicht so weit, denn vor das Vergnügen haben die Götter den Schweiß gesetzt, was speziell bei mir darin bestand, daß ich beauftragt wurde, Kunstbaue zu graben, um herauszukriegen, welche der angeordneten Formen die geeignetste sei.

Es war nämlich bei uns im schlesischen Vorgebirge so, daß wir einerseits entlang der zahlreichen Bäche eine Menge Remisen – „Pischel" sagt der Schlesier – unterhielten und dort gar nicht so wenig Fasanen aufzogen, andererseits aber wegen der Nähe des Isergebirges besonders in schneereichen Wintern einer Fuchsinvasion unterlagen, was sich mit der Fasanenhaltung nur schlecht vertrug.

Die Füchse steckten sich in den Felsenbauen und waren dort auch mit den besten Hunden kaum herauszubekommen. So entschloß sich mein Vater, diese Baue zu sprengen und durch Kunstbaue zu ersetzen.

Der ehrenvolle Auftrag an mich lautete daher, in zäher Arbeit während der Ferien mit Hacke, Spaten und Axt Schützengräben durch den Wald zu ziehen, die bald in Form eines A oder eines U oder gar einer I als Betten für entsprechende Zementplatten dienen sollten. Im Laufe der großen Ferien hatte ich fünf oder sechs solcher Baue gegraben, die Waldarbeiter hatten sie mit Platten ausgelegt und wieder mit Erde bedeckt. Der Winter würde zeigen, ob sich die Anlagen bewährten.

Der brach bei uns meist mit elementarer Gewalt ein, kam schnaubend und klirrend über das Gebirge gefahren und schüttete tagelang den Schnee aus tiefliegenden Wolken. Dann heulte der Sturm um die Ecken der Burg, die Butzenscheiben im Treppenturm klirrten, und draußen im Hof türmten sich die Schneewehen, die es in langen Fahnen vom Dach herunterriß. Regelmäßig kamen mit diesem Wetter die Bergfüchse mit dichter Unterwolle und langen Grannhaaren, begehrt und ersehnt von Förstern, Jägern und Pelzhändlern. Wie die Teufel hinter den armen Seelen waren sie hinter den Füchsen her, paßten am Luder in schneidender Kälte, schrien Lampes Todesschrei über mondbeschienene Felder, veranstaltenen Drück- und Lappjagden, – gruben und sprengten, fingen sie in Prügelfallen und Eisen, balgten sie liebevoll ab, zogen sie übers Brett, hübschten die Fehlstellen und Kugellöcher und feilschten schließlich um das liebe Geld und den möglichen Zuschlag für Oberköpfe und Kohlfarbe, für die Kreuzgezeichneten und für die mit dem kleinsten weißen Brustlatz.

So war es kein Wunder, daß an jenem denkwürdigen 8. Dezember 1933 schon des Morgens früh eine kleine Prozession sich im Burghof versammelte, nämlich die beiden Jäger Döring und Jahr und der für das Revier Harte zuständige Revierförster Görs. Sie waren beladen mit Hacken und Spaten, Gewehren und Rucksäcken, die Jäger führten das unsittliche Geschwisterpaar „Halli“ und „Hallo“, kurzhaarige Weimaraner, die alljährlich blutschändend einen bildhübschen Wurf zeugten, und alle warteten gespannt auf Schlitten, Kutscher, meinen Vater, mich und die Hauptperson, nämlich Falk, genannt Männe, den Fuchstöter.

Nach wie vor schneite es fürchterlich, und der Wind trieb in heftigen Stößen den Rauch durch den Kamin in die Zimmer und ließ die uralten Kastanien im Innenhof erzittern bis in die Wurzeln.

So war das Wetter recht und die Stimmung gut und meine zum Platzen vor Aufregung. Denn heute, da galt es!

Der erste Kunstbau war gleich vornean im Katzenwinkel, das war der Ort, wo der Schwarzstorch horstete und tausend kleine Quellen entsprangen, die sich später zum Bach vereinigten, der den Burggraben mit Wasser belieferte. In der Hussitenzeit hatten die Belagerer versucht, diese Quellen abzugraben und umzuleiten, und seither war dort eine kleine Anschüttung übriggeblieben. Die Belagerung war übrigens vergeblich gewesen, und das Ziŝkasche Heer hatte weiterziehen müssen, Gutshof und Stallungen nebst allen Vorwerken allerdings als rauchende Trümmerhaufen zurücklassend. Seither standen dort die „neuen Höfe“, immerhin 500 Jahre alt, und nicht erst mein Vater wird sich gefragt haben, wie lange Pietät und Sinn für spätgotische Profanbauten noch die Oberhand über praktische Erwägungen eines zum Geldverdienen gezwungenen Landmannes behalten dürften. Dort also, wo Soldaten oder gezwungene Kärrner vergebens eine Bachumleitung versucht hatten, dort hatte ich einen Kunstbau angelegt.

Tief verweht lag der Schnee vor den beiden Einfahrten, aber der Hund war wie toll, als wir uns unter Wind näherten. Wie der Blitz verschwand er im Bau, es rumpelte in dem einen Aste des A, giftiger Laut drang durch die flache Erde, und schon sprang der Fuchs, rollierte im Schnee, und Männe durfte ihn zausen.

Der zweite Bau des Tages, der wie ein U geformt war, lag an der Ochsenstraße. Das war ein breiter Sandweg, der sich von unserem Oberhofvorwerk bis weit hinein in die Heide und die großen Fahrstraßen nach Preußen zog, wo im siebenjährigen Krieg die Ochsen zur Heereslieferung entlang getrieben wurden. Es gab sogar Ochsengrafen in Schlesien, die ihre gräfliche Nobilitierung angeblich solchen reichlichen Heereslieferungen verdankt haben sollten. Meine Großmutter zumal versäumte nie, bei preußischem Besuch darauf hinzuweisen. Sie fühlte wendisch-sächsisch bis zu ihrem Tode, und das erste Gedicht, das ich auswendig lernen mußte, war der schöne Spruch:

Warum fließt denn die Elbe
Bei Dresden so gelbe?
Sie grämt sich zu Schanden,
Sie muß aus den Landen,
Denn gleich hinter Meißen,
Pfui Spinne, kommt Preußen!

Dabei waren wir seit 1741 halbe und seit 1815 ganze Preußen geworden – aber die alten Wenden sind zäh.

Kaum war der Hund im Bau verschwunden, da erschien schon der Fuchs am anderen Rohre und hinter ihm ein Zweiter, und beide lagen, bevor sie die Dickung erreichen konnten.

Noch stand die Sonne am Himmel hinter den Schneewolken, da hatten wir 6 Füchse aus den Kunstbauten am Wagen hängen, und, weil es so gut gegangen war, beschlossen wir weiterzumachen und dem einzigen Sandbau, den wir hatten, dem alten Mutterbau am Hohen Weg, einen Besuch abzustatten. Der war mit seinen zahlreichen Röhren, Notgängen, Geschleifen, doppelten und dreifachen Sandbergen so wild zerklüftet und von Hirschholunder und Waldrebe so dicht verwachsen, daß die Schützen kaum reichten, ihn ganz zu übersehen. Dazu kam noch, daß die Altertumsforscher vor einigen Jahren wahre Schützengräben ausgehoben hatten, um ein vandalisches Gräberfeld freizulegen.

Das war so gekommen: Der alte Förster Behrens, der ein wilder Baujäger war, hatte eines Tages in diesem Bau seine beiden Teckel verloren, die offenbar an Dachse geraten waren und verklüftet wurden. Bei den tagelang durchgeführten – leider vergeblichen – Ausgrabungsversuchen, war man auf Asche und Tonreste gestoßen, auch ganze irdene Gefäße hatte man geborgen. Dies sprach sich natürlich herum, und es dauerte nicht lange, bis eine hohe Kommission aus der Kreisstadt anrückte, die um Genehmigung zum Weitergraben nachsuchte. Es war dann nach und nach etwa die Fläche von einem Hektar umgewühlt worden, und zur Freude aller stellte sich heraus, daß man es mit den alten Germanen und nicht mit später eingesickerten Slawen zu tun hatte. Obschon es noch nicht die Zeit der verrücktesten Germanenverehrung war, so war man doch allgemein stolzer auf diese Sorte Vorfahren, wenn auch in der Ahnenreihe mehr Stoschs und Skopps und Muschwitze vorhanden waren als Schönbergs, Schulenburgs und Rechenbergs.

Den Dachsen waren Germanen oder Slawen wurscht, sie hatten nach kurzer Pause die willkommene Möglichkeit, die amtlichen Schützengräben in ihr Röhrensystem einzubeziehen, gerne und mit Umsicht ausgenutzt.

Wir standen also ziemlich weit verteilt auf dem Bau, und weil zu erwarten stand, daß man irgendwo graben mußte, hatte der Kutscher die Pferde an einen Baum gebunden, sich mit Hacke und Spaten bewaffnet und sah mit seinem wappenknopfbenähten Fahrpelz aus wie der Weihnachtsmann persönlich. Der Hund war wie der Blitz im Bau verschwunden, und lange Zeit hörten wir nichts als das Brausen des Windes in den Fichten und das Knistern der Flocken im Gezweig.

Ich ging von einer Röhre zur andern und lauschte. Von ganz weit her schallte der Laut des Hundes, wild, beständig, ohne Unterlaß. – Woher?

Wir räumten den Schnee beiseite, preßten das Ohr an die Erde, hielten den Atem an, lauschten. Hier! Hier unter mir spürte ich das leise Beben, das bei jedem heftigen Laut des Hundes die Erde erschütterte.

Hainke, der Kutscher, entledigte sich seines Weihnachtsmannmantels, wurde zum normalen Menschen und grub sich in die lockere Erde ein. Schon hörten wir das Schlagen der Rute des Teckels an den Wänden, da ging dort unten plötzlich eine wilde Keilerei los. Keckern und Murren, Angst-, Wut- und Schmerzlaute des Hundes, dumpfes Poltern, gelles Gewinsel und „Da kommt er!“ schrie einer der Jäger, und Domm! fuhr ein Schuß über uns hin, daß wir uns ins Loch preßten, und Domm! und Domm! und wieder und wieder krachten die Schüsse.

Zum Teufel, was war das, Schrote zischten, Flüche ertönten, Ha-da-liegt-er-Schreie erklangen, dazwischen bellte zum Glück wieder der Hund, diesmal aber außerhalb des Baues, ein Pferd spielte verrückt und schmetterte seine Hufe gegen die Schlittenwand, so daß der Kutscher neben mir im Loch aufbrüllte:

„Pojaz, willst du wohl!!!“, und wieder ein Doppelschuß – und endlich Stille!

Ganz vorsichtig steckten wir die Köpfe aus der selbstgebauten Grube und sahen uns um:

Da lagen ringsum im Schnee, der von Schweiß gerötet, von Schroten zerfurcht und von Fluchtspuren zerrissen war, eins, zwei, drei, vier, nein fünf Dachse, und dem einen hing der Hund an der Kehle.

Das gab ein Erzählen und Lachen und Prahlen, ein Wiegen und Wägen, ein Verteilen und Loben und Fluchen, bis Hainke, der Kutscher, mit tieftrauriger Miene den einstmals so stolzen Mantel, den jetzt ein kreisrundes Loch verunzierte, aus dem noch einzelne Schrote rieselten, schweigend vom Ast nahm, ihn meinem Vater präsentierte und tränenumflort in die Worte ausbrach: „Das, Herr Rittmeister, ist selbst für einen herrschaftlichen Kutscher zu viel!“ Sagte es, schlug sich die Trümmer seines Staates um die Schultern und verschwand gebeugt zu seinen Pferden, mit sich, der Welt und seinem halbgöttlichen Nimbus zerfallen und tief beleidigt von dem dröhnenden Gelächter einer entmenschten Jägerschar.

Das war Männes erstes richtiges Debut!

Nie wieder erreichten wir diese große Zahl gesprengten Raubwildes an einem Tag. Die Ansammlung jähriger Dachse war wohl sicher der Sprengung der Felsenbaue zuzuschreiben, die im Herbst erfolgt war und verursacht hatte, daß sich deren Dauerbewohner in solcher Menge zusammenrotteten.

Als technischer Abschluß dieser Geschichte über die Kunstbaue wäre vielleicht noch zu sagen, daß wir nachhaltig dazu übergingen, schließlich nur noch jene Baue anzulegen, die in Form eines A gebaut waren. Wir verfeinerten die Anlage noch dadurch, daß wir in die Mitte des Quersteges einen Kessel einbauten und an den Anschlußstellen zu den Langseiten je einen Schieber einließen. Man konnte auf diese Art, falls der Fuchs nicht springen wollte, den Bau unterteilen, also eine Sackröhre schaffen oder aber ohne wesentliche Hundehilfe den Kessel ausnehmen, wenn Jungfüchse steckten.

Mitunter gingen die Jagden auch anders aus: Wir fuhren bei tiefem Schnee mit dem Schlitten zur Harte und wollten auf Füchse drücken. Als wir in die Kirschallee einbogen, meinte der Kutscher, daß es wohl besser sei, über den Acker zu fahren, denn die Allee wäre sicher sehr stark verweht. Vater hatte wohl nicht recht zugehört oder war in Gedanken schon im Wald, wollte auch keinesfalls Treiber und Förster in der Kälte warten lassen und sagte nur: „Nein, fahren Sie zu!“

Wie mir nun Hainke später sagte: „Jedes Gebot ist heilig bis abends um sechs!“ – fuhr er die Allee entlang, kam natürlich wie vorausgesagt in tiefe Wehen und, als er herauswollte, ging es nicht mehr, vielmehr waren die Pferde so verrückt geworden, daß sie schlankweg durchgingen, sehr bald durch die alberne Springerei in tiefem Schnee bis über den Bauch versanken und in einer letzten, verzweifelten Anstrengung noch einen Satz vorwärts machten, wobei der Schlitten umkippte und Vater nebst Gast unter sich begrub.

Kutscher und Hund waren rechtzeitig vom Bock gesprungen und lagen vorschriftsmäßig 6 Schritt hinter der Unglücksfuhre; ich hatte mich im letzten Moment seitwärts herausfallen lassen und kam mit der Flinte in der Hand bald zum Stehen.

Die ersten Gedanken galten – wie es sich für den Landmann gehört – natürlich den Pferden, die übereinandergestürzt waren und eben anfingen, gegeneinander keilend, sich wieder aufzurichten, was einfach unmöglich war, da sie sich vollständig in Stränge und Fahrleine verwickelt hatten.

So rasch es gehen wollte, schnitten wir sie mit den Messern los und banden sie, nachdem sie sich etwas beruhigt hatten, an die Kirschbäume. Dann erst konnten wir den Verschütteten helfen!

Als wir mit vereinten Kräften den Schlitten zurückkippten, erschien heftig prustend mein Vater, der sich aus dem Pulverschnee hervorarbeitete, dem Kutscher seine Meinung über das Fahren sagte und zunächst mal nach den Pferden sah.

Den Jagdgast hatten wir in der Aufregung total vergessen!

Als sich alle damit beruhigt hatten, daß außer den zerschnittenen Strängen nichts passiert sei, stellten wir fest, daß noch jemand fehlte.

Vater dachte scharf nach, schließlich meinte er, beim Hochstrampeln habe er auf etwas Festem schließlich Fuß gefaßt; das müsse dann wohl der Baron Durant gewesen sein. Nachdem wir eine Weile im Schnee gewühlt hatten, entdeckten wir ihn auch, zogen ihn an den Beinen heraus und, als er nach einiger Zeit wieder zu sich kam, war seine erste Frage: „Fehlt den Pferden was?“

So hart – muß man wohl sagen – war die Schule alter Kavallerie! Aus der Jagd wurde natürlich nichts, ich mußte die Treiber heranholen, die dann in stundenlanger Kleinarbeit die verlorenen Sachen aus dem Schnee fischten. Wir aber strebten, die Pferde am Kopfstück gefaßt, eilig nach Hause, um mit steifem Glühwein, wie Vater sagte, „den inneren Schweinehund zu bekämpfen“.

Ich kann mich nicht erinnern, ob in dem gleichen Winter noch sonstige Heldentaten geschahen, glaube es auch nicht, sonst hätte ich sie im Schußbuch vermerkt. Interessant wird es erst wieder kurz vor der nächsten Blattzeit, wo unter dem 10. Juli vermerkt ist: Erfolgreiche Nachsuche am Königsberg auf einen alten Spießer – Folge und Hetze 6 Kilometer.

Das war so – aber ich muß erst einmal manches vorausschicken: Zu Weihnachten hatte ich eine Schweißleine mit Halsung geschenkt bekommen und war seit der Schneeschmelze emsig bemüht, mir und meinem Hunde die Anfangsgründe der Schweißarbeit beizubringen. Hierzu diente eine alte Ausgabe von Oberländer, vor allem aber der Rat des Hegers Jahr, der den Hallo mit ziemlicher Meisterschaft auf der Wundfährte führte.

Oberländers Anweisungen waren entweder meine daraus hergeleiteten praktischen Folgerungen nicht gewachsen, oder aber – und das glaube ich heut – der Dackel hatte nach kürzester Zeit die ungewohnte Beschneidung seines uferlosen Freiheitsdranges völlig satt bekommen. Meine zärtlichsten Bemühungen ebenso wie die Folgen eines gerissenen Geduldfadens erreichten nichts anderes, als daß sich das liebe Hundchen böse, die Zähne fletschend, unter einen Sessel verzog, sobald es nur die vermaledeite Leine sah. Als ich dem alten Jahr mein Malheur berichtete, sog der zunächst mal noch heftiger an seiner Pfeife als sonst, bohrte sich mit Nachdruck in den Ohren, wie er es immer bei angestrengtem Nachdenken tat, und meinte schließlich, daß er schon Rat wüßte, ich solle aber bis April warten und mit dem Hunde so lange gar nichts tun. Mit dieser, mich nicht restlos glücklich stimmenden Antwort ließ er mich stehen.

Schließlich wurde es April, und die Schnepfen zogen im Steinbruch. Ich saß gerade über meinen Schularbeiten, als man mir sagte, unten warte der Heger. Ich solle den Hund mitbringen und die lange Leine. Ich schmiß das Schulbuch in die Ecke, suchte mir Riemen und Halsung, weckte den Hund am Fußende des Bettes und polterte die hölzerne Wendeltreppe hinunter in den Innenhof.

Dort stand, mit einem Sack in der Hand, der Heger, und, wie ich näher herankam, roch ich auch schon, daß Jungfüchse drin sein mußten.

„So Jungchen", sagte er, während schon der Hund ihn mit gesträubten Nackenfell umknurrte, „so Jungchen, jetzt wollen wir doch mal sehen, ob der Männe nicht die Fährte aufnimmt!"

Ich nahm den wie verrückt bellenden Männe an Halsung und Riemen und folgte dem eilig dahinschreitenden Jäger zum Parktor hinaus, in den Außenpark, der allmählich in den Wald überging. Unter einer alten Blutbuche wurde ich samt Hund abgelegt, und Jahr machte mit dem Sacke eine Schleppe durch und um mehrere Bosketts herum und band schließlich den Sack an einen Ast, jedoch so hoch, daß der Hund ihn gerade nicht mehr erreichen konnte. Dann kam er quer über den Rasen auf uns zu gestampft und forderte mich auf, am Riemen der Schleppe nachzuhängen. Hei, wie jetzt der Hund munter war. Als wir noch vielleicht 50 Meter von dem hängenden Sacke entfernt waren, hieß mich der Heger die Halsung abstreifen und den Hund freisuchen zu lassen. Und wie der dahinstürmte! Am Sacke angekommen, zerriß es ihn fast vor Wut und Eifer, er sprang so hoch er nur konnte, und als er einsah, daß alles Springen nichts nutzte, – setzte er sich darunter und verbellte seine Beute oder bellte sie an, wie man es nimmt, bis wir ihn erlösten und ihn den am Morgen am Bau geschossenen Jungfuchs beuteln ließen.

Damit war der erste Bann gebrochen. Wir wiederholten die Übung noch einige Male, wobei jedesmal der Sack weniger oft die Erde berührte und der Duft allmählich und schließlich ganz von Rinder- und Hammelblut ersetzt wurde.

In der Praxis stellte sich dann der Erfolg der Maßnahme an jenem 10. Juli ein, von dem ich vorhin schrieb.

Am Abend des Vortages waren mein Vater und ich mit den Pferden pirschen gefahren und ich weiß noch, daß die Bremsen fürchterlich stachen und die Pferde fast verrückt machten. Wir fuhren infolgedessen ziemlich scharf und wählten für die Fahrt den Revierteil Oberhof, wo zahlreiche bis zu 40 Meter hohe Kalkstöcke, die mit Wald bewachsen sind, häufiger Gelegenheit gaben, einen frischen Luftzug zu genießen, der die Bremsen verscheucht. Einer dieser Kalkstöcke heißt der Königsberg, weil dort Anno 1758 Friedrich der Große Nachtlager bezogen hatte, nachdem ihm mein Urahn ein solches in der Burg verwehrt hatte, weil er den Landesfeind als gewesener österreichischer Offizier nicht aufnehmen wollte. Der König war dann auch ohne Murren davongezogen, worüber der Ahnherr so perplex gewesen sein mag, daß er nach kurzer Zeit „gut Fritzisch“ gesinnt wurde, wie seine leider nur unvollständig erhaltenen Tagebücher auswiesen.

Wir fuhren also um jenen Königsberg herum, der damals etwa je zur Hälfte mit einer Dickung aus Fichten und Weißtannen und einem sehr alten Lärchenbaumholz bewachsen war, in dem seinerzeit das Zelt des Königs gestanden hatte. Aus diesem Lärchenholz trollte in unsere Richtung herunter ein Reh, das wir bald mit bloßem Auge als alten Bock und dann mit dem Glase als Spießer ansprechen konnten. Wo wir mit dem Wagen standen, gab es weit und breit nichts Baumähnliches, an dem mein Vater hätte das Gewehr anstreichen können, auch war das Getreide so hoch, daß ein Schuß von der Erde aus unmöglich war. Ich wendete also die Pferde und damit den Wagen halb nach links in den Roggen, damit die Rückenlehne als Auflage dienen konnte.

Normalerweise standen die Pferde, um mit dem göttergleichen Kutscher Hainke zu sprechen, „wie die Rammen", besonders dann, wenn sie hörten, daß im Wagen ein Gewehr repetiert wurde; diesmal aber machten die entsetzlichen Bremsen oder meine bescheideneren Fahrkünste oder beides die „Rammen" zu nervösen Vollblütern, und mein Vater fluchte entsetzlich, nachdem er endlich den Schuß losgeworden war. Mit halbem Auge hatte ich das Drama selbst gesehen; der Bock war ganz ohne Zweifel hoch durch den Vorderlauf geschossen und ging, stolpernd erst, dann immer flüchtiger in jene Fichten-Tannendickung ab.

Wie es immer in Notfällen ist, das helfende Werkzeug, in diesem Falle einen Hund, hatten wir nicht mit, und es war auch schon viel zu spät, noch einen zu holen. So konnten wir uns nur darauf beschränken, beim Heger vorbeizuschauen und ihn samt dem Hallo für den nächsten Morgen zu bestellen. Leider war aber etwas sehr Ungewöhnliches vorgefallen, etwas so Ungewöhnliches, daß ich nicht glaube, daß sich solch Fall jemals früher ereignet hat, noch sich jemals später ereignen wird.

Der Hund Hallo hatte die an und für sich löbliche Eigenschaft, das Haus seines Herrn dergestalt zu bewachen, daß er tagsüber, falls der Heger daheim war, zwischen den weitausladenden Wurzeln einer Linde am Eingang zum Gehöft Posto faßte, wo er normalerweise den Schlaf des Gerechten schlief solange, bis ein Unbekannter kam, dem er dann aus dieser Deckung von rechts her in die Beine fuhr.

Auch heute hatte der Hund am heißen Nachmittag so gelegen und vermutlich fest geschlafen.

Ausgerechnet den heutigen Tag aber hatte sich unser sonst sehr dienstbeflissener Dorfpolizist ausgesucht, um sich in der Bahnhofswirtschaft seinen Quartalsrausch anzutrinken, der sonst immer relativ glimpflich mit einer Karambolage an den heruntergelassenen Bahnschranken endete, wobei diese kaum je einen Schaden davontrugen, während seine Zündapp jedesmal stark erneuerungsbedürftig von ihm laut fluchend zur Reparatur geschoben wurde, wenn er wieder nüchtern war. Ausgerechnet heute aber hatte der Unglücksmann nicht den Weg gegen die Schranken gewählt, sondern sich irgendeines dienstlichen Auftrages, Wilderer, Holzdiebe oder sonst so etwas, entsonnen und war straks in Richtung Hegerhaus gefahren, wo er zum Unglück des Hundes übersah, daß die Gartenpforte geschlossen war (man würde heute sagen als Psychologe: Er hatte eine latent versteckte und bei Gelegenheit des Vollrausches ausbrechende Idiosynkrasie gegen geschlossene Türen, Tore, Schranken – zweifellos die Folge eines verheerenden Kindheitserlebnisses). Wie dem auch sei, das Motorrad krachte gegen die aus dauerhaften Eichenprügeln bestehende Pforte und gab seinen Geist auf, während der Fahrer, von der Gewalt des Stoßes katapultiert, über den Zaun hinwegflog und mit vollem Gewicht auf dem Hühnerhund landete, dem dies eine Beckenquetschung und mehrere Rippenbrüche eintrug. Ich weiß wirklich nicht, wie die ganze Angelegenheit schließlich beigelegt wurde, solch subtile Dinge wurden einem Zwölfjährigen nicht mitgeteilt, sie wurde aber beigelegt und mit Sicherheit zu allseitiger Zufriedenheit, zumal auch der Hund genas.

Heute, morgen und übermorgen jedenfalls und noch länger fiel der Hallo aus und seine blutschänderische Schwester sowieso, denn die taugte wirklich nur auf Hühner und sonst gar nichts. „Res ad triarios", sagten die Gladiatoren im alten Rom, wenn es ernst wurde, „res ad Männe" also in diesem Fall.

Nach unruhig verbrachter Nacht trafen wir uns am nächsten Morgen am Ort der Tat mit dem für diesen Revierteil zuständigen Heger Döring und suchten zunächst einmal den Anschuß auf, der relativ leicht zu finden war, weil der Bock beim Schuß an einem schmalen Rain gestanden hatte, der einen Roggenacker von einem Kartoffelfeld trennte. Der Heger, ich und der Hund wurden zurückgelassen, und Vater untersuchte auf allen Vieren den Platz, nicht ohne bei jedem Knochensplitter, den er fand, einen weithallenden Fluch auszustoßen. Endlich wurde der sehr interessiert äugende Hund zum Anschuß geführt, den er ausgiebig bewindete, in Richtung des Ausschusses noch verschiedene Wildpretfetzen verwies und bald die deutlich zu sehende Schweißfährte aufnahm. Ich dockte nach und nach den Riemen ab und folgte dem Hund, meinerseits wieder gefolgt von meinem Vater und in dessen Kiellinie in gebührendem Abstand dem Heger.

Männe hielt die Fährte des Bockes bis an jene Fichtendickung, verweilte auch gar nicht an ihrem Rande, sondern zog mich sofort in sie hinein. Jetzt aber rief mich mein Vater zurück und befahl mir zu warten, bis er und Döring sich an der anderen Seite des Königsberges postiert hätten, wo über ein schmales Feldstück Anschluß an eine weitere Dickung war, wohin sich der Bock vielleicht flüchten würde, wenn er vom Hund aufgemüdet wurde.

Ich wartete also die anbefohlenen 10 Minuten und ging noch einmal im Geiste alle Anweisungen meines Mentors durch, bis ich schließlich den Hund wieder zur Fährte legte. Dem Männe hatte diese Pause gar nichts gemacht, fröhlich wie eh und je buchstabierte er sich in die Dickung hinein, und ich kroch hinterher. Wir mochten vielleicht 100 Meter vorangekommen sein, wobei der Hund noch häufiger Schweiß verwiesen hatte, als es vor uns polterte und ein Stück Rehwild flüchtig abging. Der Hund gebärdete sich wie verrückt und zog mich zu einem Wundbett, in dem eine handtellergroße Fläche mit Schweiß getränkt war. Die Kugel mußte demnach ziemlich hoch sitzen und hatte wahrscheinlich noch den Brustkern angerissen, der Bock hätte sich wahrscheinlich sonst auch nicht so schnell niedergetan.

Erst einmal setzte ich mich eine Weile hin und wartete, ob der Bock den Einstand verlassen würde. Weil aber kein Schuß fiel, schnallte ich den Hund, rüdete ihn mächtig an, so daß er mit lautem Hals der Wundspur folgte. Es dauerte nicht sehr lange, der Ball des Hundes war eben über dem Kamm des Berges verklungen, da hörte ich von dort einen Schuß und gleich darauf noch einen zweiten. Ich rannte und kroch so schnell es nur eben gehen mochte durch die Dickung in die Lärchen und lief dann über die Höhe zu dem Feldstück, auf dem die beiden Schützen postiert waren. Die standen aber ziemlich bedeppert beisammen – ohne Hund.

Es war so gewesen, daß der Bock, wie vermutet, den Wechsel zu der Nachbardickung angenommen und weit vor dem Hund sehr flüchtig die Dickung verlassen hatte. Sei es nun, daß er sich in der Flucht eines anderen besann und wieder in die Königsberg-Dickung zurückwollte, sei es auch, daß er Küselwind bekommen hatte, jedenfalls er war umgeschlagen, und die beiden Schüsse meines Vaters waren vorbeigegangen. Dann sei der Teckel gekommen, habe die Fluchtspur aufgenommen, sei in die Dickung zurück, aus der gleich darauf der Bock wieder herausgekommen, jetzt aber nicht gegen den Acker zu, sondern durch die hohen Lärchen den Hang hinunter in den Oberhofschlag in Richtung zum „Schwarzen Loch" gezogen sei. Und damit waren wir so ziemlich am Ende der Kunst, denn der Oberhofschlag – in jenem Jahre mit Weizen bestellt – hatte die respektable Größe von 140 preußischen Morgen gleich 36 Hektar.

Hier muß ich jetzt in der Geschichte der Nachsuche eine Pause machen und erst einmal die Gegend erklären, in die wir uns nachher begeben werden.

Die Altvorderen, vor allem aber deren Vorgänger im Besitz der Lehnsherrschaft, nämlich die Herren von Warnstorf, waren im 13. und 14. Jahrhundert so fruchtbar gewesen, daß ihnen die Burg im Tale nicht mehr genügte und sie für den sich verzweigenden Stamm den Oberhof anlegten, eine ziemlich kleine, in Kreuzform auf einem Kalkfelsen angelegte Burg. Das war der Kalkberg, der als forstliches Unikum so halb und halb parkartig mit Wildkirschen und Schwarznuß bestanden war. Weil nun die Altvorderen nicht nur fruchtbar, sondern auch sehr fromm gewesen waren, hatten sie zur Erlangung der notwendigen Fastenspeise einen riesigen Weiher angelegt, eben jenen Oberhofschlag, der an seinem unteren Ende von einem bis zu 5 Meter hohen Damm abgeschlossen wurde, welcher der „Schwarze Damm“ hieß, in dem an der Stelle des früheren Abflusses eine tief ausgeschwemmte Kuhle war, nämlich das Schwarze Loch. „Schwarz“ wurden Damm und Loch genannt, weil sie die Sage in Verbindung brachte zum schwarzen Junker Jörg, einem junggeselligen, aber deshalb nicht einsam wohnenden Warnstorf, bei dessen Namensnennung die alten Weiber noch heute ein Kreuz schlugen. Dieser Junker Jörg lebte zu seiner Zeit im ausgehenden 14. Jahrhundert auf der Oberburg und peinigte seine Leute fürchterlich. Vor allem hatte er es der Fama nach auf die Jungfrauen des Ortes abgesehen, die er sich nächtlicherweise auf den Höfen zu rauben pflegte und eben über jenen Damm in Richtung Burg verschleppte. Als er sich schließlich dazu verstieg, anläßlich eines Gottesdienstes in die Kirche einzudringen und mit Gewalt ein Mädchen aus der Bank holte, war die Geduld der Bauern zu Ende. Sie holten ihre Sensen, steckten sie senkrecht auf die Stiele, schliffen sie an der Kirchentür – wo man noch jetzt die Schleifstellen sehen kann – und fingen an, die Burg zu berennen. Die auf der Unterburg lebende weitere Familie des Jörg nahm sich aber der Dinge an und stiftete Frieden, von dem wir allerdings nicht wissen, zu welchen Bedingungen er geschlossen wurde. Die alten Frauen jedenfalls erzählen, daß der Junker sich eine richtige Braut suchen mußte, auch eine fand, daß jedoch als gerechte Strafe für den Kirchenfrevel die Hochzeitskutsche mit Pferden, Braut und Bräutigam in jenes schwarze Loch fiel und niemand gerettet werden konnte.

Zwar kann letzteres mit Sicherheit nicht der Fall sein, denn der Weiher wurde erst mit der Reformation aufgelassen, beziehungsweise er verfiel in den anschließenden Wirren durch ein Hochwasser, das den Damm so unterspülte, daß wie bei einem Deichbruch an der Bruchstelle eine Vertiefung ausgewaschen wurde, in der sich das Grundwasser sammelte. Aber die Geschichte dient in dieser Art einer besseren Gerechtigkeit. Der Junker ist eines natürlichen Todes gestorben, obendrein auch versöhnt mit seiner Familie, denn diese ließ nach seinem Tode ein lebensgroßes Epithaph errichten, das wir mit heimlichem Gruseln besahen, wobei wir im übrigen feststellten, daß der Jörg ein sehr fescher Kerl gewesen sein mußte mit seinem gekräuselten Bart und den schönen Locken.

Die Bauern aber vermauerten die Kirchentür, durch die er einst das Mädchen geraubt hatte, und sie blieb in diesem Zustand bis an den heutigen Tag.

Der Schwarze Damm war nun zu einer Fasanenremise geworden mit einer dahinterliegenden quadratischen Fichtendickung, die auf den Damm zu getrieben wurde, auf dem Schwarzdorn und Eichen verschiedenen Alters wuchsen, so daß die Hähne als sehr hohe Kopffasanen über die Schützen in eine nächste Remise strichen, die sich entlang des Flutgrabens zog und mehr aus Dorn und Laubholz bestand, in die nur einzelne Fichten als Schlafbäume gepflanzt waren.

Die Gegend, in die sich der Bock geflüchtet hatte – ich komme jetzt endlich wieder zur Sache – war also nicht nur weitläufig genug, sondern barg eine Menge von fast undurchdringlichen und schwer übersehbaren Verstecken, so daß es schwer schien, noch zu einem Erfolg zu kommen.

Der Beschluß lautete: Der Kutscher solle meinen Vater zum Schwarzen Damm bringen, wo letzterer sich postieren wollte, während der Wagen langsam am Flutgraben entlangfahren solle, um dort zu horchen und aufzupassen. Der Heger werde zum Kalkberg laufen, von wo aus er den besten Überblick habe, und ich solle hier am Einwechsel bleiben, wo ich die ganze Länge der Lindenallee zwischen Königsberg und Kalkberg übersehen könne.

Nachdem Vater und Heger verschwunden waren und auch das Geräusch des Wagens verklungen war, lehnte ich mich an eine der Linden und horchte angestrengt in das Weizenmeer hinein. Aber der sommerliche Ostwind und das Rauschen der Blätter und Halme überdeckten jeden möglichen Hundelaut.

Stunden vergingen, ich sah den Wagen am Flutgraben auf und ab fahren, ein Junghase hoppelte den Sandweg entlang, ein Gesperre Fasanen huderte sich am Feldrand, Mauersegler jagten sich schrillend über den Lärchen, die Turmuhr vom Oberhof schlug – aber vom Hunde hörte ich nichts. Einmal nur war mir so, als hätte ganz, ganz weit draußen eine helle Hundestimme angeschlagen. Aber ich konnte mich getäuscht haben, es mochte der Spitz vom Arndtmüller gewesen sein, dem Pächter der Windmühle weit hinter mir auf dem Lindnerberg, von wo her der Wind trug.

Plötzlich fiel ein Schuß; ich konnte nicht klar entscheiden, von welchem der beiden Jäger er kam, doch ich sah die Pferde scharf antraben und zum Schwarzen Damm hin einlenken, wenden und zu mir fahren. Ich rannte dem Wagen entgegen bis zur Brücke, schwang mich im Drehen hinauf:

„Was ist los, Hainke, liegt der Bock, ist der Hund da?“ Der nahm die Peitsche von der linken in die rechte Hand, schnalzte mit den Lippen, rief: „Vorwärts, Excelsior!“, womit er den Pojaz meinte, der auf diesen Ruf hin besonders scharf ausgriff, was die Stute Eclipse sowieso schon tat, weil sie ehrgeiziger war als der Wallach. Dann drehte er sich zu mir und sagte zwischen Schnalzen und anfeuernden Rufen: „Ich weiß gar nichts, mein Junge. Der Herr Rittmeister hat, als er mich ankommen sah, nur gerufen und dabei sein böses Gesicht gemacht: „Hainke, fahren Sie zu und holen Sie den Jungen!“ Mehr weiß ich nicht.

Wir fuhren den Rübendamm am Flutgraben entlang, daß der frische Schotter spritzte, bogen auf zwei Rädern über die hölzerne Brücke, preschten das letzte Stück bis hinter das Schwarze Loch, wo mein Vater wartete – ein sachtes Heben der Peitsche, ein Zuruf, ein Annehmen der Zügel – bauz, und die Pferde standen. Die Peitsche neigte sich zum grüßenden Kreis, die Pferde standen wie die Mauern, kein Härchen bewegte sich. Es war wie auf dem Turnierplatz. In diesem Moment hatte ich allerdings für die Feinheiten der Fahrkunst ganz gewiß keine Auffassung, sprang vom Bock hinunter auf meinen Vater zu.

„Liegt der Bock, hast Du Männe?“

„Nein, aber wir werden ihn jetzt kriegen, sie sind wieder hinein in den Weizen, und horch mal.“

Nicht so sehr weit vor uns war Standlaut zu hören, vielleicht 200 Meter ins Feld hinein.

„Ich will nur warten, bis Döring von oben kommt, dann gehen wir ganz langsam in Linie durch das Getreide auf den Bock zu, einer wird ihn schon sehen und hoffentlich schießen können.“

„Ja, aber“, sagte ich, „was war denn vorhin mit dem Schuß?“ „Weißt Du, das kam so“, meinte mein Vater, „ich stand dort drüben zwischen dem Loch und dem Damm, weil ich glaubte, daß der kranke Bock, wenn er kommt, den bequemsten Weg nehmen wird und nicht über den steilen Damm wechselt. Ich hörte erst gar nichts, aber dann hetzte der Männe hinter mir im Arndtgewände hinter der Remise, und ich lief auf die andere Seite vom Loch ihm entgegen. Da kam der Bock um das Loch herum, aber auf der Jenseite in den Weiden und, als ich ihn einen Moment frei hatte, schoß ich. Und guck mal, hier liegt frischer Schweiß.“

Die Schweißfährte führte über den Weg in den Weizen hinein, und es war klebriger, wässeriger Waidwundschweiß.

Endlich sahen wir Döring kommen, der einen langen Weg hatte, und wir verteilten uns am Feldrand, ich in der Mitte, und pirschten so leise wie möglich dem Laut entgegen, der nun schon sicher 20 Minuten von der gleichen Stelle kam. Je näher wir herankamen, um so langsamer pirschten wir, und dann sah ich eine Bewegung im Weizen und sah, wie Döring seinen Drilling hochnahm, zielte, wieder absetzte, wieder zielte und schoß.

Dann stürzten wir alle gleichzeitig vorwärts, und da lag der Bock und auf ihm der Männe und hatte sich fest im Träger verbissen. „Gott sei Dank“, sagte mein Vater und nahm den Hut ab, „Gott sei Dank, daß wir den armen Kerl erlöst haben“.

Gott sei Dank, dachte ich, daß wir den Hund wieder haben.

Gott sei Dank, wird auch der Heger gedacht haben, daß ich jetzt nach Hause kann, um Mittag zu essen.

Und, Gott sei Dank, hat mit Sicherheit auch der Kutscher gedacht, daß die Hetzerei endlich ein Ende hat und die Pferde Ruhe kriegen.

Der Dankbarste aber war mit Gewißheit der Hund, denn der war so erschöpft, daß ich ihn zum Wagen tragen mußte, wo er über dem Bock in der Trage sofort in Tiefschlaf verfiel, aus dem er erst am nächsten Tage wieder erwachte.

Eine Arbeit von über 5 Stunden Dauer mit einer Hetze von 6 Kilometer Länge, wenn man die Widergänge nicht einmal einberechnete, ist für einen Teckel ja auch eine beachtliche Leistung. Sie krönte die Laufbahn des Hundes in jenem Jahre, und ich kann in meinem Schußbuch keine Eintragung finden, die irgendetwas Wesentliches enthält bis zum kommenden Sommer, in welchem der Männe fast ums Leben gekommen wäre.

Es war nach den Sommerferien und nach der Blattzeit, die Zeit der kurzen Erholung zwischen Getreide- und Rübenernte. Die Arbeiterinnen waren in den Wald umgesetzt worden, um noch vor den ersten Frösten Fichten zu pflanzen. An einem etwas feuchten, nebelverhangenen Nachmittage, es war der 28. September, mein Vater war zur Hirschbrunft weggefahren, pirschte ich mit dem Hunde durch die wilden Schluchten der Bocklöcher, die gleich hinter dem Park begannen und sich bis an die Grenze des Reviers hinzogen. Diese Bocklöcher waren eine Sächsische Schweiz en miniature, teils waren sie auf natürliche Art, nämlich durch Abschliff während der Eiszeit und durch den Durchbruch eines in dieser Zeit aufgestauten Schmelzwassersees entstanden, teils waren es Steinbrüche, aus denen im 11. Jahrhundert die Steine für die Burg gebrochen worden waren. Das Wort Bock hat hier nichts mit dem Reh- oder Ziegenbock zu tun, sondern mit dem slawischen Worte Bog oder Bogk, nämlich Gott, und es war durch zahlreiche Funde klar geworden, daß in einer oder mehreren dieser von kleinen Bächen durchzogenen, von Sandsteinfelsen umschlossenen Schluchten über längere Zeit hin ein heidnischer Gottesdienst gehalten worden war. Verschiedene, halb versunkene und lang zerstörte Rundsetzungen von behauenen Steinen, eine ziemlich gut erhaltene Umfassung eines Quelltümpels und leider nur wenige Funde handwerklicher Art gaben den Forschern zwar ein schwieriges Rätsel auf, machten aber hinreichend klar, daß die ganze Gegend als bedeutenderes Heiligtum und Kultstätte anzusehen war.

Der Höhenrücken war lange Zeit hindurch im frühen Mittelalter Teil der Breseka gewesen, jenes Schutzwaldes, der die piastischen Herzogtümer Schlesiens von der Markgrafschaft Meißen getrennt hatte. An und in ihr lagen eine Reihe von Burgen, die größtenteils slawischen Ursprungs waren und somit als Rundburgen gebaut. Erhalten geblieben war davon nur noch die Unsrige.

Meinen Vorfahren waren die Bocklöcher durch die Jahrhunderte hindurch schutzwürdig gewesen. Der Wald befand sich im Urzustand und wechselte von himmelstrebenden Lärchen mit Tannen gemischt, die in den Schluchten wuchsen, zu lichtem Kiefern-Birken-Wald auf den steilen und steinigen Höhen, und nur das wurde durch Axt und Säge genutzt, was unbedingt fallen mußte.

Es ist traurig, daß die Polen gleich nach dem Kriege eben diesen Lärchenurwald mit Stämmen bis zu 5 Festmeter Inhalt abholzten und damit zerstörten, was seit vordeutscher Zeit unberührt hatte wachsen dürfen.

Durch diesen Waldzug der alten Breseka wand sich in einer der tiefsten Schluchten die uralte Fahrstraße hinunter in den ehemaligen Seekessel und dann wieder hinauf in die weite Ebene der niederschlesischen Heide hin zum Bober und schließlich nach Breslau, zur Hauptstadt.

In jagdlicher Hinsicht war der Grenzwald dadurch interessant, daß er klar zwei Rehwildstämme schied, nämlich das zierlichere, kirschrote Waldreh und das grobknochige, fahlgelbe Feldreh, wobei es keinerlei fließenden Übergang gab. Die Böcke der feingliedrigen Art erreichten Gewichte von höchstens 16 Kilo, ihre Kronen waren edel geformt und reich geperlt, von dunkler, fast schwarzer Farbe und blitzenden Enden.

Die Feldrehe wogen bis zu 23 Kilo, die stärkste Geiß, die ich erlegte, sogar 26 Kilo, aber ihre Kronen waren nur schwach geperlt, von hellbrauner Farbe und ließen jene feine Biegung der Stangen vermissen, die wir unwissenden Menschen als edel bezeichnen. Es waren aber Gehörne, die durch ihre Wucht auffielen und, weil ich dabei war und es notiert habe, weiß ich, daß die beiden stärksten Böcke meines Vaters 560 und 545 Gramm Trockengewicht brachten.

Die Bocklöcher, durch die ich pirschte, waren das Lieblingsrevier meiner Vorfahren gewesen; der alte Heinrich Bibran, Sohn des Nickel, der den Besitz 1632 erwarb, hatte sein Leben lang über alles Tagebuch geführt, was er so erlebte –

Der Ritter so gelehret waz,
Daz er in dem Buoche laz.

Der Vater hatte ihm ein Studium zu Leiden in Holland ermöglicht, wo er den berühmten Leeuvenhoek getroffen hatte, mit dem ihn eine langdauernde Korrespondenz verband, die schließlich dadurch gekrönt wurde, daß Leeuvenhoek ihm eine Reihe von selbstgebauten Mikroskopen übersandte nebst einer Schachtel rarer Präparate, alle säuberlich in Latein beschriftet, zur Übung des Mikroskopierens und zur Anleitung, solche Fliegenaugen, Flohschenkel, Mückeneier selbst zu konservieren.

Der gelehrte Ahnherr muß sich gräßlich gelangweilt haben bei der Schafzucht dieser Jahrzehnte und, abgesehen von winterlichen Besuchen bei der Verwandtschaft, blieb ihm nur die Jagd und der Vogelherd, das Stellen von Garnen und Netzen, die Pirsch auf Sau und Hirsch als erfreuliche Abwechslung. Die Bocklöcher waren noch bis in die jüngste Zeit Orte der vielfältigsten Jagdausübung geblieben, da war der Dohnenstieg, der noch bis 1934 in Betrieb war, da war der Stein, auf dem eingemeißelt zu lesen stand, daß hier Anno 1837 Der Edle Freiherr Und Herr Von Bibran seinen letzten Hasen geschossen habe, und auch der viel ältere Stein, nach dessen Wortlaut das Betreten des Jagdbannes und seiner Wege bei 9 Silbergroschen Magdeburgisch oder 20 Stockhieben verboten war.

Ich vermute, daß mancher arme Fretter die Stockhiebe vorgezogen haben wird.

Der Weg durch die Bocklöcher war auch der Ort, an dem die erbenden Herren des Gutes von der Gemeinde mit „Pöllern und Trompetten“ empfangen zu werden pflegten und wo sie hinausritten auf die „Baiz“ in die Sümpfe und Teiche zwischen Bergen und Heide.

Als wesentlich bescheidenerer Nachfahr jener Reiter und Ritter lief ich mit einem Dackel an der Leine heute den Fahrweg den Berg hinan, bestenfalls in der Hoffnung, eine der Katzen aus der Ziegelei in der Falle zu haben. Ich war noch nicht halb hinaufgelaufen, als mir wie die wilde Jagd eine Schar Waldarbeiterinnen entgegengerannt kam, heulend und kreischend und Gott und alle guten Geister und sämtliche Nothelfer anrufend. Als die Horde näherkam, sah ich gleich, daß etwas Schlimmes geschehen sein mußte, denn einige der Frauen bluteten ziemlich heftig an den Beinen, anderen waren die Röcke zerrissen und manche hatten sich mehr oder weniger der Oberkleidung entledigt.

Es dauerte lange, bis ich die Damen so weit hatte, daß sie einigermaßen vernünftig Auskunft geben konnten. Danach war es so gewesen, daß sie friedlich hinter dem Kreuzberg – einem Teil der Bocklöcher – Fichten gepflanzt hatten, als plötzlich ein Rehbock mit verdrehten Lichtern, schweißüberströmtem Haupt und böse gesenktem Träger auf sie zugestürmt war, eine nach der anderen umgeworfen und an den peinlichsten Stellen malträtiert hatte, bis sie sich sämtlich zur Flucht wandten und, vom Bock verfolgt, die Fahrstraße erreicht hatten. Dort hatte das Untier endlich abgelassen und war in den Wald zurückgetrollt.

Ich dachte nur einen Augenblick lang nach, ob ich vielleicht selbst mit meinem Eichkatzgewehr und dem Hund – aber nein, ich verwarf diesen Gedanken zum Glück und lief mit den Frauen zur Försterei, die zwischen Park, Sauteich und Bocklöchern sich zwischen die Linden duckte. Hoffentlich war der neue Förster zu Hause, der den alten Görs abgelöst hatte. Meistens nämlich war er, obwohl er es mit seinen Bienen, Pferden und Hunden, daheim am besten gehabt hätte, zu irgendwelchen höheren Parteiversammlungen unterwegs und strebte in deren etwas makabrer Hierarchie nach großen Zielen.

Im Grunde war er ein anständiger Kerl und nahm auf unsere, der seinen diametral entgegenstehende, politische Meinung große Rücksicht. Das ging bis zur Groteske, nämlich stets dann, wenn er bei meinem Vater zum Rapport erschien; man hörte ihn dann vor der Türe schnaufen, dann klopfte er, rief gegen die verschlossene Tür „Heil Hitler!“, wartete bis mein Vater „Herein“ gesagt hatte und grüßte dann im geöffneten Türrahmen mit vorschriftsmäßiger Handbewegung zum Hut mit „Waidmannsheil, Herr Rittmeister!“

Diesmal hatte ich Glück, der Förster war bei der Lohnabrechnung und froh, eine zünftige Unterbrechung des langweiligen Schreibstubenkrams zu bekommen. Er holte seine Büchse aus dem Schrank, wo sie, wie wir später merkten, ein durch Jahre hindurch recht ungestörtes Leben führte. Einen Hund hatte er nicht, die anderen Hunde waren von hier zu weit weg, um sie erst zu suchen, also mußte Männe die notwendige und wahrscheinlich leichte Aufgabe lösen. Während wir den kleinen Kilometer von der Försterei auf der Fahrstraße wieder zum Kreuzberg zurückgingen, überlegten wir im Gehen, wie wir die Sache anpacken wollten.

Vom Gelände her schien es nicht schwierig, denn der Kreuzberg, jener letzte Sandsteinblock vor der Ebene, war durchweg mit sehr alten Lärchen bestanden, die kaum Unterwuchs hatten, und wenn der Bock beim Durchstreifen etwa vor uns flüchtig werden sollte, ohne daß die Möglichkeit zum Schießen bestand, dann konnte er eigentlich nur in einen Weidenheger flüchten, der, vor langen Jahren angelegt, jetzt ziemlich licht und schütter war und fast überall guten Durchblick bot.

Es kam auch genauso, wie wir gedacht hatten: Gleich bei Beginn unserer Streife wurde der Bock dicht vor uns hoch und flüchtete, mit schlenkerndem Haupt Haken schlagend wie ein Hase, um die Lärchen herum in eben diesen Weidenheger und steckte sich dort in dem einzigen unübersichtlichen Teil, einer vielleicht doppelstubengroßen Fläche, die mit Nesseln und Epilobium zugewachsen war.

Leider hatte ich in diesem Augenblick nicht auf den Hund geachtet, sondern den Bock im Glase verfolgt. Männe war es gelungen, sich, ohne zu zerren, aus der Halsung herauszudrehen und, wie wir hinunter zu den Weiden gehen wollten, merkte ich erst, daß ich eine leere Leine mit mir führte. Ich starrte noch voll Verwunderung hinunter und war noch nicht dazu gekommen, den Förster darauf aufmerksam zu machen, da passierte auch schon, was passieren mußte: Der Hund hatte die Fährte des Bockes gehalten, war ihm in die Weiden gefolgt und verbellte dort aus Leibeskräften.

Das wäre an und für sich noch kein Fehler gewesen, wenn der Bock hielt, aber natürlich hielt er nicht.

Wir waren, nun rennend, vielleicht auf gut 200 Meter herangekommen, als das kranke Stück plötzlich am Rande der kleinen Wildnis erschien und ziemlich flüchtig, den ehemaligen Weidenzeilen folgend, von uns weg in Richtung Schafbrücke floh. Der Hund dicht dahinter.

Die Flucht ging über die Brücke, dann über einen schmalen Wiesenstreifen in eine Fichtenremise, die gestopft voller Fasanen war, welche nach allen Seiten herausspritzten. Bis dorthin waren es gut und gern 400 Meter. Es blieb uns nichts anderes übrig, als die Beine in die Hand zu nehmen und zu folgen. Unsere Geschwindigkeit wurde, des Bieres oder einer natürlichen Anlage zufolge, dadurch stark gebremst, daß der Förster einen asthmatischen Anfall bekam und nur noch in schwachem Schritt zu gehen vermochte. Immerhin gelangten wir nach einiger Zeit an die vorhin genannte Schafbrücke und hatten von dieser aus Gelegenheit, die ganze Ebene des ehemaligen Seegrundes zu überblicken, soweit dies wegen der verschiedenen Fasanenremisen möglich war. Weil diese aber alle in einer Reihe hintereinanderlagen und erst hinter den Ziegelteichen, also weit mehr als einen Kilometer entfernt, in den Eichenwald übergingen, war die Übersicht doch gut zu nennen, und wir stellten fest, daß zwar von Hund und Bock nichts zu sehen und zu hören war, daß sie aber mit größter Wahrscheinlichkeit in einer der Remisen steckten.

Inzwischen hatte sich der Förster erholt, und sein Gesicht nahm die Normalfarbe „Blaurasiert“ an; wir konnten also an weitere Aktionen denken. Es wurde auch langsam Zeit, denn die Sonne neigte sich gefährlich zum Horizont.

Wir beschlossen, getrennt um die Remisen herumzulaufen solange, bis wir den Hund hörten oder sahen, uns dann zu vereinigen und erneut zu beraten, was zu tun sei.

In der ersten Remise war erwartungsgemäß nichts; wir trafen uns an deren Ende in der Senke am Bach, den ein Topinamburfeld säumte, trennten uns wieder und umschlugen den nächsten Busch. Auch hier war nichts, ebenso beim dritten. Aber dort angekommen, wo dieser Busch in eine lange Erlenzeile auslief, welche die Verbindung zu der letzten Remise vor den Teichen herstellte, hörten wir den Hund bei eben diesen Teichen Laut geben.

Das war ein ganz verteufeltes Gelände und man mußte sehr genau ortskundig sein, um sich aus dem Gewirr von Dämmen, Sumpflöchern und doppelmannshohen Schilflegern hindurchzufinden, wollte man nicht elendiglich im Moor steckenbleiben.

Dieses Sumpfgelände mit zahllosen Quellen diente im übrigen auch der Wasserversorgung des Gutshofes und der Burg. Nachdem zu Zeiten meines Urgroßvaters plötzlich die Zisterne im Burghof versagte und der Ziehbrunnen im Gutshof nur mehr ein stark eisenhaltiges Wasser förderte, wurde an den verschiedensten Stellen bergaufwärts nach ausreichendem und trinkbarem Wasser gebohrt. Das Ergebnis muß, was die Menge des verfügbaren Wassers anbelangt, zwar gut gewesen sein, denn verschiedene Bohrstellen liefen noch in meiner Kindheit randvoll und sprudelnd, aber das Wasser hatte einen abscheulichen schwefeligen Geschmack, und selbst das Vieh mochte es nicht saufen. Dank einem von ferne geholten Ingenieur, der seine Schulkenntnisse in Physik nicht vergessen hatte, gelang es, das köstliche Wasser aus jenem Waldstück in hölzernen Rohren über den Berg zu leiten. Es sprang dann, da der Burghof wesentlich tiefer lag als die Quellen, wie artesische Brunnen aus den Rohren und erfüllte mit seinem Plätschern im trockenen Sommer die Luft mit angenehmer Feuchte.

Ein gewisser, aber von uns nicht sehr tragisch genommener Nachteil lag darin, daß zu bestimmten Zeiten im Juni die Leitung voll mit kleinen Kaulquappen war. Dennoch schmeckte das Wasser herrlich und leicht prickelnd, und es war uns reichlich unverständlich, wieso Schulfreunde aus der Stadt es nicht mochten, hatten wir doch vor der Darreichung des Glases mit eigener Hand die Froschkinder herausgefangen!

Durch dieses Gewirr also eilten der Förster und ich dem Ball des Hundes entgegen, der ohne Zweifel von den Teichen hertönte. Wir liefen einen schmalen Pirschsteig entlang, der als Entensteig zu dem größten dieser Weiher führte, und trafen dort den „Husaren", einen fröhlichen Greis, der einschichtig eines der Gesindehäuser der ehemaligen, längst verfallenen Ziegelei, bewohnte, und eigentlich Bormann hieß, was er aber längst vergessen hatte, denn alle Welt nannte ihn den Husaren wegen seines Dienstes bei den Leibhusaren, wovon er jedem, der es hören wollte oder nicht, in epischer Breite erzählte. Diese Soldatenzeit und, was er dabei erlebt hatte, war sein Ein und Alles, und Krönung des Jahres war immer der Heldengedenktag, an dem er, als letzter lebender Teilnehmer des Krieges von 1870/71 besonders geehrt und namentlich genannt wurde. Anschließend an die Feier trank er sich einen gelinden Rausch an, wobei er, im Zustand der Seligkeit angekommen, stets beschloß, „dem gnädigen Herrn Rittmeister einen Gesang darzubieten". Er erschien dann, längst erwartet, im Hof und sang von den blauen Dragonern und von Straßburg an der Schanz, bis ihm die Kehle trocken wurde und Vater ihm den nötigen Labetrank brachte, der aus mehreren Flaschen Bier bestand, die er sich in die weitläufigen Taschen seines Anzuges steckte, worauf er mit starkem Gesang und dem Versuch eines Parademarsches in sanften Wellen dahinströmend, aus dem Tor verschwand.

Dieser Husar also stand auf dem Pirschsteig mit einer Beuge Leseholz unter dem Arm, erkannte uns, nahm Haltung an, und meldete: „Junger Herr, der Hund des jungen Herrn sind auf der mittleren Insel und bellen dort gegen ein Reh!" „Sind" und „bellen", welche Ehre des pluralis maiestatis für den braven Männe!

Selbst auf die Gefahr hin, uns später lange Geschichten von den Heldentaten irgendwelcher Hunde vor Sedan oder Gravelotte anhören zu müssen, baten wir den Husaren, uns behilflich zu sein, denn es schien uns ratsam, Hund und Bock so von den Dämmen her einzukesseln, daß ein Ausbrechen über diese nicht mehr möglich war.

Wir verteilten uns also, jeder bekam einen Damm zugewiesen, auf dem er entlangpirschen sollte, wobei der Förster selbstverständlich den Damm mit der besten Aussicht auf Erfolg betrat.

Der Ball des Hundes tönte sehr beständig von einer Stelle her, an der drei dieser schmalen Dämme zusammenstießen und wo eine Verlandungszone in Stubengröße einigem Erlenwildwuchs und mannshohem Schilf das Leben erlaubte.

Leider ging die Annäherung durchaus nicht lautlos vonstatten, denn der Damm, auf dem ich mich anschleichen sollte, war an kaum einer Stelle recht begehbar, vielmehr war er von Brombeeren völlig überwachsen, und es standen die Erlen so dicht, daß man sich nur mit Mühe herumwinden konnte. Ich war vielleicht noch 50 Meter von dem kleinen Schilfleger entfernt, als sich bei Hund und Bock die Dinge weit schneller entwickelten, als uns lieb sein konnte. Der Bock hatte entweder von einem von uns Wittrung bekommen oder, was wahrscheinlicher war, er hatte das Knacken und Krachen im Dürrholz gehört. Mit lautem Geprassel im Schilf begann er zu flüchten und nahm, vom Hunde giftig verfolgt, einen der von uns verstellten Dämme an, geriet aber dort an den Husaren, der ihn mit lautem Hurra-Gebrüll begrüßte, worauf der Bock wieder umschlug, den Hund überrannte und sich zu mir her wandte. Ich war inzwischen noch etwa 20 Meter weitergekommen und stand jetzt fast vor dem Rand des Schilfes, in welchem sich der Bock vorhin so lange gesteckt hatte. Als er dicht vor mir erschien, breitete ich wie beim Gänsehüten die Arme aus, rief ksch-ksch mit dem Erfolg, daß er abermals wendete und in das Schilf floh. Dort kriegte er es mit Männe zu tun, der durch die Nähe seiner Herrschaft mächtig Mut bekommen hatte und den Bock mit Macht attackierte.

Als dieser die Aussichtslosigkeit seiner Fluchtbemühungen erkannte, stürzte er sich auf den Hund, seinen nächsten Feind, der, im dichten Schilf ziemlich unbeweglich und obendrein ängstlich geworden, zu retirieren versuchte, aber, vom Bock verfolgt, von diesem fast vor meinen Füßen geforkelt wurde. Es war auch wirklich ein schreckenerregender Anblick, wie der Bock mit weiß rollenden Lichtern, das ganze Haupt von frischem und angetrocknetem Schweiß überströmt, die linke Stange aus der Hirnschale gebrochen und an der Decke pendelnd, wie ein Gott-sei-bei-uns, mit Schalen schlagend und der verbliebenden Stange zustoßend, gegen den Hund anging, der in dem dichten Gewirr den Schlägen kaum ausweichen konnte. Unmittelbar vor mir erwischte es ihn dann, ein Schalenschlag traf ihn, daß er sich gegen einen Erlenstumpf überschlug, liegenblieb, wo ihn im Bruchteil einer Sekunde später das spitze Ende der Stange erreichte und ihm einen langen Schmarren aus der Haut riß.

Um meinen Hund zu retten, stürzte nun ich mich mit entsetzlichem Brüllen auf den Bock, der zum Glück abließ, wendete und jetzt das Wasser annahm.

An der Jenseite des Tümpels war inzwischen der Förster angekommen und hatte sich fertig gemacht. Als nun der Bock soweit hinausgeronnen war, daß ein Schuß keinen Menschen mehr gefährden konnte, drückte er seinen Drilling ab, anscheinend aber ohne zu treffen, denn der Bock drehte und schwamm wieder auf mich zu.

Als Männe den Schuß hörte und von dem etwas höher liegenden Damm sah, daß der Bock wiederkam, raffte er sich auf, sprang ins Wasser und schwamm ihm entgegen. Er schaffte es, sich in den Träger zu verbeißen, und es ist einfach nicht zu beschreiben, wie dort in einem Knäuel sich Hund, Bock, Wasserrosen und Morast umeinanderdrehten und wie wir alle brüllend aus Leibeskräften und mit den Armen fuchtelnd auf den Dämmen standen und doch nicht helfen konnten. Nach kurzer Zeit, die uns aber wie eine Ewigkeit erschien, neigte sich gottlob das Schlachtenglück zugunsten des Hundes, die Bewegungen des Bockes wurden schwächer und hörten schließlich ganz auf. Das Wasser an der Kampfstelle beruhigte sich und nur ein von Bock oder Hund ausgehender roter Fleck verbreitete sich immer mehr.

Mit einer abgebrochenen Erlenstange gelang es uns, den allmählich versinkenden Bock mit fest verbissenem Hund in Ufernähe zu ziehen. Vom Förster am Arm gehalten, sprang ich ins Wasser, das mir hier nur bis an die Brust ging, und konnte mit ausgestreckter Hand gerade einen Hinterlauf erreichen und schließlich den Hund lösen und bergen.

Als ich nun endlich meinen Hund wiederhatte, der aus einer langen Hautschmarre über die ganze Länge der Rippen hin ziemlich schweißte, war mir der Bock völlig gleichgültig geworden, um den sich der Förster kümmerte.

Ich zerriß mein Hemd in drei oder vier breite Streifen und wickelte die Brust des Hundes darin fest. Dann nahm ich meine Leinenjacke, hüllte sie noch zusätzlich um das Paket und setzte mich, den Hund in den Armen haltend, auf den Damm, um zu warten, bis Förster und Husar den aufgebrochenen Bock aufs feste Land tragen konnten.

Es stellte sich heraus, daß das arme Tier wohl halb wahnsinnig vor Schmerzen gewesen sein mußte, denn durch einen heftigen Stoß gegen ein festes Hindernis war ihm tatsächlich samt der Stange ein mehr als fünfmarkgroßes Stück aus dem Schädel gebrochen und das Hirn lag frei zutage. Daß er an der Verletzung nicht eher eingegangen war, grenzt schon fast ans Wunderbare, aber daß er nun endlich erlöst war, erfüllte uns doch mit Freude.

Der Schuß des Försters übrigens hatte doch getroffen, nur hatte dieser aus Versehen den Schrotlauf abgezogen, was bei dem kleinen Ziel im Wasser und weil er nicht aufs Haupt geschossen hatte, nur allmählich Wirkung zeigte.

Wir brachten Hund und Bock zum Hause des Husaren, von wo aus der Förster im Geschwindschritt zu seiner Försterei lief und dort per Telephon Wagen und Tierarzt bestellte, die dann auch programmgemäß eintrafen.

Der Hund wurde vernäht und gepudert, und schon nach wenigen Tagen war er ganz der alte, und allmählich verwuchs auch die lange Schmarre, so daß man sie später kaum mehr sehen konnte. Der Vorfall hatte ihn aber doch Vorsicht gelehrt, bei späteren Nachsuchen ist er nie mehr allzu dicht an ein sich stellendes Stück Rehwild herangegangen.

Von einem guten Vorstehhund geführt zu werden

Damit endet zunächst einmal die Lebensgeschichte von Männe, dem Fuchstöter, und wir werden ihm erst wieder einige Jahre später begegnen, wo es galt, in Hessen den Sauen nachzustellen. Dazwischen aber liegt meine Jägerprüfung, das freie Jagen mit dem Freund und seinem Hunde Wulfilo, viele kleine, aber schöne Erlebnisse mit dem alten Don, dem Nachfolger des ganz alten Don aus meiner Wiege, und der Beginn des Begreifens, was es heißt, einen wirklich guten Vorstehhund zu führen – oder, wie ich bei mir besser sagen sollte:

Von einem guten Vorstehhund geführt zu werden!

Sozusagen die ersten Schritte im Laufstall tat ich in dieser Hinsicht gemeinsam mit meinem Freunde Wedigo Wietersheim, dem Sohne des Nachbarn. Der hatte zur bestandenen Jägerprüfung einen Kleinen Münsterländer geschenkt bekommen, weiß-braun und ziemlich langhaarig. Er hörte, wenn er hörte, auf den Namen Wulfilo vom Ulmenhof. Wir werden diesem Familiennamen später noch reichlich begegnen.

Da auch ich trotz aller gegenteiligen Bemühungen meines Vaters, der als Vorsitzender und anerkannt strengster Prüfer in eigener Person mich regelrecht auseinandernahm, die Jägerprüfung bestanden hatte, hätte höheren jagdlichen Erlebnissen nur mehr der Buchstabe des Gesetzes entgegen gestanden, wonach der Inhaber eines Jugendjagdscheines nur in Begleitung des Erziehungsberechtigten jagen durfte. Wir nahmen diesen Buchstaben aber nicht als Satz und Gesetz und tauchten in den weitläufigen Jagdgründen der beiden Güter so sicher unter wie ein Bankräuber in Chikago.

Die geeignetste Gegend um zu verschwinden, bot das Vorwerk Groß-

Rackwitz, das eigentlich nur aus Wiesen und Weiden bestand, die von unzähligen Hecken getrennt wurden, und durch das sich in zahlreichen Windungen der Bober schlängelte, an dessen Rand kleine Akazienwäldchen und verschiedene Erlengehölze den Fasanen gute Deckung boten. Auch waren diese Büsche gut geeignet, sich an den Fluß anzupirschen und den Enten nachzustellen. Auf den Wiesen und Weiden gab es Hühner, und in den Hecken lagen Hasen, Kaninchen und Fasanen. Es war ein Dorado jagdlicher Art, wozu auch beitrug, daß dieses Vorwerk als Hegefläche meines Wissens niemals regelrecht bejagt wurde.

Wedigo und ich verabredeten unsere Ausflüge anläßlich der gemeinsamen Bahnfahrt zur Schule und trafen uns dann entweder bereits am gleichen Nachmittag oder am nächsten Tag teils bei uns in Gießmannsdorf oder drüben in Neuland irgendwo an der vorher bezeichneten Stelle.

Unsere ersten Jagdfahrten dieser Art brachten nur recht mäßigen Erfolg, denn der völlig rohe Hund hatte es viel lieber, den zahlreichen Schwalben nachzusetzen als unter der Flinte zu suchen. Es verging dann auch immer eine geraume Zeit, bis der liebe Wulfi, völlig ausgepumpt hechelnd, sich bei seinem heftig fluchenden Herrn einstellte und nun erst einmal ins Wasser mußte, um sich zu laben und abzukühlen. Von da an ging es kurzfristig besser, wobei die Dauer dieses relativen Besser-gehens abhängig war davon, wie schnell wir bei der Suche an einen Hasen gerieten, durch den animiert der Wulfilo wiederum für längere Zeit verschwand. Daß der Hund mit Passion und Ausdauer auf der Spur förmlich klebte und einen beneidenswerten Spurlaut zeigte, erfreute uns absolut nicht, und, nachdem uns mehrere Jagdfahrten dieser Art nicht mehr als ein Huhn und die eine oder andere Ente gebracht hatten, beschlossen wir, die Sache von Grund auf zu ändern und dem guten Hund erst einmal anständige Sitten beizubringen.

Hierzu diente der fest mit einer Mauer umgebene Park in Neuland als Dressurplatz und für die notwendige theoretische Anleitung das mir gehörende Buch von Oberländer.

Es muß einen rührenden Anblick geboten haben, wie wir beiden Halbstarken den von unseren Künsten wenig erbauten Hund dressierten: Wedigo hatte, weil es ja sein Hund war, die praktische Arbeit übernommen. Mit beschwörenden Worten unter starker Dämpfung seines sonst lauten Organs gab er dem Wulfi die notwendigen Befehle, während ich in der Regel auf der Mauer saß, mit der linken Hand eine Flasche Doppelkümmel fest umklammernd, und mit der Rechten das Buch haltend, aus dem wir die Weisheit sogen. Zum Glück nahm der Hund unsere sicher gut gemeinten, aber ebenso sicher recht unkonsequenten Übungen durchaus nicht übel, wozu einerseits seine guten Nerven, andererseits die Lebensweisheit der Köchin ihr Teil beisteuerten. Letztere huldigte der gottlob verbreiteten Ansicht, daß Liebe durch den Magen gehe und daß auch ein Hund nur lernen könne, wenn er satt sei. Sie steckte uns also nebst zahlreichen Broten für unseren Verzehr auch allerlei liebliche Brocken für den Schüler zu, die wir ihm in geeigneten Momenten als Leckerbissen gaben. Und weil der Hund außerordentlich verfressen war, verknüpfte er Befehl und Ausführung mit Fressen, und unsere Arbeit machte Fortschritte. Was das Lehrbuch von der sogenannten Stubendressur hergab, hatten wir im Laufe von vielleicht vier Wochen durchexerziert, das will heißen: Gehen und Sitzen bei Fuß, Down auf Pfiff und Handzeichen mit und ohne Leine und eine regelrechte Parforcedressur im Nehmen und Bringen des Apportierbockes. Wir waren mächtig stolz auf unsere Künste und brannten darauf, den „fertigen“ Hund den Vätern vorzuführen.

Leider war aus irgendwelchen Gründen ein gemeinsamer Termin nicht zu erreichen oder hätte zu weit in der Zukunft gelegen. So mußten wir uns darauf beschränken, die Vorführung zunächst nur einem Elternteil, nämlich Wedigos Vater, zu bieten. Der leider solch angenehme Dinge häufig störenden Schule wegen wurde hierfür ein Sonntag bestimmt, und ich stellte mich dann auch rechtzeitig am späten Vormittag zur festgesetzten Stunde ein.

Wer aber beschreibt meine Trauer, als mir gleich bei der Ankunft die Tante eröffnete, Wedigo läge sehr krank im Bett, infolgedessen sei auch der Vater weggefahren, denn aus der ganzen Sache könne jetzt doch nichts werden. Als sie mein verzweifeltes Gesicht sah, muß ihr wohl der Gedanke gekommen sein, daß Alkohol Kummer tröste, und wohl wissend, daß wir diesen billigen Doppelkümmel zu genießen pflegten, holte sie – wie sie glaubte – jene Flasche aus der Speisekammer und schenkte mir ein gehöriges Glas ein. Dankbar ob dieser Tröstung und erhitzt von der Radfahrt auf schlechten Wegen über den Berg, leerte ich das Glas in einem Zuge, worauf mir augenblicklich die Tränen ins Auge schossen und ich sicherlich entweder krebsrot oder leichenblaß wurde. Was mir die Tante da vorgesetzt hatte, mochte der Himmel wissen, zwar schmeckte es nach Kümmel, hatte aber einen Alkoholgehalt, der den des gewohnten Doppelkümmels weit hinter sich ließ. Zum Glücke liebte es die Tante, ihres empfindlichen Teints wegen, hinter halb zugezogenen Gardinen zu leben, weshalb das Licht im Zimmer auch gegen Mittag etwas schummerig blieb. Deshalb konnte sie nicht sehen, in welchen Zustand mich das Getränk versetzt hatte, worüber ich außerordentlich froh war, denn solch bißchen Alkohol mußte ein Mann und Jäger doch wirklich vertragen! Voll geheimen Grausen aber sah ich, wie sie abermals das Glas randvoll einschenkte und mich unter tröstenden Reden animierte, es auf das Wohl des Patienten zu leeren. Mit Todesverachtung setzte ich an, hielt die Luft zurück und kippte den Inhalt, der in der Kehle wie Feuer brannte, hinunter.

Darauf hielt ich es allerdings für geraten, mich so schnell wie möglich zu verabschieden, murmelte noch etwas von guten Wünschen und baldigem Wiedersehen, bestieg mein Rad und eilte davon.

Ich war noch nicht sehr weit gekommen, als der Alkohol zu wirken begann und um mich das große Karussell kreiste, so daß ich die Böschung zum Mühlenteich hinunterschoß und der Länge lang in das reichlich kalte Wasser fiel. Nachdem ich mich aufgerappelt hatte, war mir zwar hundemäßig kalt, denn wir schrieben Ende Oktober, aber ich war auch wieder ziemlich nüchtern und trat auf Teufel-komm-raus in die Pedale, um warm zu werden.

Kaum war ich im eigenen Revier angelangt, als aus Richtung Heimat mit laut aufheulendem Motor unser Inspektor auf seiner Beiwagenmaschine angerast kam, und vor mir in die Bremse trat, so daß das Motorrad schlitternd zum Stehen kam. Ganz atemlos fragte er: „Ist dir gut? Fehlt dir was? Wie fühlst du dich?"

Meine Antwort, daß es mir sonst ganz gut ginge, ich aber scheußlich naß und kalt sei, beruhigte ihn keineswegs. Er packte mich in eine mitgebrachte Decke sorgfältig ein, verlud mich in den Beiwagen, schmiß mein Rad in die Dickung und fuhr wie der Leibhaftige zu unserem Dorfarzt. Unterwegs klärte er mich darüber auf, was geschehen war: Kaum sei ich nämlich von Neuland weggefahren, hätte die Tante mit tödlichem Erschrecken festgestellt, daß sie mir keineswegs den gedachten Doppelkümmel vorgesetzt hatte, sondern eine hochprozentige Kümmelessenz. In der Annahme, mich vergiftet zu haben, hatte sie, heftig weinend, meine Mutter angerufen, die, ebenfalls das Schlimmste fürchtend, den Administrator in Marsch gesetzt hatte mit dem Auftrag, mich auf schnellstem Wege zum Arzt zu fahren und mir den Magen auspumpen zu lassen.

Dieser Dorfdoktor war zu meinem Glück ein vernünftiger Mann, der in einem langen Leben als Schiffsarzt auf der Linie San Franzisko – Sydney gewiß mehr als einmal die Folgen des Alkohols zu kurieren gehabt hatte.

„Na Fritzchen", fragte er, „wieviel hast du denn getrunken?" Und als ich ihm trotz Decke noch immer schlotternd vor Kälte erklärte, daß es sich nur um zwei gewöhnliche Schnapsgläser gehandelt habe, brach er in schallendes Gelächter aus, holte aus einem Wandschrank eine Flasche nebst zwei Wassergläsern, schüttete diese randvoll, sagte „Prost!“ und stürzte den Inhalt seines Glases hinter die Binde, worauf ich ein Gleiches tat, wodurch mir schnell wärmer wurde. Es war ein guter alter Portwein, davon einem – wie mein Ahnherr geschrieben hätte – „die Schnauze klebet.“ Und während ich, nun aber langsam, ein zweites Glas leerte, rief er meine Mutter zur Beruhigung an, verschrieb mir einen Tag Hausarrest wegen der Möglichkeit einer Lungenentzündung und entließ mich in Gnaden.

Die Schauprüfung des Wulfilo haben wir dann an irgendeinem der nächsten Sonntage nachgeholt und hatten einen vollen Erfolg damit, denn wir waren schlau genug, das Schicksal nicht zu sehr auf die Probe zu stellen, und führten das Gelernte am Ort der Dressur vor und nicht in freier Wildbahn, wie wir es zunächst vorgehabt hatten, denn das wäre mit Sicherheit ein Reinfall geworden, wie wir nur zu bald in praxi erfahren sollten.

Der Wulfi als intelligenter Hund hatte nur der Not gehorchend, seinen Freiheitsdrang während der Dauer der Dressur bezähmt und dachte gar nicht daran, das dort Gelernte im Felde zu beherzigen. Kaum war er von der hindernden Leine losgemacht und zum Suchen aufgemuntert, als er auch schon um den nächsten Dornbusch verschwand, und bald verkündete uns sein lockerer Hals von nahem und dann von weitem, daß er mit Erfolg seiner Hetzpassion nachging. All unser Pfeifen und Trillern und Down-Gebrülle nützte überhaupt nichts.

Jedermann wird es verständlich finden, daß wir uns auf den nächsten Feldrain setzten, uns stumm und verzweifelt ansahen und dem Hunde voll Ingrimm alle nur möglichen Höllenstrafen versprachen, wenn er nur wiederkäme. Mit zunehmender Dauer seiner Abwesenheit stellte sich aber bei uns eine gewisse Einsicht ein, nämlich die Überlegung, daß wohl wir etwas falsch gemacht haben mußten, und wir kamen zu dem höchst vernünftigen Schluß, den Hund lieber nicht zu bestrafen, sondern mit ihm erst einmal das im Mauerpark Geübte an der langen Leine auch hier draußen zu üben.

Als der Wulfi nach sehr geraumer Zeit wiederkam und zwar mit stark eingezogener Rute und böser Ahnungen voll, mag er sich verdammt gewundert haben, daß ihm absolut nichts dergleichen geschah. Er wurde vielmehr nur an die Feldleine genommen und mußte uns das ganze Repertoire seiner Kunst zeigen, was er auch gut und bereitwillig tat. Er wurde gehörig belobt und bekam einen Brocken. Dann gingen wir auf eine der großen Weideflächen, auf denen jetzt im Spätherbst gewiß kein

Wild lag und dort wurde er freigelassen. Ich hatte mich vorher mit einer genügenden Zahl von Erdklumpen versehen, die ich ihm zwischen die Beine schmeißen wollte, wenn er wieder ausbrechen sollte, wir hatten aber das Vergnügen, daß der Hund brav auf Pfiff und Wink sein Down machte und sich anständig und tadellos zeigte.

Dies machte uns erneut übermütig, und wir begingen den großen Fehler, Wild suchen zu wollen, denn, jung wie wir waren und schießwütig dazu und natürlich ohne Geduld, waren wir letztlich doch hier herausgekommen, um zu jagen und nicht um Hunde zu dressieren! Es kam natürlich, wie es kommen mußte; kaum nämlich hatte der Hund den nächsten Busch zwischen sich und uns gebracht, als er auch schon seine Chance begriff und sich selbständig machte wie eh und je zuvor.

Was dann geschah, als der liebe Hund endlich zurückkam, will ich lieber verschweigen. Danach jedenfalls zogen zwei freudlose Jäger samt einem Hund, der die Rute dauernd zwischen die Hinterläufe geklemmt hielt, sehr schweigsam der Heimat zu und verabschiedeten sich voll stummer Verzweiflung mit mattem Händedruck.

Es traf sich, daß ich unterwegs dem Heger Jahr begegnete, der im Brandholz seine Fallen kontrollierte, und ihm unser Leid klagte. Wie ich schon erzählt habe, hatte dieser Heger mit dem Hunde Hallo stets ziemliche Ehre eingelegt, auch wußte ich, daß er früher verschiedentlich Hunde auf Gebrauchsprüfungen geführt hatte, also konnte ich hoffen, von ihm einen brauchbaren Rat zu erhalten. Wir setzten uns auf einen der großen Sandsteinbrocken, ließen die Beine herunterbaumeln, und ich mußte ihm alles erzählen, was wir bisher mit dem Hunde gemacht hatten und wie sich dieser dabei benahm. Als ich geendet hatte, kratzte sich der Heger in seiner Weise ausgiebig im Ohre und meinte in seiner trockenen, wortkargen Art: „Also, Jungchen, der Hund ist gut, aber ihr seid dumm!" Daraufhin schwieg er erst mal eine Weile und ließ seine goldenen Worte so recht in mir wirken, zündete sich seine Pfeife an, rauchte mächtige Wolken und fuhr fort:

„Denkt nicht immer nur ans Schießen, das könnt ihr noch lange genug tun, denkt jetzt nur an den Hund! Mit dem müßt ihr üben und nochmal üben und ohne Wild üben solange, bis der Gehorsam sitzt, wirklich fest sitzt auf jede Entfernung. Und dann kommt mal mit dem Wulfi zu mir, dann wollen wir ihn gemeinsam an Wild bringen."

Die Zukunft war wieder schön, der alte Jahr hatte sie gerettet, wir stellten unsere Jagdfahrten ein und übten mit dem Hund auf den großen Wiesen an der Spittlermühle, bis nach einigen Wochen der einsetzende Winter diese Gänge unmöglich machte.

Als im nächsten Frühjahr der Schnee schmolz, sagte eines Tages mein Vater ganz beiläufig zu mir: „Nimm dir morgen mal den Don und fahre mit ihm in den Niederhof, da sind die meisten Hühner. Sie müßten eigentlich gepaart sein, dort kannst du am besten den Hund wieder einjagen.“

Ich war ganz perplex über diese Ehre, denn der Don, ebenso ein Drahthaar wie der ganz alte Don, war der Leibhund meines Vaters, und kein anderer hatte ihn bisher führen dürfen. Immerhin kannten wir uns ja gut genug, und ich war ziemlich sicher, daß er auch mir gehorchen würde.

Ich glaube, vor Glück habe ich meinem Vater nicht einmal gedankt, jedenfalls am nächsten Morgen – entweder war es in den Osterferien oder es war ein Sonntag – bestieg ich mein Fahrrad, nahm den Don an die Leine und fuhr zum Niederhof.

Die Landschaft dort unterschied sich grundlegend von allen anderen, die ich bisher geschildert habe. Die Äcker und Wiesen des Hofes lagen in einer Ausdehnung von zwei mal vier Kilometern in einer flachen Senke, die in ihrer ganzen Länge vom Seifenbach durchflossen wurde, an dem entlang von meinem Großvater zahlreiche Fasanenremisen angelegt worden waren, zwischen denen sich Wiesen befanden, auf denen lebende Hainbuchenhecken, die alljährlich gestutzt wurden, als Schützenstände für die Jagd wuchsen. Rechts und links dieser Remisen stieg das Land ganz sanft an, und der warme Lößboden und die schützende Lage ermöglichten es, daß hier auch für schlesische Begriffe eine gute Niederwildjagd gehegt werden konnte.

In der Nordostecke war die höchste Erhebung, ein aufgelassener Kalksteinbruch, der schon lange mit Latschenkiefern ausgepflanzt worden war. Von ihr aus konnte man die ganze Länge der Mulde übersehen und noch weit hinaus ins Land über die flache, mit Nadelwald bewachsene Erhebung, hinter welcher der Queis fließt. Dieser Hügel war immer Ausgangspunkt aller Pirschen, ob mit oder ohne Wagen, denn gleich, was man bejagen wollte, hier entschied sich nach Wind und Wetter, nach Jahreszeit und Sonnenstand der Verlauf der Jagd.

Wenn es auch heute zur Paarhühnersuche nicht notwendig gewesen wäre, an dem Steinbruch zu beginnen, so fuhr ich doch gewohnheitsmäßig hinauf, setzte mich kurze Zeit auf einen der vielen herumliegenden Kalkbrocken und überlegte, wie ich die Sache angehen sollte.

Vor zwei oder drei Jahren hatte ich an der gleichen Stelle mit meinem Großonkel gesessen, dem fast 80jährigen Robert Loebenstein, einer der Gründer und auch erstem Vorsitzenden des Jagdgebrauchshundverbandes um das Jahr 1900. Mit seinem martialischen Schnauzbart, der hohen ungebeugten Gestalt und den bis zu seinem Tode stets spottlustig funkelnden Augen bot er auch als Greis noch einen imponierenden Anblick.

Solange es sein Gesundheitszustand erlaubte, kam er alljährlich zu uns gefahren, um für ein paar Tage mit seinem Hund Hühner zu jagen, wobei ihm wohl die Hühnerjagd nur Vorwand war, wenigstens einmal im Jahr in völliger Freiheit leben zu können. Er pflegte mit der Kleinbahn von der Station Gießmannsdorf bis zur Station Niedergießmannsdorf zu fahren, was drei Minuten dauerte, stieg dort aus, jagte sich in einem großen Bogen nach Gießmannsdorf zurück und erschien müde, aber glücklich zum Essen, wo er dann mindestens eine Stunde lang über das berichtete, was ihm auf der Bahnfahrt begegnet war. Er besaß ein phänomenales Gedächtnis, eine schrankenlose Phantasie und eine überragende Schauspielerkunst, denn er spielte in wörtlicher Rede und Gegenrede, Hochdeutsch, Schlesisch und Sächsisch in wechselnden Rollen, alles das noch einmal durch, was er erlebt hatte – oder erlebt zu haben vorgab.

Ich war damals mit dem Großonkel losgeschickt worden, um Wild und Patronen zu tragen und, wenn ich auch noch zu klein und zu dumm war, um richtig zu erfassen, mit welchem unvergleichlichen Führungsstil er seinen alten Hund einsetzte, so erinnerte ich mich heute doch noch in groben Umrissen an die Art und Weise, wie er die einzelnen Abschnitte der Suche einteilte. Der Unterschied sollte nur darin liegen, daß wir damals Kartoffel- und Rübenfelder durchgegangen waren, jetzt im Frühjahr müßten es die Wiesenflächen sein, vor allem dort, wo noch Reste vom Grummet stehengeblieben waren und Deckung boten.

So schob ich also mein Rad den glitschigen Weg zwischen den Feldern in den Grund hinunter, lehnte es dort an einen einsamen Apfelbaum und begann mit der Suche quer zum Wind immer entlang der Remisen am Bach.

Dem Hunde brauchte ich, außer: „Such voran!“ nichts zu sagen, die übrige Arbeit machte er dann allein, ich war nicht mehr als Statist und gab nur die Richtung an, in der wir vorwärtsschritten. Als der Hund, weit gegen den Wind ausholend, Feld nahm, mit halbem Wind wendete und wieder auf mich hin zurücksuchte, ohne daß ich nur ein einziges Wort oder Handzeichen zu geben hatte, wurde mir plötzlich ganz klar, was mein Vater damit gewollt hatte, mich allein mit dem Hunde herauszuschicken. Der alte Jahr wird ihm wohl erzählt haben von unserem Pech mit Wulfilo und von unseren Fehlern. Es war ganz der Stil meines Vaters, nichts oder fast nichts zu einem Problem, das uns quälte, zu sagen, dafür lieber aber eine Hilfestellung zu geben, die uns weiterbrachte.

Von da an beobachtete ich sehr scharf, was der Hund tat, und ließ ihm völlige Freiheit, nur daß ich die Hühner heraustrat oder zwischen mich und den Hund brachte, wenn sie im hohen Altgras liefen. Der Don war so gut durchgearbeitet und so sicher in seinen Aktionen, daß auch ein weit besserer Führer, als ich es war, kaum jemals Grund gehabt hätte einzugreifen.

Als ich zum Mittagessen glücklich und reicher an Erfahrungen nach Hause kam und meinem Vater dankte, sagte der bloß: „Geh' nur wieder mit dem Don, es wird euch beiden guttun!" Damit wußte ich, daß meine Vermutungen stimmten.

Wenn ich auch früher schon oft zur Hühnersuche mitgegangen war, so war es doch damals immer mehr das Jagen, das Schießen und Treffen, das ich beobachtet hatte, nicht so sehr die Arbeit des Hundes. Jetzt, als ich öfter mit dem Don über die Felder lief und ganz allein die Suche und das Vorstehen des Hundes Gegenstand des Beobachtens war, fing ich erst an zu begreifen, welche Kunst es ist, diesen Jagdgefährten so anzuleiten, daß Jäger und Hund eine Einheit bilden in ständiger Ergänzung der Fähigkeiten beider Individuen, und was es für einen Genuß bedeuten kann, wenn eine solche Einheit reibungslos funktioniert in gegenseitigem Vertrauen und so, als ob es das Selbstverständlichste von der Welt sei.

In diesen Tagen wurde mir jagdlich ein Ziel gesetzt, das zu erreichen ich mir schwor. Wenn auch der Weg dorthin mir noch lange Zeit dunkel blieb, so habe ich doch nie davon abgelassen und habe dann später oft die Freude spüren dürfen, die der volle Akkord der Übereinstimmung zwischen Herr und Hund vermittelt, von der ich mit dem alten Don ohne eigene Leistung einen ersten Vorgeschmack erhielt.

In den kommenden Wochen bis hinein in den Mai haben wir dann auch wieder den Wulfilo gearbeitet und ihm nach den Worten des Hegers Gehorsam in allen Lebenslagen beigebracht. Es machte sich gut in jenem Jahre, daß eine warme Witterung die Saaten schnell aus der Erde trieb, so daß die Hühner gut hielten, wodurch es uns sehr erleichtert wurde, die anfänglich mäßigen Vorstehkünste des Hundes zu fördern. Wie die meisten Kleinen Münsterländer der Vorkriegszeit war auch Wulfilo mehr ein Stöber- und Spurhund als Vorstehhund, und die gering vorhandene Anlage hierzu mußte par force verstärkt werden. Intuitiv machten wir es ziemlich richtig, unterstützt auch vom Rate des Hegers, der uns jetzt mitunter begleitete. Wir hielten den Hund sehr kurz in der Suche, so daß er eigentlich gar nicht aus unserer unmittelbaren Einwirkung herauskam, und gaben das Downzeichen mit Ruf oder Pfiff, sobald wir am Benehmen des Hundes merkten, daß er Wildwittrung hatte. Hierdurch erreichten wir, daß er das Huhn oder was es war bald dauerhaft vorlag oder vorsaß, und waren damit einen großen Schritt weitergekommen. Den Sprung zur echten Leistung aber schafften wir nie, hierzu war die Vorstehanlage des Hundes doch zu spärlich entwickelt; trotz einer guten Nase blieb es eine Zwangshandlung, der er sich ungern und deshalb viel zu dicht am Wild unterwarf, weshalb es allzu häufig abstrich, bevor wir mit der Flinte nahe genug herangekommen waren. Ein in der Natur der Gegebenheiten liegendes Übel waren auch die Kaninchen, deren starke Wittrung den Hund verrückt machte und vor allem anderen anzog. Wenn erst einige graue Flitzer vor ihm geschossen waren, blieb die Suche auf anderes Wild erst recht Stückwerk.

Ich habe daraus für alle Zeiten gelernt, daß man einen Hund, einen jungen Hund zumal, mit Kaninchen völlig verderben kann, und bin später bei Übungen vor der Jugend- oder Herbstzuchtprüfung allen Dickungen mit Kaninchen in weitem Bogen aus dem Weg gegangen.

Kurz bevor der 1. September und mit ihm die Hühnerjagd nahte, herrschten bei der gesamten Jägerei Hochdruckstimmung und Schlafmangel. Jeder der Förster, Hilfsförster und Heger bekam einen Teil der Revierkarte in die Hand gedrückt, auf der er mit Bleistift vermerken mußte, in welchem Feld Hühner lagen und, nach Möglichkeit, auch um wie viele es sich handelte. Hierzu wurde wie bei der Auerhahnbalz das morgendliche und abendliche Locken der Hühner ausgenutzt. Man saß dann auf einem etwas erhöhten Punkt in der Feldmark, hatte die Karte auf den Knien und lauschte in den anbrechenden Morgen oder die sinkende Nacht hinein, wo der alte Hahn sein Volk zusammenrief. Dann machte man sein Kreuz oder seine Kreuze in die Karte und bemühte sich am nächsten Tag, das Volk zu finden und zu zählen.

Bisher war ich nur gelegentlich einmal am Abend mit dem einen oder anderen Jäger mitgegangen, in diesem Jahr aber bekam ich zum ersten Mal ein Revier zugewiesen, in dem ich selbständig zu arbeiten hatte. Selbstverständlich durfte ich den Don mitnehmen.

Ebenso selbstverständlich war es, daß mich meine Passion nicht nur am Abend, sondern auch am Morgen hinaustrieb, was bedeutete, daß ich um 4.30 Uhr in den Feldern sein mußte. Da mein Zug zur Schule erst gegen 7 Uhr abging, hatte ich fast zwei Stunden Zeit für das Hühnerverhören und -suchen, konnte dann noch in der Küche ein Brot hinunterschlingen und kam zur rechten Zeit am Bahnhof an, um im Zuge sofort in totenähnlichen Schlaf zu verfallen.

Auch meine Leistungen in der Schule gingen in jener Zeit ziemlich rapide zurück, aber es war ja erst kurz nach den Sommerferien, und

Zeugnisse standen nicht an, also konnte ich mir die eine oder andere 5 schon leisten; bis zum gefürchteten „Blauen Brief" um Weihnachten und erst recht bis zur Versetzung war ja noch viel Zeit. Meinem Vater, vor allem meiner Mutter habe ich über meine morgendliche Pirschgänge natürlich nichts gesagt, wennschon ich jetzt glaube, daß Vater trotz der Vergatterung des Personals, das ich zur strengsten Geheimhaltung aufgefordert hatte, von der Aktion wußte, denn mitunter streifte mich sein sehr nachdenklicher Blick, und sein Gesichtsausdruck sagte: „Alter Bursche, ich weiß schon Bescheid, aber ich tue dir nichts!" Trotz der körperlichen Belastung habe ich diese Morgenpürschen so sehr genossen, daß mir viele von ihnen noch ganz deutlich in Erinnerung sind. Manche mit besonderem Erfolg, das heißt hier, besonders vielen Hühnern, habe ich sogar auch im Schußbuch vermerkt, und bei einer Pürsch, nämlich am 28. August 1938, steht geschrieben: „Ein Habicht mit Don beim Hühnerverhören am mittleren Nüsslers Busch".

Es war einer jener Frühherbsttage noch vor dem Altweibersommer, an denen der Ostwind einen ersten Hauch von Kälte mitbringt, die sich am frühen Morgen als schwerer Tau aufs Gras legt, wobei die Luft so klar und rein ist, wie man es manchmal auch in Oberbayern in einer Föhnlage erlebt. In der aufsteigenden Morgensonne werden alle Dinge fast durchsichtig und entwickeln von innen her eine Leuchtkraft, die beinahe schmerzhaft ist. In solchen Stunden wirkt im Walde jeder Baum wie ein Individuum, dessen Lebendigkeit dem Betrachter beinahe erschreckend deutlich bewußt wird.

An solch einem Morgen war ich noch vor Tau und Tag in meinen Bezirk hinausgefahren, hatte mich fest in den Mantel gewickelt und saß jetzt auf einem Grenzstein in der bäuerlichen Flur zwischen Niederhof und Niedervorwerk. Rundum war noch das Schweigen der Nacht, höchstens, daß eine Lerche zum Himmel stieg und das allererste Grau des dämmernden Morgens begrüßte.

Dann wich allmählich die gleichmachende Schwärze, die Steine am Feldrain, die Blätter der Rüben, der Horizont bekam Konturen, erste Farbtupfer im Osten steckten blauviolette und dunkelrote Finger über den Morgenhimmel. Links von mir in den Rüben lockte ein Rebhahn mit heller schmetternder Stimme, zaghaft im Stimmbruch gaben einige junge Hähne Antwort. Rechts unten gegen die flache Senke eines Grabens rief ein anderer Hahn, und ziemlich weit vor mir lockte ein dritter. Drei Kreuzchen also konnte ich auf die Karte zeichnen und mußte jetzt warten, um mit dem Hunde dorthin zu gehen, wo die Völker gelegen hatten, damit ich sie fand und die Anzahl feststellen konnte.

Die Wartezeit verging schnell, denn bald schon konnte ich mit dem Glase über die Felder schauen, die Rehe zählen, die in den Rüben standen, und den Hasen zusehen, die in albernen Sprüngen sich den Tau aus dem Balg schüttelten und sich trockenliefen.

Als die Sonne aufging, stand ich auf, machte den Hund von der Leine los und ging dorthin, wo links von mir der erste Hahn gelockt hatte. Die Kette war sicherlich aus den Rüben in eine Kleestoppel gelaufen, die dort anschloß, und ich mußte einen kleinen Bogen machen, um gegen den Wind zu kommen. Dann schickte ich den Hund auf die Suche und, wie der durch den Tau im Klee sprang, stand um ihn ein Regenbogen aus den hochgeschleuderten Tropfen, und mein Schatten auf dem Feld war von einer weißen Aura umgeben, so daß ich einen Moment stehenblieb, um diesen Morgen mit vollen Zügen zu genießen.

Aber schon zog der Hund gegen den Wind an mit hocherhobener Nase, wurde immer langsamer und stand fest vor. Ich umschlug ihn um 50 Meter und kam ihm mit dem Winde entgegen: Purr – gingen die Hühner hoch, reife, ausgewachsene Hühner, 14, nein 16 Stück, und fielen kaum 100 Meter weiter wieder ein.

Zum ersten Kreuzchen auf der Karte kam eine 16, und nun konnten wir weitersehen, ob wir das nächste Volk unten im Tal finden würden. Wir umgingen den nassen Rübenacker, prallten an seiner Ecke mit einem Hasen zusammen, vor dem der Hund sich genauso erschrak wie ich, denn er klappte wie ein Taschenmesser in sich zusammen, was er schon lange nicht mehr tat, vielmehr pflegte er den Hasen mit etwas hochgezogener Lefze in halber Vorstehhaltung nachzuäugen. Dann ließ ich ihn voransuchen, bis er ganz unten dicht vor dem kleinen Bach in einer Wiese langsam wurde, ein Geläuf studierte, kurz nachzog, dann, um sich Wind zu holen, in eiligem Lauf einen Bogen schlug, wo es ihn plötzlich herumriß und erstarren ließ. Jetzt konnte ich gemächlich hinuntergehen; diese Hühner waren festgemacht und würden nicht mehr laufen. Knappe 20 Meter vor dem Hund erhob sich die Kette, nachdem ich aufgerückt war, und strich, laut rufend, im Bogen an uns vorbei in die Rüben. Es waren nur 6 Hühner, gewiß alte, denn das Schwirren der Flügel hatte hart und metallisch geklungen, und alle waren gleich groß.

Eine 6 also kam neben das Kreuz und ein A dazu. Diese Kette würden wir bei der Suche zuerst bejagen.

Nun aber hieß es sich sputen und das dritte Volk suchen, die Zeit fing an, knapp zu werden. Die ungefähre Richtung wußte ich ja, es mußte kurz vor oder neben einem kleinen Wäldchen – Pischel – liegen, das dem Großbauern Nüßler gehörte. Dort entsprang der Bach, an dem wir eben waren. An seiner Quelle machten wir Rast bei der Hühnerjagd, und oft waren wir so durstig, daß wir uns lang auf die Erde warfen und das klare Wasser direkt von seinem Ursprung tranken.

Ich wollte nur eben kurz nach dem Zustand des Quellbrunnens sehen, und trat die wenigen Schritte in das Wäldchen ein. In diesem Augenblick hörte ich auf seiner anderen Seite das erregte Tschick-Tschick-Tschick von Rebhühnern, das sich nach verschiedenen Seiten verstreute. Schnell sprang ich aus den Bäumen heraus und sah, daß keinen Steinwurf weit von mir entfernt, ein starker Habicht auf einem geschlagenen Huhn stand.

Ohne viel zu überlegen rief ich nur: „Faß, Don!“, und der sprang, wie von der Sehne geschnellt, auf den Greif los.

Der Don hatte bei allen anderen guten Eigenschaften, die ihn auszeichneten, in bezug auf seine Arbeit am Raubwild und Raubzeug nicht den letzten Schliff und hatte sich den Dreh ausgedacht, bevor er zupackte, den Gegner zunächst einmal über den Haufen zu rennen, um sich dann herumzuwerfen und zuzufassen.

So auch hier – aber die Sache ging schief!

Der Habicht hatte sich wohl oder übel überrennen lassen müssen, weil er die Flucht nicht mehr schaffte, aber im Drehen des Hundes hatte er sich schon wieder so sehr in der Gewalt, daß er ihm mit einem Flügelschlag entgegenkam und sich fest in Nase und Behang verkrallte, worauf sich der Hund wie ein Brummkreisel drehte, um den Feind loszuwerden. Aber je mehr er sich drehte und je mehr er mit dem Kopfe schüttelte, um so fester und tiefer drangen die Fänge des Habichts ein, der darüberhinaus auch noch, wohl um sich selbst im Gleichgewicht zu halten, andauernd mit den Schwingen schlug.

Jetzt war Not am Manne, und ich wußte einen Augenblick lang wirklich nicht, was ich tun sollte, denn solch ein Fall war weder in den Lehrbüchern zur Jägerprüfung geschildert, noch hatte ich darüber gesprächsweise gehört. Einen Knüppel zu suchen, um den Habicht zu erschlagen, hätte viel zu lange gedauert, auch hätte ich wahrscheinlich eher den Hund getroffen als den Vogel bei der dauernden Bewegung. Ich mußte also mit bloßen Händen heran und sehen, wie ich zurecht kam.

Weil der Don auf irgendwelche Befehle ohnehin nicht mehr ansprechbar war und in völliger Panik stand, hatte es keinen Sinn, auf den Hund einzuwirken; trotzdem rief ich: „Don, ich komme, ich komme ja.“ Und wie der Hund vor mir herumtanzte, halb blind vor schlagenden Flügeln und halbwahnsinnig vor Angst, und wie ich nun meinerseits wieder um den sich drehenden Hund herumsprang, ebenso durchgedreht vor Sorge und – um ehrlich zu sein – auch vor Angst, die mir die starren gelben

Augen des Habichts einflößten, gelang es endlich doch, erst die eine Schwinge und dann die andere des Vogels zu greifen, und schließlich hielt ich beide in einer Hand, so wie man Haushühner oder Enten transportiert.

Nachdem das Geflattere vor seinen Augen nachgelassen hatte, war auch der Hund ruhig geworden und stand vor mir, aber der stolze Don miefzte ganz leise vor Schmerz, und der Schweiß lief ihm über die Lefzen. Ganz vorsichtig löste ich erst die eine Hand des Greifs aus dem Behang und dann die andere aus der Nase, umfaßte sie beide und trug ihn so, eine Hand unter den Flügeln, die andere um die Hände des Vogels, zum Fahrrad, wo ich in der Gepäcktasche auch richtig ein Stück Schnur fand, mit dem ich das Untier binden konnte.

Weil der arme Don ziemlich heftig schweißte, mußte ich ihn zum Försterhaus bringen, wo er verarztet wurde, der Habicht kam in eine Kammer, von wo aus er nach einigen Tagen die Reise nach Neschwitz zum Onkel Vietinghoff, dem Vogelprofessor, machte, der ihn dann wahrscheinlich beringt und freigelassen hat.

Den Zug zur Schule hatte ich natürlich verpaßt, aber das war nicht so schlimm, dann fuhr ich eben mit dem Rad die 12 Kilometer und kam wenigstens zur zweiten Stunde pünktlich an.

Einige Tage danach fing die Hühnerjagd an, und es fand die letzte Generalstabsbesprechung statt, auf der zunächst einmal geklärt wurde, wie groß die Anzahl der vorhandenen Hühner war und wie sich das Verhältnis alt : jung bewegte. Hiervon wiederum wurde der Prozentsatz des Abschusses abhängig gemacht, der je nach Jahr zwischen 20 und 30 Prozent des Gesamtbestandes schwankte. Mein Vater hatte sich hierfür ganz bestimmte Richtlinien ausgearbeitet, nachdem er für teures Geld den Rebhühnerbesatz soweit gehoben hatte, daß eine organisierte Bejagung lohnte.

Zur Zeit meines Großvaters nämlich betrugen die Jahresstrecken auf dem Besitz mit den angepachteten Flächen zusammen jährlich etwa 1200 bis maximal 2000 Hühner, welch letztere Zahl im Herbst 1911 erreicht wurde. Von da an gingen die Strecken sprunghaft zurück, so daß nach dem Weltkrieg bereits weniger als 100 Hühner geschossen wurden. Den Rest erledigte der berühmte Winter 1928/29, in dem auch die letzten Hühner erfroren und verhungerten oder vom Schnee verweht wurden. Ich kann mich nicht daran erinnern, auf den Pirschfahrten meiner frühesten Kinderzeit jemals ein Huhn gesehen zu haben.

Im Frühjahr 1933 kaufte dann mein Vater aus Polen 100 Paar Hühner, die in Körben ankamen und am späten Abend an den verschiedensten Stellen freigelassen wurden. Die sogenannten „Pullschen Hiendl“ vermehrten sich in den ersten Jahren aber keineswegs so gut, wie man es von ihnen erwartet hatte, der Bestand blieb eigentlich immer gleich, und nur die „Gier“, wenigstens einmal im Jahr Rebhühner zu essen, brachte meinen Vater dazu, einige zu erlegen. Soweit ich mich erinnere – und es wird auch durch die Zahlen in meinem Schußbuch belegt – geschah im Jahre 1936 der große Wandel. Ob es ein für die Niederwildjagd besonders günstiges Jahr war, vermag ich nicht mehr zu sagen, oder ob es lediglich an der Überwindung des immer zu beobachtenden zyklischen Tiefs in der Vermehrung der Flugwildarten lag, jedenfalls in diesem Jahre vermehrten sich die Hühner ganz offensichtlich, und es kamen wohl bereits über 100 Stück zur Strecke. Die positive Entwicklung setzte sich in den kommenden Jahren fort, so daß Anfang des Krieges fast wieder die Strecken der Zeit meines Großvaters erreicht wurden.

Sehr wesentlich zur Hebung des Besatzes wird auch beigetragen haben, daß in den ersten Jahren grundsätzlich nur schwache Ketten bejagt wurden, die starken Völker ließ man in Ruhe, damit sie in voller Stückzahl, sich gegenseitig gut wärmend, den Winter überstehen konnten. Die neuere Jagdwissenschaft hat diesen, damals rein gefühlsmäßigen Erkenntnissen meines Vaters recht gegeben.

Im Jahre 1938 ergab die Zählung und deren Auswertung, daß ungefähr 500 bis 550 Hühner geschossen werden durften, wofür im einzelnen festgelegt wurde, daß manche Revierteile ausschließlich nur durch Suchjagd, andere durch Streifen mit anschließenden Kopftreiben bejagt werden sollten. Bei den letzteren entfiel damit natürlich das Ausleseprinzip; es schien meinem Vater bei dem guten Besatz in diesen Gegenden nicht mehr notwendig. Überdies konnte eine gewisse zusätzliche Regulation auch noch im Anschluß an die Treibjagd erfolgen.

Meine ersten Hühner schoß ich in diesem Jahr, wofür bestimmt wurde, daß ich erstens meine Patronen selbst zu laden, zweitens jeweils nur einen Schuß zur Verfügung hatte, während in den linken Lauf eine Pufferpatrone kam, und drittens, wenn die Hühner vor uns hochgingen, mich erst einmal rings um die eigene Achse drehen mußte, bevor ich das Gewehr hochnehmen und schießen durfte. Solcherart in die Zucht genommen und zur Sorgfalt erzogen, war meine Strecke nicht sonderlich hoch, aber jedes geschossene Huhn hat sich meinem Gedächtnis eingeprägt, und ich muß schon sagen, daß diese Art der Erziehung mir dauerhaft beigebracht hat, Schüsse „in die Vollen“ wie auch übereiltes Schießen zu vermeiden.

Der erste Jagdtag auf Hühner diente mehr oder weniger eigentlich nur der Einarbeitung der Hunde und der Erlangung eines besonderen

Mittagessens, weshalb wir nur zwischen 9 und 11 Uhr jagten, um die geschossenen Hühner möglichst noch warm in der Küche zum Rupfen und Braten abzuliefern. Für diesen Morgen, es war der 3. September, verzeichnet mein Schußbuch 3 Hühner mit dem Zusatz: „2 tot, eines geflügelt."

Wir waren zum Niedervorwerk hinausgefahren und jagten uns dort am Roten Wasser entlang, einem kleinen Bach, der sich in zahllosen Windungen erlengesäumt durch eine anmoorige Senke hinzog, die am Tage bei großer Hitze gern von den Hühnern angenommen wurde, solange das Grummet noch stand. Anhand der Revierkarte war festgelegt, daß dort 5 oder 6 Völker vorhanden waren, die auf relativ kleiner Fläche dicht beieinander lagen. Wir gerieten auch bald an das erste Volk, und gerade dieser Augenblick hat sich meinem Gedächtnis fest eingeprägt, so daß ich es noch jetzt ganz deutlich vor mir sehe: In jeweils etwa 50 Meter Entfernung voneinander gingen wir, die beiden Heger an den Flügeln, Vater und ich in der Mitte, langsam gegen den Wind in gerader Linie durch die Wiesen, während die beiden Weimaraner und der Drahthaar vor uns suchten. Nach der sich in der Praxis immer wieder bestätigenden Devise, daß sich ein guter Hund das Wild suche, war es auch hier wie fast immer, daß die Hündin Halli mit ihrer außergewöhnlich feinen Nase zuerst Witterung von Hühnern bekam, sich aus der Quersuche herumwarf und stichgerade in gespannter Haltung dem Duft entgegenzog. Es dauerte dann nur Bruchteile von Sekunden, bis auch die anderen Hunde sahen, daß einer von ihnen der Witterung nachzog, und schon warfen auch sie sich herum und zogen in gleich gespannter Art dem markierenden Genossen zu. Sobald dieser fest vorstand, sekundierten auch sie und bewegten keinen Muskel. Heute war es so, daß die Halli vor meinem Vater stand, der mich heranwinkte und selbst vorwärtsging, um die Hühner herauszutreten. Eingedenk des Befehles, mich gleich um die Achse drehen zu müssen, hielt ich das Gewehr in der Senkrechten und hatte wahrscheinlich den Oberkörper schon halb verdreht, jedenfalls sah mein Vater aus dem Augenwinkel meine einigermaßen verkrampfte Körperhaltung und rief mir zu: „Geh' doch gerade!" Eben in diesem Moment gingen die Hühner hoch und hatten sich damit ausgerechnet den Augenblick ausgesucht, der mich wegen des väterlichen Anpfiffs in äußerste Verwirrung versetzt hatte. Viel zu spät und dann zu hastig machte ich die anbefohlene Drehung, während der mein Vater und der eine Heger schon geschossen hatten. Die Hühner waren inzwischen viel zu weit gestrichen, als daß ich noch hätte schießen können, aber dann ging zu meiner Tröstung, jedoch auch Aufregung, noch ein einzelner Nachzügler hoch und kam mir als Querreiter auf gute Entfernung. Ich nahm alle Kraft zusammen, die ich unter den neugierigen Blicken von drei Mitjägern sammeln konnte, verkrampfte mich natürlich, stocherte mit der Flinte in der Luft herum und hatte schon gleich ein schlechtes Gefühl, bevor ich noch eigentlich abgedrückt hatte. Natürlich fiel das Huhn auch nicht tot vom Himmel, sondern flatterte schräg nach unten gegen den Bach zu in die Wiese.

Ich hatte es aber wenigstens getroffen!

Während der verschiedenen Schüsse waren die Hunde je nach Temperament entweder stehengeblieben oder hatten Down gemacht, jedenfalls äugten sie mit Interesse dahin, wo Hühner gefallen waren. Um aber allem Hundestreit und Neid aus dem Wege zu gehen, pfiff jeder der Jäger seinen Hund bei Fuß, bis es klar war, wer wo was suchen sollte.

Don wurde auf das von mir geflügelte Huhn angesetzt. Er markierte deutlich die Stelle, wo es eingefallen war, arbeitete dann brav das Geläuf bis kurz vor den Bach und stand dort fest vor. Wir liefen schnell heran, Vater gab das Kommando „Faß!" aber der Hund griff ins Leere, denn beinahe unter seinem Fang rutschte es heraus, erhob sich flach über die Erde und flog, ohne daß einer von uns wegen des Hundes schießen konnte, in die Erlen am Bach, wo es wieder einfiel. Der Don war gleich hinterhergesprungen, suchte in den Erlen herum und konnte und konnte es nicht wiederfinden, obwohl er mehrfach neu angesetzt wurde.

Schließlich gab Vater auf, pfiff dem Hund, brach einen Stock und steckte ihn zur Markierung in die Wiese: „Wir kommen nachher wieder zurück auf der anderen Seite, dann suchen wir noch einmal, das Huhn sitzt jedenfalls irgendwo ganz versteckt, wo es kaum Witterung abgibt."

Wir suchten also weiter die Wiesen hinunter und kamen planmäßig mehrmals an Hühner. Mehr aus Zufall, aber auch infolge guter Erziehung zum sauberen Schuß, traf ich zwei, doch mit meinen Gedanken blieb ich die ganze Zeit bei dem geflügelten Huhn, welches mein erstes und damit das Wichtigste war.

Endlich wendeten wir am Ende der Wiesen und, als wir schließlich wieder in die Gegend des Steckens kamen, ließ mein Vater die anderen anhalten und rasten, während wir beide mit dem Don an den Bach gingen. Ich sprang auf die andere Seite hinüber, der Hund wurde angesetzt, und langsam zogen wir gegen den Wind voran.

Wir waren noch gar nicht weit gekommen, als Don plötzlich dicht am Bach auffällig munter wurde, mehrmals hin und her lief, schließlich den Bach übersprang, gleich wieder wendete, ins Bachbett hinunterging und dort mitten im Wasser mit tiefgehaltenem Kopf vorstand.

„Geh' ran!" rief mein Vater, „und sieh, was los ist! Faß Don!"

Während ich noch hinzusprang, griff der Hund vorsichtig in die Höhlung eines faulen Erlenstumpfes und zog das Huhn heraus, das sich dort versteckt und natürlich lange Zeit so gut wie keine Witterung abgegeben hatte.

„Siehst du“, meinte mein Vater, nachdem er dem Hund die Beute abgenommen hatte, „man soll bei der Nachsuche bei Hühnern nie aufgeben. Statt lange rumzutrampeln und die Hunde müde und unlustig zu machen, ist es besser, nach einiger Zeit wiederzukommen, fast immer klappt es dann.“

Bei den wenigen Malen, an denen wir in kleinem Kreise auf Hühnersuche gingen, und später im Laufe der Streifen auf Hühner befreundete ich mich mehr und mehr mit Don. Er ließ sich auch in Gegenwart meines Vaters von mir lenken, und es war nur natürlich, daß ich ihn im Herbst bei den großen Jagden führen durfte, zumal Vater mit dem Anstellen der Schützen und der Organisation genug zu tun hatte und die Nachsuche der Jägerei überlassen mußte.

Bei diesen Jagden durfte ich noch nicht mitschießen und konnte mich ganz auf die Arbeit des Hundes konzentrieren. Ich wurde nach Möglichkeit zu einem Schützen gestellt, von dessen Stand aus ich den meisten Überblick hatte und sehen konnte, wo krankes Wild nachzusuchen war. Die Jägerei ging mit den Treibern und konnte deshalb nur an den Flanken ausbrechendes Wild oder zurückstreichende Fasanen beobachten. Für den Jagdgast, an dessen Stand ich postiert wurde, bedeutete meine Anwesenheit eine zusätzliche Belastung, da er ohnehin schon von einem Büchsenspanner und oft auch noch von einer Dame begleitet wurde, weshalb er sich aufgrund des kometenhaft um ihn schwenkenden Rudels manchen Schuß verkneifen mußte, vor allem auf die reichlichen Kaninchen, die unberechenbar im Zick-Zack um uns herumsprangen. Ich gewöhnte es mir deshalb schnell an, mich auf die Erde zu setzen, so daß der Gast mir zur Not über den Kopf schießen konnte.

Bei der ersten Jagd, an welcher ich den Don führte, saß ich hinter einem Patenonkel, der aus der Mark stammte und zwar ein guter Kugelschütze war, mit den in buntem Wechsel kommenden Kaninchen und Hähnen aber nicht so recht fertig wurde. Er verlor in diesem ersten Treiben völlig die Nerven und fuchtelte mit seiner leergeschossenen Flinte in der Gegend herum, während sein Büchsenspanner ihm mit beschwörendem „Aber Herr Baron, Herr Baron!“ völlig vergeblich die zweite Flinte hinhielt.

Statt seine leere Flinte abzugeben, schmiß er sie auf die Erde, nahm die andere, schoß auch diese leer und fing jetzt an, nach den Kaninchen zu treten, wobei er rief „Zu klein, zu klein!“ weil er sich der goldenen Worte meines Vaters erinnerte, der vor Anfang der Jagd gesagt hatte, daß er darum bäte, unausgewachsene Kaninchen nicht zu beschießen.

Ich war von diesem Ausbruch menschlicher Ratlosigkeit derart konsterniert, daß ich natürlich vergessen hatte, mich um meine Pflicht zu kümmern, und wahrscheinlich offenen Maules den Veitstanz des Onkels bestaunt hatte. Infolgedessen war ich nach diesem Treiben der willkommene Blitzableiter angerissener Nerven meines Vaters, worauf ich beim nächsten Treiben mit hochrotem Kopf mir die Augen nach krankem Wilde ausschaute.

Der jetzt stark deprimierte Onkel übrigens wurde für kurze Zeit mehr an die Flanke gestellt, um sich einzugewöhnen, und machte nach einigen Treiben seine Sache wieder tadellos.

Ich registrierte also von meinem Platz aus angeschossenes Wild und suchte die leichteren Fälle gleich nach dem Abblasen des Treibens nach. Die weiter weg gestrichenen Hähne notierte ich in einem Büchlein und meldete die jeweilige Gesamtsumme dem zuständigen Heger. Hierdurch bekamen wir eine ziemlich brauchbare Übersicht über die Anzahl kranken Wildes in den verschiedenen Waldstücken und konnten die Nachsuche am kommenden Tag entsprechend planen.

Dabei machte es sich angenehm bemerkbar, daß die drei Hunde seit der Hühnerjagd gut miteinander eingearbeitet waren und sich gegenseitig nicht störten. Wir gingen in Linie nebeneinander Treiben für Treiben durch, wobei wir niemals das gleiche Treiben unmittelbar hintereinander zweimal absuchten, sondern zunächst zügig die ganze bejagte Fläche durchgingen, dann feststellten, was im einzelnen noch fehlte und erneut von vorn anfingen.

Um bei den Hundeführern die Lust an der Nachsuche zu erhöhen, war jedem eine bestimmte Anzahl gesunder Hähne freigegeben worden, ich glaube, es waren drei oder vier, die sie behalten durften. Ich habe später die Erfahrung gemacht, daß hierdurch die Ehrlichkeit der Angaben wesentlich gestärkt wird. Wo nämlich die Nachsuchenden allein auf sich gestellt, ohne zusätzliche Belohnung und ohne besonderen Anreiz einen ganzen Tag lang mit ihren Hunden durch vielleicht noch tropfnasse Dickungen kriechen müssen, erlahmt schließlich doch das Interesse, oder man mogelt zusätzlich geschossenes Wild in die Erfolgsmeldung der Nachsuche.

Zwischen uns drei Führern entbrannte natürlich ein heftiger Wettstreit um das beste Resultat und damit den besten Hund, jeder bemühte sich, die bekannten Stellen, an denen sich krankes Wild bevorzugt zu stecken pflegte, durch „unauffällige“ Kniffe zuerst zu erreichen. Daß mir die beiden Heger hierin haushoch überlegen waren, versteht sich am Rande, denn sie hatten diese Arbeit schon seit Jahrzehnten verrichtet und kannten jede Eckes ihres Belaufs viel besser als ich.

Wenn man rechnet, daß im Durchschnitt einer gut geleiteten Treibjagd mit mindestens durchschnittlichen Flugwildschützen etwa 10 Prozent des beschossenen Wildes angeschossen wird, das heißt also geflügelt oder geständert oder unausheilbar weichgeschossen, so ist die Leistung der Hunde, die bei uns am Tage der Nachsuche zwischen 40 und 60 Fasanen finden sollten, sehr hoch zu bewerten. Der Prozentsatz des zur Strecke gekommenen krankgeschossenen Wildes lag – je nach Witterung – zwischen 70 und 80 Prozent, war also wirklich gut. Dennoch bemühten wir uns ständig, die absolute Zahl krankgeschossenen Wildes herabzudrücken.

Dies wurde dadurch erreicht, daß bei denjenigen Treiben, die fast ausschließlich Fasanen galten, die Schützen noch weiter abgestellt wurden, so daß die Hähne sehr hoch und schnell kamen, wodurch sie ganz automatisch von vorn beschossen wurden. War ein weites Abstellen wegen der Anlage der Remisen nicht möglich oder waren lebende Schirme aus Hainbuche vorhanden, so wurden entweder diese Schirme so beschnitten, daß nur ein Schuß nach vorn in einem Winkel von etwa 100 Grad möglich war, oder es wurde ein einfaches Stangengerüst aufgebaut, das durch seinen sich nach rechts und links seitwärts hinten erhöhenden Bau ebenfalls nur den Schuß nach vorn erlaubte. Der Fasan wird dadurch auf den Kropf getroffen und ist bereits in der Luft tot, ein Ständern oder Weichschießen ist fast ganz ausgeschlossen und nur noch bei Hähnen möglich, die man fast oder ganz senkrecht nach oben beschießt.

Leider habe ich diese Form der Jagdschirme nur noch einmal bei einem Freund in Norddeutschland gesehen, wo sie sich genau so ausgezeichnet bewährt haben wie bei uns.

Eine Verbesserung der Nachsuchenleistung der Hunde schien uns trotz heftigsten Nachdenkens nicht mehr möglich, wir haben auch nichts daran geändert, zumal auch bald der Krieg ausbrach und die Heger zum größten Teil nicht mehr zur Verfügung standen.

Noch aber sind wir im Jahre 1938, und ich saß in der Untersekunda und hatte nach den Jagden, an denen ich natürlich die Schule schwänzte, einiges aufzuarbeiten und nachzuholen, was bekanntlich jedem schwerfällt, der gerade ein paar schöne Tage hinter sich hat und dann unvermittelt in den grauen Alltag gestürzt wird. Noch heute bewundere ich Verständnis und Langmut meiner Lehrer!

Die lezte große Hasenjagd vor dem Kriege fand in diesem Jahre statt, und es war die erste, an der ich voll teilnehmen durfte, wenn auch nicht auf einem der bevorzugten Stände kurz vor dem Haken der Streife. Es wurden zwei böhmische Streifen durchgeführt, wozu für 12 Flinten 120 Treiber benötigt wurden; 84 Treiber gleich 7 pro Flinte gingen in der Front, je 18 mit einem Heger an den Seiten.

In die Seite, die dem Dorf abgewandt lag, wurde ich eingereiht. Es durfte nur in die Streifen hineingeschossen werden, durch die Linie hindurchgebrochene Hasen waren zu schonen. Hierdurch erübrigte sich fast vollkommen eine Nachsuche am nächsten Tag, die bekanntlich bei Feldjagden sowieso kaum Erfolg hat, der fast nur auf Zufall beruht.

Für mich als Flankenschützen wurden die Streifen erst gegen Ende interessant, wenn die Seiten allmählich herumschwenkten, um die Hasen gegen die Front zu drücken. Hier kamen dann auch mir eine Reihe von gut laufenden Querreitern, vor allem aber sehr schwere Hähne, welche, unwahrscheinlich hochstreichend, die Remisen am Seifenbach anflogen, vor denen der Streifen endete. Ich habe an diesem Tage mit sehr vielen Patronen sehr wenig getroffen, nämlich nur 5 Hähne und 7 Hasen mit 56 (!) Schüssen, wovon ich für die Hasen nur 10 Schuß brauchte.

Meiner schon damals stark entwickelten Eitelkeit auf dem Gebiete des Treffens hat dieser Tag außerordentlich gut getan! Und wenig Trost bot mir die treuherzige Bemerkung meines Freundes, nämlich Nußbaum-Krauses Emil, mit dem ich früher sämtliche nur möglichen Jungensstreiche gemeinsam ausgeheckt und durchgeführt hatte:

„Nu laß ocke, Friedl, ich hätts ooch nich besser gekunnt!“

Diese Jagd schloß die Saison des Jahres, und zwar – was wir nicht einmal zu fürchten wagten – für immer in dieser Form auf eigener Scholle. Was wir im Kriege mit wenigen Gästen, weniger werdendem Wild und einem Minimalaufgebot an Treibern noch zustande brachten, war nur ein Bruchteil des früher Erreichten.

Im Herbst 1939 wurden die beiden Heger und ein Förster eingezogen, mein Vater wurde Leiter einer Remontestation und fuhr durch das ganze Reich, Pferde für verschiedene Kavallerieregimenter anzukaufen. So blieben unzählige Hegeaufgaben unerledigt, nur der Abschuß des weiblichen Rehwildes mußte durchgeführt werden. Für diese Aufgabe standen lediglich ein Forstbeamter und ich zur Verfügung, und der Forstbeamte hatte gerade genug zu tun, um den angeordneten erhöhten Einschlag zu bewältigen. Dieses Massentöten von ungefähr 120 Rehgeißen und Kitzen war eine so unerfreuliche Angelegenheit, daß mir noch heute im Gedanken daran fast schlecht wird. Eines jedenfalls habe ich dabei gelernt, daß bei der Jagd die Quantität überhaupt nichts gilt und jegliche Freude und alles Glück erlischt, wenn man über der Zahl das Erlebnis vergißt. Von damals her rührt meine bleibende Abneigung, Massenstrecken zu machen.

Vom Pirschenfahren

Von den über 200 Herbst- und Winterrehen, die ich in den ersten beiden Kriegswintern schoß, weiß ich so gut wie nichts mehr, das Erlebnis ihrer Erlegung ist ausgelöscht, ist zur nackten statistischen Zahl geworden. Nur bei zwei Ricken haben sich mir die Umstände ihrer Erbeutung erhalten.

Es war so, daß zu Fuß oder durch Ansitz der Abschuß auch nicht im entferntesten hätte durchgeführt werden können, es ging nur mit Hilfe des Pirschwagens, mit dem wir in kurzer Zeit große Flächen abfahren konnten. Der Kutscher Hainke wurde natürlich auch eingezogen, und als Ersatz sprang wenigstens zeitweise ein junger Inspektor ein, der von seinen Fahrkünsten schwärmte bis – ja, bis zu dem Erlebnis, das ich beschreiben will:

Wir waren recht schlank im Trabe in die Felder gefahren, wo sich ab Ende September die Rehe zu großen Sprüngen zusammentaten, die mitunter bis zu 80 Stück umfaßten. Natürlich war es nicht leicht, hieraus das Richtige auszuwählen, da sich alles ständig durcheinanderschob oder im Extremfalle zu einem Klumpen zusammenballte, wobei dann jegliches Schießen unmöglich wurde.

Die Technik, zum Erfolg zu kommen, bestand darin, daß man, in Spiralen um den Sprung herumfahrend, sich diesem allmählich näherte und dabei das oder die Rehe auswählte, die man erlegen wollte. Meist war es möglich, vom haltenden und halbabgedrehten Wagen aus zu schießen, mitunter aber rudelten sich die Rehe so sehr zusammen, daß man durch Drauflosfahren den Sprung aufsprengen mußte, um den oder die Schüsse anzubringen, sobald sich der Klumpen in Auflösung befand und in Marsch setzte.

So war es auch hier. Die Rehe hatten sich auf einem Hügel, welcher der Fuchsberg hieß, zusammengetan, und ich sagte dem Inspektor, daß er jetzt gerade auf sie zufahren solle. Es wird nie ganz klar werden, ob er glaubte, daß eine Attacke kavalleristischer Art den besten Erfolg verspräche, oder aber, ob die Pferde, die ohnehin schon durch die ungewohnte Zügelhand unruhig geworden waren, ihm von alleine durchgingen; sie fielen jedenfalls in scharfen Galopp und rasten mitten in die verstörten Rehe hinein. Ich hielt mich im Stehen an der Lehne des Bockes fest und versuchte während der sausenden Fahrt die von mir ausgewählten Stücke nicht aus dem Auge zu verlieren. Der Hund Don saß auf dem rückwärtigen Sitz. Dem Inspektor gelang es durch eine rasante Seitenwendung, die Pferde wenigstens vorübergehend zum Stehen zu bringen, woraufhin ich mich hinstellte und schießen wollte. Diesen Augenblick aber benutzten die lieben Rösser, endgültig durchzugehen. Weil der Wagen schon in sich gebogen schräg stand, bedeutete das für mich einen Salto oder doppelten Auerbach mit Schraube in hohem Bogen in den Sturzacker. Der Schuß aber war noch gefallen und hatte vielleicht sogar getroffen.

Als ich mich wieder aufgerappelt hatte, feststellte, daß alle Knochen heil, der Lauf der Büchse aber voll Dreck war, blickte ich um mich und sah gerade noch über die Wölbung des Hanges, daß die Fahrt des Wagens in einem Graben ein unrühmliches Ende genommen hatte: Die Räder standen nach oben, die Pferde hatten sich halb losgerissen und standen quer zu den Resten des Wagens, während der Inspektor sich irgendwie in halbgebückter Stellung zu schaffen machte, also wahrscheinlich die Stränge löste oder zerschnitt.

Wo aber war der Hund?

Kaum war ich in meinen Betrachtungen so weit gekommen, als ich auch schon seinen tiefen Hals auf der Jenseite des Hügels hörte, die ich nicht einsehen konnte. Der treue Hund, der hasen- und rehreine Hund hetzte, na, so was! Da soll doch gleich der Teufel – aber wie mein Fluchen gerade im besten Zuge war, kam mir der Gedanke, daß der Hund vielleicht so unrecht gar nicht habe. Ich eilte also durch den Acker den Hügel hinauf und sah gerade noch, wie Don ziemlich dicht hinter einem Reh in einem entfernten Gehölz verschwand, das dort mitten im Felde lag. Von dort her klang auch gleich darauf das Klagen des Rehes, und dann war Ruhe.

Weil nun der Wagen ohnehin kaputt, die Pferde wieder friedlich, der Inspektor zerknirscht, damit ansprechbar und wartebereit war, machte es nichts aus, daß ich jetzt allein zu jenem Pischel strebte, um nach Hund und Reh zu sehen.

Gleich hinter den ersten Bäumen saß Don neben der Ricke, die er sauber abgewürgt hatte. Sie hatte einen Schuß sehr weit hinten unten durchs kleine Gescheide und wäre ziemlich sicher verludert, wenn der

Hund nicht selbst im Sturze noch so gut aufgepaßt hätte. Während ich das Stück aufbrach, überlegte ich, wie es wohl gekommen sei, daß dieser Hund, der sich sonst niemals vom Fleck rührte, wenn geschossen wurde, ausgerechnet diesmal selbständig gehetzt habe. Damals schob ich es auf die allgemeine Verwirrung durch meinen Sturz und die durchgehenden Pferde, heute zweifele ich daran, denn ich habe es noch zweimal erlebt, daß meine Hunde entgegen energischem Befehl hetzten, und jedes Mal stellte ich fest, daß die Stücke krank waren.

Die Ricke verblendete ich, nahm Don mit und erlöste den Inspektor aus seiner peinlichen Wartestellung.

Mit einigen Umwegen, um die Schande der Herrschaft nicht allzu deutlich werden zu lassen, erreichten wir Hof und Stall in Kiellinie, die Pferde am Halfter führend, in recht gedrückter Stimmung. Der Einzige, der an diesem Tage stolz sein durfte, war der Hund!

Das zweite Erlebnis der Erlegung eines Rehs, das ich mir gemerkt habe, geschah an dem großen Sandsteinbruch auf dem Vorwerk in Herzogswaldau, der entferntesten Ecke des Reviers.

Dieser Steinbruch lag mitten im Walde, und nur ein schmales Band an seinem oberen Rand war gerodet. Dort wuchsen allerhand Kräuter, die auf die Rehe große Anziehungskraft ausübten. Ich hatte mich mit dem Hunde in eine Felsspalte gesetzt, einen Wasserriß, von dem aus ich in guter Deckung dieses Band einsehen und beschießen konnte. Es dauerte gar nicht lange, da traten mehrere Rehe aus dem Walde und ästen sich unmittelbar entlang der Abbruchkante auf mich zu. Ich schoß auf ein schwaches Kitz, das aber nicht im Feuer blieb, sondern mit den anderen in den Wald zurückflüchtete. Es war mir im Schuß klar, daß ich ein wenig zu weit hinten abgekommen war. Im vollen Leichtsinn der Jugend glaubte ich, mir keine große Mühe mehr geben zu müssen, schnallte also den Hund gleich am Anschuß und rüdete ihn an. Er fand das Stück in der ziemlich dichten Fichtendickung auch sofort, es wurde aber vor ihm hoch und flüchtete auf mich zu. Statt aber wieder abzubiegen sprang es, vom Hunde unmittelbar gefolgt, in jenen Wasserriß, an dem ich vorhin gesessen hatte, und stürzte polternd die ganze Geröllhalde hinunter. Mir standen die Haare zu Berge, denn auch der Hund konnte nicht mehr oder wollte nicht bremsen und sauste, dem Kitze folgend, den Riß hinab.

So schnell ich konnte, eilte ich an den Abbruch und sah, wie – Wunder über Wunder – Reh und Hund unmittelbar hintereinander kollernd in einer Wolke von Staub, Steinen und Geröll endlich unten anlangten, der Hund sich aber schneller auf die Läufe fand und in Sekundenschnelle das Reh abtat.

Nachdem ich – mühsam genug – abgestiegen war, kam mir der gute Don entgegen. Aber wie sah der Hund aus: Der eine Vorderlauf war mindestens verrenkt, er stand ganz unnatürlich seitwärts heraus, quer über den Rücken hatte er eine lange blutende Schmarre und, wie sich später herausstellte, waren zwei Zehen des linken Hinterlaufes zerquetscht.

Ich habe mich nicht sehr um das Reh gekümmert, sondern den Hund auf die Arme genommen und bin mit dem leise Wimmernden, von Selbstvorwürfen gepeinigt, in Tränen der Erschöpfung und der Reue die langen, langen Kilometer bis ins Dorf gelaufen, um nach dem Arzte zu telefonieren.

Nie wieder habe ich in gefährlichem Gelände meine Hunde geschnallt!

Marquis d'Eglin und die Sauhatz zu Pferde

Im kommenden Frühjahr wurde ich Soldat und hatte begreiflicherweise im Kriege nur selten Gelegenheit zur Jagd und noch viel seltener die Möglichkeit, mit einem Hunde zu jagen.

Das einzige Mal, wo ich fast unbeschwert einige Tage echtes Waidwerk genießen konnte, war im Hochsommer 1944 in Südfrankreich. Der Abteilungsstab lag in einem alten Felsennest von Burg in den Montagnes Noires in der Nähe von Toulouse, und ich genoß die bevorzugte Aufmerksamkeit der Besitzerin dieser Burg, einer uralten Dame, die dort oben allein mit einem ebenfalls uralten Diener und einer dicken Köchin lebte. Diese Aufmerksamkeit war übrigens absolut unverdient und beruhte auf einem makabren Scherz des Ordonnanzoffiziers. Der hatte bei der Quartiersuche – wir waren im Juni von Rußland herübergekommen, um mit neuen Panzern am Atlantik eingesetzt zu werden – dieses Felsennest gefunden und uns dort untergebracht, wobei er der Gräfin hinter der vorgehaltenen Hand zugeflüstert hatte: „Bitte, achten Sie besonders auf den Adjutanten, es ist der Marquis d'Eglin!" Angesichts meines „hohen Adels" erhielt ich natürlich das beste Zimmer in der Burg, was zu gewissen Schwierigkeiten mit dem Kommandeur führte; wir alle bekamen das schöne Familiensilber und Porzellan, denn „man kann den Marquis doch nicht von Blech essen lassen!" Den Vogel schoß ich aber am zweiten oder dritten Tage unseres Aufenthaltes ab, als sie mich auf die Zinnen eines der vier Türme führte, um mir von dort oben ihr Land zu zeigen: Karstige, zerrissene Schluchten, mit Macchie bewachsen, aus der nur an wenigen Stellen das geordnete Grün von Weinbergen oder das leuchtende Gelb von Maisäckern herausleuchtete. Unter dem Siegel der Verschwiegenheit vertraute sie mir an, daß ihr Sohn und die Tochter drüben in Afrika bei de Gaulle in der Armee stünden. „Madame“, sagte ich, „das ist doch auch die Pflicht eines Patrioten!“ „Ja“, fiel sie mir ins kühne Wort, „ja, und das, obwohl wir Royalisten sind!“ „Madame“, und damit wendete ich mich ganz zu ihr hin: „Auch meine Familie denkt royalistisch!“

Da drückte sie mir die Hand: „Lassen Sie uns jetzt von diesen Dingen schweigen, es ist klüger so, aber wenn der Krieg zu Ende ist, dann werden Sie mich besuchen kommen!“

Ich habe es schon 1946 tun können als Student von Freiburg aus, und sie und ihre wiedergekehrte Familie sind mir über lange Jahre hin treue Freunde geworden.

Die unmittelbare Folge dieser Aussprache auf dem Turm war aber, daß sie mich am Abend in ihre Zimmer einlud, um mit mir einige notwendige Anordnungen zu besprechen, die unser Aufenthalt verursachte. Wir tranken den trockenen Wein der Gegend, und ich kraulte die beiden Hunde, die zu meinen Füßen auf dem Teppich lagen. Ich erfuhr, daß es Jagdhunde, Epagneuls Breton, seien, mit denen ihr Sohn um diese Jahreszeit sonst auf Hühnerjagd zu gehen pflege. Was lag näher, als zu fragen, ob nicht auch ich es versuchen dürfe, mit diesen Hunden zu jagen.

Also begab sich am frühen Morgen des nächsten Tages eine kleine Jagdgesellschaft zum Tor hinaus, die aus mir und den beiden Hunden an einer Koppel sowie zwei Soldaten bestand, wobei allerdings nur ich mit einer Flinte, die beiden anderen mit Maschinenpistolen bewaffnet waren – der Partisanen wegen!

Wir gingen in Schützenlinie durch die Macchie, die, von Schafen und Ziegen verbissen, meist nur sehr kurz wuchs und auf großen Stellen entweder durch Felsplatten oder durch Grasflächen unterbrochen wurde. Die Hunde blieben ganz verständig unter der Flinte und zeigten relativ wenig Interesse für die zahlreichen Kaninchen. Sie waren auch, wie die Gräfin gesagt hatte, ausschließlich an Hühnern geführt worden, die Kaninchen wurden frettiert oder mit Schlingen gefangen.

Dann sah ich, wie einer der Hunde plötzlich in eine Art Spannung fiel, die man häufig kurz vor dem Vorstehen findet, eine Art von Witterung-nehmendem Verharren. Sofort gesellte sich der andere Hund dazu, dann begannen beide einer Spur oder einem Geläuf zu folgen. Ich hielt mit ihnen Schritt, und wir mochten vielleicht 50 Meter oder wenig mehr vorgegangen sein, als plötzlich dicht vor uns aus einem Strauch ein einzelnes Huhn herausging, das ich schoß, woraufhin weitere Hühner rings um uns her aufflogen und nach allen Richtungen auseinanderstoben.

Ich war über diese „Hühner", die viel größer und ganz anders gefärbt waren als die heimischen, so erstaunt, daß ich vergaß, den zweiten Lauf abzufeuern.

Inzwischen apportierte der Hund das geschossene Huhn, und nun wurde mir klar, daß es sich um Rothühner handelte – perdreaux rouges – die ich nur vom Buche her kannte.

Sie benahmen sich ganz anders als unsere Rebhühner, konnten furchtbar laufen, und der Zusammenhalt der Völker war viel schlechter, so daß sie, einmal beschossen, auseinanderflogen und man große Mühe hatte, die einzeln eingefallenen Hühner wiederzufinden. Weil es aber außerordentlich viele Hühner gab – sie waren seit Jahren nicht mehr bejagt worden – machte ich mir bald die Mühe nicht mehr, gesprengten Ketten zu folgen, sondern pirschte einfach weiter, denn beim nächsten Maisstück würde mit Gewißheit wieder ein Volk liegen.

Meine beiden Bewacher wurden von Stunde zu Stunde nützlichere Mitglieder der Jagd, sie konnten aufpassen, wohin geschossene Hühner fielen, und sie durften die Erlegten an ihre Maschinenpistolen binden und sie auf diese Art recht luftig transportieren.

Die Hunde gefielen mir recht gut, sie erinnerten an den guten Wulfilo, den Münsterländer, hatten aber ein fuchsigeres Aussehen, das heißt, ihre Vorderkopfpartie war schmaler zusammengekniffen, die Nase kürzer und der Stop stärker. Ich habe nie gesehen, daß sie regelrecht vorstanden, aber sie hatten diese vorhin beschriebene Art des intensiven Markierens und sehr langsamen Nachziehens, wobei ein einigermaßen schneller Jäger leicht mitkommen konnte. Im Verlorenbringen waren sie ganz ausgezeichnet, was besonders beachtenswert ist, weil der Boden dort schon am zeitigen Vormittag in der Hitze der südlichen Sonne jede Spur von Feuchtigkeit verlor. Trotz dieser Schwierigkeit suchten und fanden sie auch die geflügelten Hühner in einer Art, die ganz typisch war und für das unübersichtliche Gelände wie geschaffen: Sie bögelten um jeden Busch und jede Geländefalte, ergänzten sich gegenseitig, und nie suchte der eine Hund, wo der andere schon gewesen war. Die Nasen waren ständig am Boden, und nach meinem heutigen Urteil hatten sie eigentlich die typische Manier des Spaniel, ohne dessen Eigenschaft, jeden Busch und jeden Dorn durchkriechen zu wollen.

Gegen Mittag gelangten wir zu einer Art Waldhüterhaus, von dem mir die Gräfin gesprochen und wohin sie schon Botschaft geschickt hatte. „On vient, on vient!“ rief ein kleines Mädchen, als sie uns von ferne erblickte, und rannte ins Haus. Ihre Mutter kam uns entgegen mit einer großen Schüssel Wasser „pour les chiens de monsieur le marquis“, und wir wurden hineingebeten zu einem entzückend gedeckten Tisch, auf dem in Scheiben geschnitten, gebackene Steinpilzhüte dampften.

Am Nachmittag jagten wir uns langsam wieder zur Burg zurück und wurden mit größtem Hallo empfangen, denn wir brachten so reiche Beute mit, daß alle an diesem Abend wirklich einmal satt Hühner zu essen bekommen konnten. So frisch gegessen und dazu den roten Landwein von den umliegenden Bergen, das war eine Delikatesse, wie wir sie seit langem nicht mehr genossen hatten.

Einige Tage darauf geschah es, daß ich bei einem Essen, das – es klingt unglaublich, ist aber wahr – der Abschnittskommandeur Süd des Maquis zum Abschluß eines Waffenstillstandsabkommens mit meiner Division gab, eine sehr nette Französin kennenlernte, mich mit ihr anfreundete und nach kurzem Zögern eingeladen wurde, – „Aber bitte in Zivil!“ – sie und ihre Eltern auf dem nahegelegenen Schloß zu besuchen. Das tat ich auch bald und, wie nun einmal Jäger sind, selbst, wenn sie politische Feinde sein müssen, der Schloßherr und ich verstanden uns ausgezeichnet. Über Politik wurde nicht geredet, es wäre auch nur peinlich gewesen, und in meinem ausgeliehenen Räuberzivil war ich bald Gast im Hause wie andere auch.

Eines Tages bekam ich dann eine Einladung, an einer Reitjagd auf Sauen teilzunehmen. Das klang nach alter Romantik, nach Parforcehörnern und läutender Meute, nach dem Zauber alter Jagdstiche, nach glücklichem Dahinjagen auf schnellem Pferd – nach einer Zeit, die ich lange versunken glaubte. Zum Spaß waren mein Bruder und ich manchmal im Feld hinter einem Fuchs geritten, unsere Meute, das waren die beiden Weimaraner, unsere Hörner, das war der sausende Wind um die Ohren im Galopp – und jetzt, jetzt sollte es ganz richtig werden, so wie Vater es beschrieben hatte, von seiner Zeit auf der Militärreitschule in Hannover, wo sie hinter dem Keiler im Warmbüchener Moor geritten waren, Master voran, das Feld geschlossen dahinter, vorn die Meute und am Horizont die Piqueure, die den Keiler lancierten.

Ich konnte den Tag kaum erwarten, besorgte mir ein ordentliches Reitzeug, Stiefel hatte ich, nahm mir regelrechten Urlaub, damit auch gar nichts dazwischenkommen konnte, es sei denn die Amerikaner, und endlich konnte ich losfahren.

Das Rendezvous war im Burghof, und, als ich ankam, da wimmelte der enge Platz schon von Reitern, Pferden und Hunden, großen doggenartigen Tieren, zu zweien an ihrer Koppel, mit breiten Lederhalsbändern, die mit Stacheln besetzt waren, und Foxhounds, die zweifarbigen französischen; auch sie zu zweien oder zu dritt an langen Leinen, die von den Hundeführern vom Pferde zusammengehalten wurde.

Ich meldete mich beim Schloßherrn, bekam einen stämmigen Fuchs, der sicher gehen sollte ohne wesentliche Unarten, bekam weiter ein Waidblatt mit breiter Klinge und Querstange, sehr alt, aber haarscharf geschliffen, ähnlich in der Form wie das von Frevert, dazu noch ein kleines Horn, das nur einen quäkenden Ton von sich geben konnte, um mit ihm die Jagdgesellschaft zu rufen, wenn irgend etwas geschehen sollte im weiten Wald und man zufällig allein war.

Die Hörner bliesen zum Aufbruch, ihr weicher getragener Klang brach sich an den Mauern der Burg, ein Groom hielt mein Pferd zum Aufsitzen, dann ging es hinaus, vorneweg der Jagdherr, dann die Piqueure mit der Meute, dann das Feld – 28 Reiter waren wir, 27 Franzosen und ich. Sicher wußten es alle, daß „der Feind" mitritt, aber keiner ließ es sich merken, von keiner Seite bekam ich einen scheelen Blick oder eine abschätzige Bemerkung – ein nobles Volk, die Reiter und Jäger der Welt.

Dann waren wir im Wald, lichte Hainbuchen und Eichen und Hasel und Dornen, Dornen, wohin man auch sah. Viele kleine Ackerstücke, an deren Rändern die abgesammelten Steine in Mauern aufgeschichtet lagen, von Dornen überwachsen, die Waldränder ein Dornenmeer, an den Wegen Dornen so weit man sehen konnte. Ein schweres Reiten wird das werden, dachte ich mir und besah mir sorgenvoll die ungastliche Gegend. Mein Nachbar, ein alter Herr mit grauem Bart, sah mich an, lächelte fein und sagte:

„Wenn Sie nicht ganz sicher sind, Monsieur, dann bleiben Sie auf den Wegen, manchmal sind wir zu 20 herausgeritten und keine 5 kamen am Abend heil auf ihren Pferden nach Hause zurück. Es gehört viel Übung dazu, dieses Gelände zu reiten."

So kamen wir ins Gespräch, und er erzählte mir von früheren Jagden hinter der Meute, von schweren Stürzen, aber auch von großem Glück, das man empfand, wenn die Hunde den Keiler deckten und man nach tausend Schwierigkeiten dem Stück den Fang geben konnte.

„Früher", sagte er, „da war die Jagd ausschließlich Vergnügen, heute aber reiten wir für unser täglich Brot, unseres und das der Hunde. Wenn die Jagd erfolgreich wird, dann ist das ein Fest, denn dann werden alle genug zu essen haben eine Zeitlang, wenn nicht – nun, Monsieur, dann hungern wir eben weiter."

Nicht gut zu hören für mich war das, aber er sagte es so, daß ich deutlich fühlte, daß er nicht mir persönlich den Vorwurf machte, am Hunger Frankreichs schuld zu haben.

Mittlerweile hatten sich die Reiter verteilt: Die Piqueure mit den Foxhounds waren ausgeschwärmt, hatten die Hunde von der Koppel gelassen und suchten Wild. Die Packer blieben auf den Wegen.

Dann plötzlich erscholl von einer Seite her der Hetzlaut eines Hundes, in den bald ein zweiter einfiel, dann ein dritter und vierter. Und dann erklang aus tiefem Wald der Ruf eines Horns: Hierher! Hierher!

Da wurden die Packer geschnallt, verschwanden im Holz und bald hörte man in den hellen Ball der Finder das tiefe Läuten der großen Hunde einfallen.

Mein Nachbar sah mich fragend an, schüttelte leicht den Kopf und sagte dann:

„Früher, da hätte ich mich jetzt hinter die Meute gesetzt, aber dazu bin ich wohl zu alt, ich bleibe hier draußen, es gibt viele Wege, um wenigstens in die Nähe zu kommen."

War der Blick Aufforderung gewesen? Sicher! Ich lächelte zurück, nahm mein Pferd herum, ein Schenkeldruck, und es flog gehorsam über den Graben und die niedrige Hecke.

„Bonne chasse!" hörte ich es noch hinter mir rufen, dann rauschten die Zweige um mich und mein Pferd, mußte ich mich tief auf den Hals niederlegen, um nicht abgestreift zu werden, suchte ich den Boden vor mir ab nach verborgenen Steinen, nach Löchern und Wällen, hörte ich nur noch aus den Tiefen des Waldes das Rufen der Hunde. Es ging verdammt schlecht voran, tausend Hindernisse waren zu umgehen, ständig peitschten niedrige Äste die Stirn, rissen Dornen an den Hosen, endete der Pfad vor einer undurchdringlichen Mauer von Hasel und Hainbuchenaufschlag. Minutenlang verlor ich die Meute aus den Ohren, ich mußte anhalten, dann klang ihr Bellen wieder hell durch den Wald – neue Richtung, neue Dornen und Zweige. Aber dann war da eine Blöße, eine Rodung, und dort stand schon ein anderer Reiter, vornübergebeugt in angestrengtem Lauschen. Er bemerkte es kaum, als ich neben ihn ritt, so sehr war er mit allen Sinnen zur Jagd der Hunde hingespannt. Dann, als der Ball nur noch von einer Stelle zu kommen schien, schrie er auf:

„Allons, en avant!" gab seinem Pferd die Sporen und flog über die Barriere von Gestrüpp und Buschwerk vor mir her.

Donnerwetter konnte der reiten!

Tief auf den Hals seines Pferdes geduckt, jagte er durch den Wald, ohne jede Rücksicht auf sich, seine Kleidung und Haut, immer nur hin zu den Hunden. Ich hatte es leichter, ritt genau hinter ihm her – näher und näher kamen wir, und dann waren wir da.

Vor uns ein Knäuel von Hunden, nein zwei Knäuel, Packer und Finder und das Blasen und Wutschnauben und Klappen des Gebrächs von Sauen.

Der andere war mit einem Satz von Pferd, warf dem die Zügel über den Kopf, riß im Laufen das Waidblatt aus der Scheide, stürzte sich unter die Hunde.

Da war auch ich heran, sprang vom Pferde, machte es wie er, rannte auf den anderen Knäuel zu – mein Gott, wie sollte ich da herankommen! An den Tellern der Sau saßen zwei Hunde, einer am Hinterlauf und noch einer oder zwei waren bald hier, bald da. Und das Ganze drehte sich im Kreise wie ein Karussell: Hundeleiber, Sau, Hundebeine, bleckende Zähne, schnappende Kiefer, Bellen, Geifern, Knurren.

Mut gefaßt, ein Sprung nach vorn, und ich war mittendrin im Hexencircus – wie hatte Vater gesagt? Man muß den Keiler mit der linken Hand am Hinterlauf ausheben, die Rechte stößt zu!

Zugepackt – Gott sei Dank, die Hunde halten fest – Achtung, daß ich nicht einen Hund verletze – und dann blitzschnell zugestoßen! Blutrot kommt das Blatt zurück – noch einmal – es knirscht, wie ich an einer Rippe entlanggleite – da bricht die Sau zusammen, und die Hunde stürzen sich auf sie.

Da sind schon die Piqueure heran mit ihren langen Peitschen und treiben die Hunde zurück und rufen die übrige Jagd.

Das gibt ein Gratulieren und Freude und Glück und lachende Gesichter. Dann werden die Überläufer an lange Stricke gebunden und aus dem Wald geschleift.

Die Jagd aber geht weiter.

Ich bleibe bei meinem Gefährten, der Bursche hat Erfahrung. Wir reiten zusammen, sprechen von unverfänglichen Dingen. Helfen uns durch die Dornen und wieder aufs Pferd, wenn einer von uns stürzt, und das passiert mehr als einmal bei dieser verrückten Art von Reiterei im dichten Wald.

Aber wir kommen trotzdem immer zu spät, so gut wie beim erstenmal klappt es nie mehr, immer sind schon andere vor uns beim Wild. Aber schön ist es und anstrengend für beide, Pferd und Reiter. Und wie der Tag zu Ende geht, da sind meine Hosen in Fetzen und das Pferd blutet aus vielen kleinen Rißwunden am Leib und den Beinen. Und quer über mein Gesicht hat ein Ast geschlagen, da ist ein langer Riß von der Stirn herunter und das Hemd am Hals ist voll Blut und zerrissen.

Dann rufen uns die Hörner zusammen, wieder und immer wieder. Todmüde und gebeugt sitzen wir im Sattel und warten auf die letzten Versprengten. 28 waren wir, als wir am Morgen herausritten, 12 noch sind wir am Abend, als es wieder nach Hause geht, und selbst von den Piqueuren fehlt der eine oder andere und von den Hunden vor uns im Gras, die da hechelnd liegen, haben manche tiefe Schmarren, die sie sich lecken. Aber die Jagd war ein voller Erfolg: Acht Sauen sind zur Strecke, die auf einem Langwagen liegen, acht Sauen, jede unter Aufbietung letzter Kraft und größter Hingabe erlegt.

Langsam ritten wir heim zur Burg, vor uns die Piqueure mit todmüden Hunden, wir selbst hingen auf den Pferden, keiner redet ein Wort, wir sind viel zu kaputt. Wie wir in den Burghof einreiten, war ich fast eingeschlafen, da weckt mich urplötzlich der Klang der Hörner, das Signal „Retour au Chateau" und mein Pferd, das wohl auch eingenickt war, erschrickt sich des Todes, geht plötzlich vorn wie eine Rakete hoch, daß ich – unvorbereitet und kraftlos – ganz sanft und gemütlich über die Kruppe hinunterrutsche und mit lautem Platsch! im Schloßhof lande.

Und keiner hat gelacht! Es hätte jedem passieren können, auch dem ältesten Reiter – aber es war ja doch wohl voller Komik.

Der Abend am Kamin mit dem guten Wein der Gegend, die Gespräche über Jagd und Hund und Pferde, das flackernde Feuer und eine so wohltuende Müdigkeit in allen Gliedern, was gibt es Schöneres nach anstrengendem Tagewerk.

Leider dauerte das Idyll dieser Jagden und dieses Aufenthaltes nicht viel länger als einen Monat, denn in diesen Tagen landeten die Amerikaner bei Toulon, und wir mußten Hals über Kopf aufbrechen und ihnen entgegenfahren. Bei Aix-en-Provence, dem alte Aquae Sextiae aus der Quarta (Marius und die Cimbern), fanden die ersten Kämpfe statt – und dann waren wir die Gejagten!

Zur inneren Ruhe und Besinnung über Zukunft und Gegenwart gelangten wir erst nach Abschluß des Krieges, nach Entlassung aus der Gefangenschaft, nach dem Wiedersehen mit den Eltern, nach dem Finden einer Bleibe in Hessen, nach dem Beginn meiner praktischen Lehrzeit für die forstliche Laufbahn.

Anfang Oktober begann ich mit der Lehre, bereits Ende des Monats war ich im Besitz eines Gewehres – es gab ja genügend Leute, die froh waren, solch gefährliches Ding loszuwerden. Gewehr übrigens ist leicht übertrieben, es war zwar ein Infanteriegewehr 98, also das mit dem langen Lauf, aber das Visier war irgendwann einmal abgerissen und mit Blumendraht fest umwickelt wieder angepinnt worden, und der Kolben war zum größeren Teil so stark gefault, daß ich das meiste wegschneiden mußte. Immerhin aber, es war eine Waffe, die schoß und sogar einigermaßen geradeaus schoß, wie ich mich durch einen Probeschuß auf 50 Meter überzeugte. Sie erhielt ihren Platz in einer hohlen Eiche, und die Patronen kamen unter das Feuerholz in der Küche.

Zu jener Zeit gab es dort wirklich sehr viele Sauen, die auf den Feldern stark zu Schaden gingen und besonders in den Bohnen wahre Orgien gefeiert hatten. Es war also nur zu verständlich, daß der Jagdherr mangels anderer Möglichkeiten, sich einen Saufang bauen ließ, dessen Wartung unter anderem meine Aufgabe war.

Die Sauen wurden mit Hilfe von Futterbahnen an den Fang gelockt, was so gut funktionierte, daß wir in diesem ersten Nachkriegswinter fast 20 fingen, die den kargen Speisezettel aller Beteiligten einschließlich der Waldarbeiter bereicherten, soweit sie nicht ablieferungspflichtig waren. Die Erlegung der Sauen im Fang – besser das Erschießen – war Sache des Dorfpolizisten, der für diesen und gefährlichere Zwecke ein sogenanntes Tommy-Gun von der Besatzungsmacht zur Verfügung gestellt bekam, aus dem man zwar in schnellster Schußfolge 16 Schüsse herausjagen konnte, die aber ihrer schwachen Laborierung wegen bei stärkeren Sauen sehr schlechte Wirkung hatten. Weil der Unglücksmensch über jede Patrone abrechnen mußte und man ihm einfach nicht geglaubt hätte, wenn er angab, daß er für 5 Sauen 20 Schuß gebraucht habe, war er jedesmal völlig verzweifelt, wenn wir ihn zu einer Tötungsaktion riefen. Überdies hatte er einmal etwas von „Blattschüssen“ gehört und gab sich größte Mühe, die gefangenen Sauen aufs Blatt zu treffen, was diesen überhaupt nichts ausmachte, wenn er nur die Blattschaufel traf.

So war es für ihn eine wahre Erlösung, als ich ihm eines Tages das Gewehr aus der Hand nahm und die unglückseligen Tiere hinter den Teller schoß, wofür das Patrönchen ausreichte. Von da an war das Verhältnis verbrauchter Munition zu erlegtem Wild in bester Ordnung, und wir konnten uns die eine oder andere Sau privatim genehmigen.

Trotz der guten Fangergebnisse wurde der Wildschaden immer schlimmer, die Saaten sahen aus wie von Schützengräben durchzogen, die Viehweiden waren umgewühlt, und mit Grausen dachte man an die Zeit des Kartoffellegens. Nach vielerlei Eingaben an diverse hohe und höchste Dienststellen wurde endlich eine Jagd angeordnet, die von Mitgliedern der Besatzungsmacht durchgeführt wurde, wobei wir Deutschen lediglich als Treiber und ortskundige Führer zu wirken hatten. Der Erfolg dieser Jagd war so gut, daß man sich entschloß, sie alsbald und mehrfach zu wiederholen, was auch geschah.

Später wurde das Verhältnis zu der Besatzungsmacht recht verdrießlich, was offenbar einem Wechsel im Kommando zuzuschreiben war. Zu allen möglichen und unmöglichen Zeiten erschienen Soldaten, durchstreiften das Revier mit und ohne Jeep und schossen, was sie sahen. Da überall Schüsse fielen, war überhaupt nicht mehr zu kontrollieren, wer geschossen hatte und wo, und diesen Zustand nützte ich aus, um nun meinerseits den Amerikanern einige Konkurrenz zu machen.

An einem Vormittag, an dem es in einem entfernteren Revierteil munter knallte, nahm ich mir den Männe mit und suchte mir mein Gewehr in der hohlen Eiche.

Der Männe war, das muß ich noch sagen, zusammen mit meinen Eltern von Schlesien geflohen und hatte alle Strapazen auf einem Teppichlager auf dem Treckwagen gut überstanden. Anläßlich der verschiedenen Saujagden der Amerikaner hatte er mehrere kleinere Nachsuchen gemacht und war mit den Sauen vertraut geworden. Geschnallt hatten wir ihn indessen aber nie in Anbetracht der Furcht vor den manchmal beachtlich leichtsinnigen Jägern.

Nachdem ich mich bewaffnet hatte, strebten wir, abseits der Wege durch die Bestände gehend, jener Gegend zu, aus welcher noch immer gelegentlich Schüsse fielen. Wir durchquerten verschiedene Buchenalthölzer und gelangten in einen kleinen Grund, der in seiner Länge mit Fichten ausgepflanzt war, die etwa stubenhoch waren. Der Fichtenstreifen hatte eine Breite von höchstens 30 Metern.

An der einen Seite dieser Fichten schlängelte sich ein schmaler Rückeweg entlang, den ich als Pirschpfad benutzte. Plötzlich hörte ich, daß hinter dem Streifen ein einzelnes starkes Stück Wild anwechselte und in scharfem Troll, durch Fallaub und tote Äste brechend, fast in gleicher Höhe mit mir in den Fichtengrund eintauchte.

Ich war natürlich stehengeblieben und in die Hocke gegangen, in der Hoffnung, durch die tiefhängenden Äste etwas sehen zu können, leider aber war dies nicht möglich, so daß ich ausschließlich auf meine Ohren angewiesen blieb. Tatsächlich konnte ich am dumpfen Tapfen auf dem harten Boden unter den Bäumchen hören, daß die Sau in gleicher Richtung wie ich den Grund hinunterstrebte und wahrscheinlich zu einer Dickung wollte, die sich nach kurzer Entfernung anschloß. Ich beeilte mich also, so schnell und so leise wie möglich, den Rückeweg entlangzueilen, machte aber mit dem Hund an der Leine im trockenen Buchenlaub doch so viel Lärm, daß die Sau es vernehmen mußte. Sie wurde denn auch immer schneller, und es war nur eine Frage von Bruchteilen von Sekunden, wer das Rennen gewinnen würde. Es war der Keiler!

Immerhin aber konnte ich in dem kurzen Augenblick, in welchem ich ihn vor mir mit einer Riesenflucht über den schmalen Weg flüchten sah, das Gewehr hochreißen und einen Schnappschuß anbringen wie bei der Kaninchenjagd. Irgendwie war ich mittendrauf gewesen, sagte mir mehr das Gefühl als die Gewißheit, aber das Krachen und Poltern in der Dikkung endete nirgends mit einem dumpfen Schlag, sondern entfernte sich gleichmäßig schnell über den Hang.

Am Anschuß, der leicht zu finden war durch die tiefen Eingriffe der Sau, fand ich einige Schnittborsten und ein einziges Tröpfchen Schweiß an einem Himbeerblatt, das dicht über der Erde trocken an seinem Stengel hing.

Bevor ich aber irgend etwas unternahm, hielt ich es im eigensten Interesse für sicherer, mich zunächst einmal für eine Stunde zu verstecken. Die Zeit verrann unter einer Fichte in der Dickung, wo ich mich eingeschoben hatte, aber außer dem Zirpen der Meisen und erstem vorsichtigen Schlag der Finken hörte ich nichts, auch das Schießen war verstummt.

So schob ich mich vorsichtig aus meiner Deckung heraus, machte die Umhängeleine so lang wie nur möglich und begab mich mit dem Hund zum Anschuß. Der alte Männe – er war jetzt 12 Jahre alt – nahm bedächtig Wittrung und führte mich dann langsam und stetig in die Dickung hinein.

Wer schon einmal eine Buchennaturverjüngung auf Muschelkalk durchkriechen mußte, wird mir zustimmen, daß dies eine der haarigsten Sachen der Welt ist, die bei der Nachsuche geschehen können. Auf weiten Strecken hatte ich denn auch das Vergnügen, auf allen Vieren kriechen zu dürfen, in einer Höhe, in der die zahlreichen Sauwechsel wie Tunnel hindurchführten.

Erst dreißig Meter hinter dem Anschuß fanden wir wieder Schweiß, er war an einem Ästchen abgestreift, jedoch auf der rechten Seite der Fluchtfährte – somit hatte die Kugel Durchschuß ergeben. Diese Sau war zur Strecke zu bringen! Von jetzt an wurde der Schweiß etwas reichlicher, das heißt, der Hund verwies alle vier bis fünf Meter ein Tröpfchen oder einen Wischer. Die Kürze der Leine machte sich unangenehm bemerkbar, denn ich mußte dauernd umgreifen oder den Hund hindern, daß es schon fast ein Wunder war, wie der brave Kerl ruhig weiter arbeitete. Ein Vorteil allerdings war auch dabei, ich konnte nämlich, so dicht hinter dem Hund kriechend, wohl fast immer sehen, wenn er interessiert an einem Ästchen oder einem Blatt windete, und war dadurch in der Lage, zur eigenen Beruhigung festzustellen, daß wir richtig suchten.

Die Fluchtfährte führte durch einen Hohlweg, an dessen jenseitigem

Hang sich die Sau schwergetan hatte. Sie mußte ihn schräg nehmen und war einmal ein Stück abgerutscht. Hier lag auch ziemlich viel Schweiß, aber der sah nicht gut aus, er war breiig und grün durchsetzt. Also stimmte mein Gefühl: Mittendrauf!

Der Hund führte mich ein endlos scheinendes Stück durch die Dickung hindurch bis an deren Ende, wo sie in eine alte Viehdrift mündete, die vor 50 oder 60 Jahren mit Fichten aufgeforstet worden war. Darin ging es jetzt flott entlang, und dort fand ich auch zum erstenmal eine Stelle, an der die Sau gestanden hatte: Schweiß lag da und Gescheideinhalt. Das Stück war weitergezogen immer in der Trift entlang bis zu einer Straße, vor der ich den Hund abnahm und erst einmal selbst eine Weile sicherte, bis ich im Sprung darübersetzte. Auf der anderen Seite war ein Buchenstangenholz, das sich steil zu einem Grund hinabsenkte, in dem eine Fichtendickung wuchs.

Männe nahm die Fährte gleich wieder auf und führte mich durch die Stangen zu dieser Dickung, an deren Rand er sehr heftig wurde, und das war auch kein Wunder, denn selbst ich spürte an dem scharfen und ganz frischen Geruch nach Sau, daß sie sich dicht vor uns befinden mußte.

Normalerweise hätte ich jetzt den Hund geschnallt, wenn ich Unterstützung gehabt hätte und wenn ich mir nicht jeden überflüssigen Krach wie Stand- oder Hetzlaut verkneifen mußte. Ich kroch also dem heftig ziehenden Hund nach und war noch kaum in die Dickung eingedrungen, als vor mir, ganz dicht vor mir, die Sau mit den Waffen wetzte und klapperte und zu schnarchen anfing. Vor Schreck ließ ich die Leine fahren, warf die Sicherung an der Waffe herum und schmiß mich lang auf die Erde, um unter die Fichten sehen zu können. Der Hund benutzte natürlich die Gelegenheit relativer Freiheit und stürzte sich auf die Sau, die sich unter einer Fichte eingeschoben hatte und im gleichen Moment einen Ausfall gegen den Hund machte, der sich gegen mich zurückflüchtete. Die Sau erschien, wie ein Dampfer durch die Fichten brechend, unmittelbar vor mir in der Reihe und, ohne überhaupt Zeit zu haben, das Gewehr an die Schulter zu nehmen, schoß ich aus freier Hand, und die Laufmündung berührte fast die Borsten. Im Schuß fiel der Keiler um, schlegelte noch etwas und verendete, und schon saß ihm der Hund an der Schwarte.

Viele Stunden habe ich neben dem Keiler gesessen, bis es dunkel wurde und ich Hilfe holen konnte. Die erste Kugel saß wie angesagt Mitte waidwund, der Fangschuß war halb von unten zwischen Haupt und Halsansatz eingedrungen und stak im Rücken dort, wo bei Schwarzwild die Wirbelsäule den tiefsten Punkt erreicht.

Für Menschen, die ihr erlegtes Wild nach Formelpunkten und nicht nach Erlebnispunkten werten, sei gesagt, daß die Waffen eine Länge von 23 und 24 cm bei gleichbleibender Breite von 27 mm haben. Der Keiler ist also das, was man heute einen guten „Silbermedaillenträger“ nennt.

Es war dies das letzte große Erlebnis von Männe, dem Fuchstöter, dem Saufinder. Er hat noch im nächsten Winter gelegentlich an Sauen gejagt, meinem Vater auch einmal zu einer Doublette verholfen, zweimal waren wir erfolgreich beim Füchsesprengen, aber die verschiedensten Anzeichen des Alters machten sich mehr und mehr bemerkbar und während der Weihnachtstage 1946 wurde es so schlimm, daß er seine Hinterläufe nicht mehr bewegen konnte.

Wir machten ihm ein schönes Grab am Endpunkt der großen Nachsuche und hofften, daß ihm im Hundehimmel ein schönes Plätzchen reserviert sei mit Füchsen und Sauen und Rehen.

TRIXI USLAR - DER SPANIEL

Die forstlichen Wanderjahre

Mehr als einmal haben mich in den Jahren 1950 bis 1961 Leute mit kritischem Blick gefragt, was bei St. Kynologos ich eigentlich für eine Sorte Hund an der Leine führe. In der ersten Zeit habe ich langatmige Erklärungen von mir gegeben über Jugendkrankheiten dieses kleinen schwarzen Geschöpfes, von verlorenen Papieren der Eltern, von Aufzuchtfehlern und dergleichen mehr.

Ein wirklich guter Freund brachte mich schließlich auf den Gedanken, den Spieß umzudrehen und die Fragenden mit einer Gegenfrage mattzusetzen.

„Was", sagte ich künftig, „was, Sie kennen einen Irish-water-Spaniel nicht?"

Dieser, mit fast beleidigend starkem Ausdruck und verwundertem Kopfschütteln begleitete Ausruf tat jedesmal seine beabsichtigte Wirkung. Selbst der erfahrenste Hundemann pflegte dann „Ach so, ja natürlich" zu sagen und blickte auf mein Hündlein mit der ehrfürchtigen Anerkennung, die solch englischer Spezialist verdient.

Die Wirklichkeit war so: Ich hatte die Trixi eines Tages kurz nach Abschluß meines Diplomexamens von sehr lieber Hand als achtwöchigen Welpen geschenkt erhalten, und nichts deutete darauf hin, daß dieser Hund später etwa nicht dem Idealbild eines Cocker entsprechen würde. Ihre Mutter Bianca war ein wirklich bildhübscher Hund und konnte nichts dafür, daß ihre Papiere 1945 in Leipzig liegengeblieben waren. Der Vater, genannt Petermann, entstammte vortrefflichem Hause und war jagdlich ein As auf Sauen.

Kurzum, eines Tages brachte ich ein schwarzes Hundeknäuel nach Hause und überließ es meinen Eltern für die ersten Aufzuchtmonate, bis ich auf einem Forstamt Fuß gefaßt hatte. Das ergab sich dann auch ziemlich bald, und ich konnte meinen Hund in den Bramwald bei Hann. Münden mitnehmen.

Die sogenannte Referendarzeit eines Forstbeamten ist nicht unbedingt und immer eine Zuckerlecke. Der Jüngling, kaum der Alma mater entronnen, muß während der Zeit von etwa drei Jahren sämtliche nur möglichen Stationen durchlaufen, die ihm später als Forstmeister begegnen können. Das heißt, er muß fast alle drei Monate sein Bündel schnüren, von Forstamt zu Forstamt, von diesem zur Regierung, zum Ministerium, zur Landwirtschaftskammer, zur Forsteinrichtung und so weiter, und so weiter, ziehen, bis er in der Landeshauptstadt das Staatsexamen ablegen darf. Dies endlich befähigt ihn zu festerer Bleibe anstatt eines Lebens aus dem Rucksack, zu Gehalt anstatt Unterhaltszuschuß, zu Frau und Kind anstatt wechselnder Liebschaften und zu Hundehaltung anstatt Hundeduldung.

Ich befand mich indessen noch in dem Zustand des forstlichen Wanderburschen, lebte möbliert aus dem Koffer und versuchte, in jeder nur möglichen und denkbaren Weise, aus den kurzen Monaten meiner jeweiligen Arbeit nicht nur dienstlich, sondern auch privat das Beste zu machen, selbstverständlich auch auf jagdlichem Gebiet, das so viele Jahre mehr oder weniger brach gelegen hatte, sieht man von den wenigen Sauen und Böcken ab, die ich den Besatzungstruppen vor der Nase schoß.

Es ergab sich, daß der Bramwald zu jener Zeit von Sauen wimmelte, und es ergab sich weiter, daß der Beamte, dem ich als Hilfe zugeteilt war, jagdlich nicht so sehr interessiert war. Somit hatte ich in den Schluchten, die sich zur Weser hinunterziehen, freie Büchse und freie Pirsch. Lediglich Drückjagden auf eigene Faust durfte ich nicht durchführen, aber dies verstand sich ja von selbst.

Damals führte ich einen umgearbeiteten Militärkarabiner, das heißt, nur Lauf und Schloß stammten von diesem her, der Schaft war Original Mannlicher, hatte aber den Nachteil, daß ich mich monatelang bei feuchtwarmer Witterung damit nicht unter die Menschen trauen durfte, weil das Ursprungsgewehr jahrelang in der Jauchegrube gelegen hatte, wodurch sich die Holzteile regelrecht mit Gülle vollgesogen hatten und trotz mannigfacher Behandlung einen Duft ausströmten, der einfach unerträglich war.

Ich hatte das Ding fast geschenkt bekommen, da Lauf und Schloß nicht brauchbar waren. Ein Büchsenmacher arbeitete den Schaft dann soweit um, daß die zum Teil abgefräßten Teile, also Lauf und Schloß, eines Karabiners 98 K paßten. Er hieß mich dann die Waffe abholen, da sie als Postpaket wegen des starken Geruches abgewiesen worden wäre.

Ich habe mir dann alle Mühe gegeben, den teuflischen Gestank zu vermindern. Das Gewehr kam in den Backofen, wurde dort ausgedörrt, anschließend in Öl gestellt, wieder getrocknet, mit Fett eingerieben und schließlich nach unendlicher Wiederholung dieser Prozedur gelang es mir, die meisten Poren des Holzes derart fest zu schließen, daß mir nur bei großer Feuchtigkeit noch ein sanfter Duft nach Mist und Jauche nachzog.

Mit diesem Gewehr und einigen abgefeilten Geschossen, die heranwachsende Trixi an der Leine, und einem guten Hensoldt 10×56 vor der Brust machte ich meine Revier- und Pirschgänge. Ein gutes Glas war besonders wichtig, denn ich hatte festgestellt, daß jetzt im Winter die Sauen gern die Gelegenheit wahrnahmen, sich tagsüber in den Steilhängen zu stecken, wo sie windgeschützt lagen und die wenige Sonne aus erster Hand bekamen, und wo man sie vom Gegenhang aus manchmal sehen konnte. Deshalb ging jeden Morgen mein erster Blick auf die Schornsteine der Nachbarhäuser, um festzustellen, woher der Wind kam, worauf ich mir meinen Plan zur Morgenpirsch zurechtlegte.

Im Winter 50 auf 51 lag wenig Schnee, ich hätte sonst mit meinem Hündlein die Steilhänge nicht geschafft. Als ich am 10. Januar 1951 morgens zum Fenster hinausschaute, hatte es in der Nacht nach langer Wärmeperiode ein wenig geschneit, vielleicht 5 cm hoch lag der Neuschnee auf dem Dach des Schuppens unter mir, und der Wind kam von Westen, vom Reinhardtswald herüber. Ich beschloß, sofort loszugehen, noch jetzt in der Dunkelheit, zunächst die Fahrstraße entlang bis zur Bramburg und von dort aus den Pirschsteig zu nehmen, der um mehrere Tobel herumführte, um schließlich oben auf der Höhe zu enden. Dort könnte ich kurz nach acht Uhr bei den Holzhauern sein.

Eine kleine halbe Stunde dauerte der Anmarsch bis in den Wald. Ich durchquerte das Dorf, ließ die Försterei links liegen, und tauchte schließlich in den Wald ein, an dessen Rand in einer Eichendickung der Pirschpfad begann. Über den Rest der alten Burg dämmerte der Morgen. Hier hatten wir vor einigen Wochen uralte Buchen fällen müssen, die auf die Straße zu stürzen drohten. Sie waren so faul, daß es für die Holzhauer eine fast unlösbare Aufgabe war, die mächtigen Stämme dahin zu werfen, wohin sie fallen sollten. Oft rissen sie sich zur Unzeit aus ihrer morschen Verankerung, tanzten fast auf der Säge und folgten im Fall physikalischen Gesetzen, die unvorhersehbar waren. Nachdem wieder einmal solch Baumriese vorzeitig stürzend niedergeprasselt war und dabei eine lange Seitenwurzel aus dem Erdreich gerissen hatte, schrie plötzlich Karl Heim, der „Schwarze“, wie er zum Unterschied zu seinem gleichnamigen Vetter, dem „Weißen“, gerufen wurde:

„Herr Refendoar, dor liggt een!“

„Wat för een?“ rief ich zurück.

„Een doden Kierl, een Ritter oder so wat!“

Unter der herausgerissenen Baumwurzel befand sich eine Höhlung, die mit Feldsteinen locker ausgekleidet war. In dem eingesickerten oder aufgefüllten Lehm sah man das Vorderteil eines Brustharnisches, zerrostet zwar, aber doch im wesentlichen erhalten, einen Helm und den Griff eines Schwertes.

Nach und nach kam der ganze Ritter zutage, das Schwert in voller Länge und gut erhalten, Griff und Querstange mit Silberdraht umwickelt, Sporen, der Brustharnisch, leider zerdrückt von Rost und Zeit und Wurzeln, und der Helm in zahlreichen Bruchstücken.

Wir machten Pause, sandten zum Forstamt, dieses zum Landkreis und bei der Feinarbeit der Archäologen hörte ich die Geschichte der Burg:

Da war einmal ein altes Rittergeschlecht, das sich im 16. Jahrhundert gegen den Landesherrn empörte und die Weser mit einer Kette sperrte, um unberechtigt Zoll zu erheben. Als das gesetzwidrige Verhalten des Ritters dem Fürsten schließlich zu viel wurde, zog er mit seinem Kriegsvolk und einer Kanone unter die Burg und beschoß diese so lange, bis alles mit Ausnahme des starken Turmes in Trümmer fiel. Bei einem verzweifelten letzten Ausfall war der Ritter ums Leben gekommen, und niemand wußte, wo er verscharrt wurde. Nur die alten Leute behaupteten, daß er damals ohne Priester heimlich bei Nacht und ohne ritterliche Ehren in der Nähe der Burg von den Kriegsknechten begraben wurde. Diesen Ritter, seit 1562 vermißt, hatten wir gefunden!

In Gedanken an dieses Erlebnis war ich den Pirschsteig hinaufgestiegen und befand mich jetzt schon weit über den Trümmern der Burg. Im Bestande war es noch dunkel, aber in den Verjüngungen an den Hängen war Büchsenlicht. Ich ging um eine der Felsennasen herum und konnte mit dem Glase den ganzen Gegenhang einsehen, der ausschließlich mit Buchen bewachsen war, die stubenhoch eine geschlossene Dickung bildeten. Streifen für Streifen suchte ich ab und blieb mit meinem Blick an einer Stelle hängen, wo zwischen dem Gewirr der Stämmchen ein schwarzer Fleck, ein sehr schwarzer Fleck war.

Südseite, Windschutz – Sauen!

Es bestand gar kein Zweifel, aber was konnte ich tun, um so nahe heranzukommen, lautlos heranzukommen, daß ich vielleicht eine Chance hätte. Ich überlegte, ja, es könnte gehen! Zunächst einmal weiter auf dem Pirschsteig bis dorthin, wo die Schlucht endet und der Steig herumschwingt in den Gegenhang. Dort würde ich wissen, wie die Luft zog, wahrscheinlich nach oben, und das bedeutete, daß ich dann in die Schlucht hinunterpirschen müßte bis zu einem Punkt, der möglichst direkt unter den Sauen lag. Von dort aus müßte ich mich dann den Steilhang gegen die Sauen hocharbeiten, und zwar so leise wie möglich.

Es klappte alles zu bester Zufriedenheit; nach 10 Minuten stand ich unten in der Schlucht an einer Esche, die ich mir als Richtungspunkt gemerkt hatte. Über mir, keine 200 Meter entfernt, waren die Sauen im Lager.

Sehr vorsichtig begann ich den Aufstieg. Aber wie ich es auch anstellte, der Hund störte fürchterlich, denn er war keineswegs leinenführig. Bald verhakte er sich hinter einer Buche, bald tanzte er vor mir herum, und meine unwillig gezischten Kommandos ließen ihn völlig kalt. Wenn es in dieser Art weiterging, mußten die Sauen bewußtlos sein, wenn sie mich nicht hörten. Kurz entschlossen ließ ich den Hund frei, mit dem Gedanken, daß sein leichtes Tappen um mich her die Sauen nicht so stark beunruhigen würde wie das unnatürliche Rucken, Zurückziehen, Rutschen im Laub und Geröll. Der Wind kam sanft von der Seite. Durch die Buchenstangen sah ich vor mir schon verschiedene Stellen, wo die Sauen Probekessel gebrochen hatten, und es waren bis zum eigentlichen Lager sicher nicht mehr als 50 Meter.

Als wir aber gleich darauf auf die ersten ganz frischen Fährten trafen, aus denen der würzige Duft nach Schwarzwild zu verführerisch strömte, hielt es die Trixi nicht mehr bei mir aus. Sie stürmte – geballte Kraft von 6 Monaten – nach oben in den Berg, und ich war so perplex darüber, daß ich überhaupt nichts unternahm, sondern stehenblieb.

Und das war genau das Richtige!

Die Trixi mit dem Mute der Unkenntnis der Gefahr war mitten in den Kessel unter die fest schlafenden Sauen geraten und muß sich ganz fürchterlich erschrocken haben, als plötzlich dicht vor ihr eine ganze Rotte schwarzer Riesen hochwurde. Mit einer Mischung aus aufkeimender Angst, aber auch Eifer und Wut beschimpfte sie mit sich überschlagender, geller Jungmädchenstimme die ebenfalls erschrocken schnaubenden Sauen.

Nachdem diese aber festgestellt hatten, daß der Hund offenbar allein sei, gingen sie aus ihrer staunenden Reserve zum Angriff auf den lästigen Störenfried über und rückten, eine geschlossene Phalanx, der Trixi entgegen. Diese, zum Glück nicht leichtsinnig, retirierte, immer stark bellend und dicht vor den Sauen, gegen mich hin.

Von da an bin ich unmittelbarer Augen- und nicht mehr nur Ohrenzeuge des Geschehens. Zwischen dem Gewirr der Buchenstangen über mir, sah ich zunächst einmal schwarze Flecken, die auftauchten und wieder verschwanden, im ganzen aber näherkamen und deutlicher wurden. Dann erkannte ich den Hund, den tapferen kleinen Hund, der nicht etwa, Schwanz zwischen Beinen, flüchtete, sondern sich immer wieder stellte, giftigen Laut gab, wendete und einige Schritte zurückwich, wenn die Sauen aufrückten. Längst hatte ich mich hingekniet und die Büchse entsichert und, als die Sauen wieder einen Ausfall in meine Richtung machten, setzte ich der vordersten die Kugel von unten nach oben hoch zwischen die Vorderläufe, repetierte am Kopf, fuhr mit einem anderen Schwarzkittel mit und schoß, als er über eine kleine freie Stelle floh.

Das Prasseln der flüchtenden Rotte in Stein und Laub verlor sich am Hang, gedämpft vom Schnee. Dicht vor mir lag der erste Überläufer und auf ihm lag die Trixi mit wutverdrehten Augen und fuhr auf mich los, als ich die Sau berührte.

Na, das kann ja noch gut werden mit dem Hund, dachte ich, ließ sie den Kujel zausen und suchte nach dem zweiten Stück. Von weitem schon sah ich reichlich Schweiß liegen, gespritzt über den Schnee, und nach 20 Metern lag auch diese Sau.

Nachdem ich sie aufgebrochen hatte, ging ich zurück zu der ersten und siehe da, ein liebes Hündlein kam mir stummelschwanzwedelnd entgegen, es hatte seinen Wutrausch ausgetobt und war wieder friedlich geworden.

„So ist's brav, so ist's recht!" sagte ich und streichelte sie. Diese Hündin, das war mir klar, war für alle Zeiten geprägt, sie würde an Sauen jagen bis an ihr Ende.

Um eine Haaresbreite wäre dieses Ende schon eine Woche später gekommen.

Gegen Abend des 16. Januar hatte ich mich – es war inzwischen wieder fast unnatürlich warm geworden – auf einen Hochsitz in einem raumen Fichtenaltholz gesetzt, das sich als schmaler Streifen zwischen zwei Dickungen fast den ganzen Wesersteilhang hinunterzog. Man konnte von dort aus nicht nur weit hinein ins Land sehen, sondern vor allem auch alles Wild beobachten, das häufig schon am Tage zwischen den Dickungen herumzog. Besonders das Rotwild stand dort gern am Nachmittag in der Sonne und äste am kargen Schmielengras zwischen den Fichten.

Das Dumme war an diesem Tage, daß ich mich bei einer vorangegangenen Drückjagd ziemlich verschossen hatte und der Patronennachschub jener Zeit noch recht mühsam war. So hatte ich nur zwei Schuß in der Kammer und nichts mehr in Reserve; wenn ich schoß, mußte ich also meiner Kugel sicher sein.

Trixi hatte ich im Arm mit hinaufgenommen, sie lag zu meinen Füßen und äugte mit mir zwischen den Hölzern des Hochsitzes in den Fichtenwald.

Es fing an zu dämmern, als ich rechts von mir in der Dickung starkes Brechen von Ästen hörte, das sich schnell näherte. In scharfem Troll überquerte eine Rotte Überläufer den Fichtenstreifen unmittelbar in Höhe des Sitzes. Mein erster Schuß, noch im Sitzen abgegeben, ließ ein schwächeres Stück sich überschlagend den Steilhang hinabrollen, dann sprang ich auf, repetierte und, der Teufel mußte mich reiten, fast senkrecht von oben schoß ich mit meiner letzten Kugel auf eine Sau, die im Schuß laut aufklagte, sich sofort von der Rotte abtat und schräg nach unten flüchtete. Dort steckte sie sich sehr krank in einer der kleinen Randfichten der Dickung.

Jetzt war guter Rat teuer: Das Gewehr nützte mir überhaupt nichts mehr, der Hund konnte sowieso nichts machen, den Förster zu holen, war wegen der fortgeschrittenen Zeit nicht mehr möglich. Das Gescheiteste wäre gewesen, die erste, längst verendete Sau zu versorgen, nach Hause zu gehen und am nächsten Morgen das kranke Stück nachzusuchen, wenn es nicht schon längst verendet war.

Aber so gescheit war ich damals nicht, sondern dachte, daß die Sau so krank sei, daß ich ihr mit dem Jagdmesser den Fang geben könnte.

Kaum war ich vom Hochsitz herunter und ein paar Schritte in Richtung der kleinen Fichte gegangen, als der Überläufer schon böse zu blasen und zu schnarchen begann, mit den Zähnen klapperte und gleich darauf wie der Teufel aus der Schachtel unter seinem Baum hervorschoß, mir zwischen die Beine, daß ich den Hang hinabkollerte, ohne auch nur einen Funken von Zeit zu haben, die Sau festhalten zu können.

Während ich noch kollerte und mich wieder aufrichtete, hatte Trixi die Situation begriffen und sich ihrerseits auf die Sau gestürzt, die doch so krank war, daß sie nicht weiterflüchtete, sondern wendete und den Hund angriff. Der wurde hart beiseitegeschleudert und landete laut klagend an einer Fichte, griff aber doch gleich wieder an und bekam die Sau an einem Hinterlauf zu fassen. Diesen Augenblick des allgemeinen Sich-Drehens und der Verwirrung benutzte ich, um hinzu zu springen. Aber anstatt mich mit meinem ganzen Gewicht draufzuwerfen, was bei den 50 kg des Stückes gereicht hätte, es an den Platz zu bannen, stellte ich mich seitlich daneben und rannte ihm mein Messer zwischen die Rippen. Der Erfolg war der, daß ich im nächsten Augenblick auf der Erde lag und die Sau auf mir. Wir kamen auf dem abschüssigen, rutschigen Boden ins Gleiten, und ich bin wahrhaftig nicht in der Lage, klar sagen zu können, was sich in der nächsten Minute abspielte. Ich hatte mich jedenfalls mit einer Hand irgendwo in die Sau verkrallt, mit der anderen, in der ich das Messer hatte, stach ich zu, so oft es ging. Ich hatte Sauborsten im Mund, mein Kopf schlug gegen Stämme oder Fichtenwurzeln, und es war ein Glück, daß unsere Rutschpartie schließlich an einer dicken Fichte endete und daß die Sau vor mir gegen den Baum prallte.

Als ich mich ziemlich zerschlagen erhob, war der Überläufer verendet, mein Mantel zerfetzt, die Hose zerrissen, das Messer verloren. Und das bei 80 DM monatlichem Unterhaltszuschuß! Ich hätte heulen können.

Gott sei Dank war der Hund ziemlich in Ordnung und schweißte nur etwas am Schulterblatt. Nach langem Suchen in fortschreitender Dunkelheit fand ich schließlich mein Messer, so daß ich die Stücke wenigstens aufbrechen konnte. Dann aber ließ ich alles stehen und liegen und machte, daß ich nach Hause kam, um am nächsten Morgen mit den Holzhauern das Wild zu bergen.

Mit dieser etwas zweifelhaften „Heldentat" ging meine Zeit im Forstamt Bramwald zu Ende, in dem ich in nur 3 Monaten auf Pirsch und Ansitz 14 Sauen und 2 Stück Rotwild geschossen hatte.

Ich hatte danach eine Woche Urlaub und verbrachte ihn bei Verwandten im Kaufunger Wald. Onkel Adolf Buttlar, ein guter Jäger und echter Waidmann, litt in diesem Jahre ganz besonders unter der Schälwut seines sonst so geliebten Rotwildes und verbrachte jede freie Minute im Wald, um den dringend notwendigen Abschuß zu erfüllen. Dort traf ich ihn am Tage nach meiner Ankunft am Kammerherrenplatz, der als tiefer Einschnitt zwischen zwei Bergen ein beliebter Wechsel des Rotwildes ist hinter einer dicken Buche stehend, das Gewehr steil nach unten im Anschlag. Ich näherte mich vorsichtig von hinten und hörte ihn, als ich nahe genug herangekommen war, murmeln: „Na, diese eine darfst du noch, die gönn' ich dir, dann aber knallt's ... so, jetzt hast du genug gefressen ... warte, du Mistvieh, tritt nur mal breit ... jetzt frißt sie wieder eine an ... nein es ist zu furchtbar ... paß' auf, jetzt schieß' ich!"

Und damit schoß er!

Es war, wie sich gleich herausstellte, ein einzelnes Alttier, das sich dort unten an der zarten Rinde der Buchenrauschen gütlich tat und die Stämmchen beknabbert hatte, die, auf solche Weise verunziert, gewiß keinen anständigen Hochwald mehr geben würden. Der Onkel freute sich mächtig, daß ich gekommen war, gerade im richtigen Augenblick, um ihm bei der Versorgung des Stückes zu helfen, und gab mir einen Hirsch frei. Am nächsten Nachmittag pürschte ich dann allein mit Trixi zum Kalbskopf, einem nach drei Seiten steil abfallenden Höhenzug aus Buntsandstein, der mit krüppelwüchsigen Buchen und stark rotfaulen Fichten unterschiedlichsten Alters bewachsen ist. Der Onkel hatte gemeint, daß sich dort ein Rudel junger Hirsche herumtriebe, und ich sollte sehen, ob ich einen Abschußhirsch fände.

Ich mußte des Windes wegen eine weite Umgehung machen, um auf der sanft ansteigenden rückwärtigen Seite des Kalbskopfes die Höhe zu gewinnen, von der aus ich glaubte, den besten Einblick in die Stangenhölzer zu haben. Es lag ganz frisch gefallener, über Mittag angetauter Schnee, und die Fährten des Wildes waren von weitem zu sehen, wo das Buchenlaub durch die Tritte hochgewirbelt war. Ich pürschte auf die Höhe hinauf und schob mich oben auf der Platte so weit vor, daß ich über die letzte Kuppe hinwegsehen konnte. Unter mir, keine 100 Meter entfernt, stand ein Hirsch und döste. Achter! Nicht weit dahinter waren mehr, teils plätzten sie im Schnee nach Bucheckern, teils saßen sie seitwärts zum Hang, schliefen oder äugten den Berg hinunter.

Spitz zu mir stand ein Hirsch mit verdächtig starker Mähne, aber auf dem Kopf trug er nur Gabeln – lange Augsprossen, geperlte, irgendwie verdrehte, recht lange Spieße darüber. Der war sicher richtig! Ich nahm die Büchse hoch, zielte, wartete, daß der Hirsch breit trat. Die Aufregung wuchs im Quadrat zu der Zeit, die ich warten mußte. Endlich trat der Hirsch herum – rumms – fuhr der Schuß heraus, übereilt, verrissen.

Eine Wolke von Mähnenhaaren flog um den Hirsch, der eine weite Flucht nach vorn machte – aber in diese Flucht hinein hatte ich repetiert, fuhr mit, Buche – Hirsch – Buche – Hirsch! Ich hörte den Kugelschlag, sah, wie er hinten einknickte, den Berg hinunterfloh, weg von den andern, die nach links in die tieferen Lagen des Kalbskopfes mit ihren Fichtendickungen fortzogen.

Am ersten Anschuß war kein Schweiß, nur eine Riesenmenge ausgerissener Haare. Ich mußte dicht am Träger vorbeigeschossen haben. Wo der zweite Anschuß war, lag Schweiß, flatschig über den Schnee gespritzt, Gescheideinhalt grün in rot.

Der Hund zerrte an der Leine, wollte der Wundfährte nachsetzen. Ich mußte ihn ganz festhalten. In kurzen Sprüngen, durch den Zug der Leine auf die Hinterläufe gezwungen, keuchend vor Atemnot vom beengenden Halsband, hüpfte die Kleine vor mir her, ganz Passion, ganz Eifer. Vom Hunde gezerrt, rutschte und polterte ich den Berg hinab, fluchend schließlich, denn auf diese Art würden wir den Hirsch nie bekommen, mit diesem Krach, den wir machten. Was blieb mir also übrig, ich mußte den Hund auf den Arm nehmen und so der Fährte folgen, in der einen Hand die Büchse, in der anderen den vor Aufregung strampelnden Hund.

So also, so ging es nicht weiter! Wenn ich jetzt nach oben, in die Lüneburger Heide kam mit dem vielen Rotwild und Sauen, war der Hund nicht zu brauchen, wenn er nicht bald gehörig abgerichtet würde.

Unten, in einem Wasserriß, der zum Felde führt, stand todkrank mit gesenktem Haupt der Hirsch und fiel um wie ein Brett, das man fallenläßt, als ich ihm den Fangschuß aufs Blatt setzte. Und während der Hund seine Mähne zauste, sagte ich mehr zu mir als zur Trixi: „Alter Köter, jetzt wird es ernst, du wirst dich beherrschen lernen müssen wie der Männe selig!“

Sauen und Rotwild in der Lüneburger Heide

Mit diesen guten Vorsätzen versehen, fuhr ich einige Tage später hinauf in die Heide und landete nach langer Bahnfahrt auf der kleinen Station Unterlüß zwischen Celle und Uelzen. Ich nahm meinen Hund an die Leine, den Rucksack auf den Rücken, Koffer in die Hand, Büchse und Flinte über die Schulter und wanderte, mit jedem Schritt stärker keuchend und schwitzend, die Chaussee zum Forstamt hinauf. Es traf sich, daß Forstmeister Stahl gerade ins Revier fahren wollte, als ich um die Ecke des Hauses bog. Ich konnte also mein ganzes Zeug mit Ausnahme der Waffen weglegen, grüßte, wie es sich gehört, und meldete mich zum Dienst.

„Na,“ sagte der Forstmeister, „das trifft sich wirklich, ich habe gerade etwas Zeit, steigen Sie ein, ich kann Ihnen den Wald zeigen.“

Ich legte also meine Waffen zu dem Übrigen, nahm den Hund zwischen die Beine und setzte mich in den VW. Anstatt aber, wie ich leichtsinnig gedacht hatte, eine schöne Revierfahrt zu machen, hielten wir gleich hinter dem Forstamt an, und ich glaubte meinen Ohren nicht zu trauen, als mir gesagt wurde:

„Also, Herr Referendarius, Sie sehen dort einen Eichenbestand, durch den laufen Sie in 5 Minuten und dann sagen Sie mir, wie Sie ihn waldbaulich behandeln würden, wie hoch der Vorrat ist und was man in den letzten 20 Jahren in seiner Pflege falsch gemacht hat.“

Au weia, dachte ich, das fängt ja gut an, hätte ich nur auf die Leute gehört, die mich vor diesem Chef gewarnt hatten, aber ich wollte ja klüger sein und durchaus in die Heide gehen, wegen der Erinnerung an die Heimat und so. Jetzt saß ich in der Tinte.

Ich durchraste also den Bestand, kam wieder, und sagte das, was ich glaubte, in und an den Eichen bemerkt zu haben. Antwort oder Reaktion des Forstmeisters? Nichts! Kein Wort! Wir waren noch nicht weit gefahren, als er wieder anhielt und mich in den nächsten Bestand hetzte, und so ging das weiter den ganzen lieben Nachmittag lang und auch den nächsten Tag und den übernächsten. Meine Nerven schleppten auf der Erde, und ich war unmittelbar drauf und dran, am kommenden Montag ins Ministerium zu fahren, um mir eine andere Lehrstelle zuweisen zu lassen.

An jenem Abend aber holte der Forstmeister eine seiner bekannt guten Flaschen aus dem Keller, grinste mich heftig an und lud mich zum Bleiben.

„So", sagte er, als wir gemütlich vor dem Kamin saßen, „jetzt hat die Qual ein Ende. Ich habe mit Ihnen die ganze Prüfungsaufgabe für die Waldprüfung zum Staatsexamen dieses Jahres durchgespielt. Es ging so la la, muß ich sagen, wir werden schon miteinander zurechtkommen, Prost! also und Waidmannsheil! und Willkommen! im Lüß, und Sie wohnen natürlich bei uns im Hause."

Na, der Stein wog viele Zentner, der mir von der Seele fiel, und keine Sekunde habe ich es bereut, bei einem solchen Lehrmeister leben zu können, viel länger wohnen zu dürfen, als das Gesetz es befahl, denn ich habe noch später, als unverheirateter Assessor, das Forstamt jahrelang als Stützpunkt für meine Tätigkeit bei der Landwirtschaftskammer benützen dürfen.

Ich wurde zum „Ewigen Lüßer Referendar" ernannt und gewann eine Heimat nicht nur in der Familie meines Chefs, sondern auch in dem Wald, der in so vielen Teilen dem verlorenen Besitz in Schlesien gleicht, glich, muß man jetzt leider sagen, denn der Orkan vom November 1973 hat von den schönen alten Beständen so gut wie nichts übriggelassen.

Was das Schießen und Treffen anbelangt, habe ich mich in jenem ersten Winter eigentlich nur blamiert, wenn man davon absieht, daß ich bei einer Drückjagd einen schneeweißen Frischling schoß, der töricht genug war, vor mir am Dickungsrand stehenzubleiben.

Die Blamage begann ziemlich bald nach meiner Ankunft. Damals war noch die goldene Zeit, in der einige Forstmeister Dienstpferde halten durften, die sie entweder ritten oder mit denen sie per Kutsche im Walde herumfuhren. Mein Chef, als alter Ostpreuße, hielt natürlich zwei sehr anständige Stuten, mit denen man sowohl fahren als auch reiten konnte. Zur Ernährung der Pferde gehörte ein Dienstland von ungefähr 10 Hektar Größe, auf dem der Fruchtfolge wegen natürlich nicht nur Hafer, sondern auch Hackfrucht und Roggen angebaut wurde. Die Fläche war mit einem Zaun umgeben, um das Wild vom fiskalischen Hafer fernzuhalten. Dieser Zaun hatte natürlich Löcher, die sich die Sauen gebohrt hatten, um an die Kartoffeln zu kommen, und es war eine völlig unsinnige Sisyphosarbeit, diese Löcher zu flicken, denn sie waren nach spätestens 48 Stunden wieder aufgerissen.

In diesem Jahre hatte es die Fruchtfolge verlangt, daß auf Kartoffeln Roggen folgte, den die Sauen in nächtlicher Schwerarbeit nach liegengebliebenen Knollen durchpflügten. Besonders ein einzelner dreijähriger Keiler entwickelte eine wahre Kunst, den Wildzaun zu durchbrechen, um dann in seiner Art Nachlese auf dem Acker zu halten. Er hatte es sich angewöhnt, mit dem Wurf unter den Zaun zu fahren, diesen hochzuheben bis der Spanndraht riß, worauf er dann freie Bahn hatte.

Eine meiner ersten Aufgaben war es infolgedessen, diesem Keiler die Lust an den Kartoffeln und das Leben zu nehmen. Eine Leiter, die an einer schlechtwüchsigen Douglasie aufgestellt wurde, und ein Fußsack waren die zur Verfügung gestellten Requisiten, die mir den Ansitz erleichtern sollten.

Als der Mond genügend Licht verbreitete, kroch ich auf diese Leiter und wartete auf den Keiler. In zahlreichen Nächten sah ich so allerhand, Rotwild, Hasen, auch die Katze des Kutschers, den Liebhaber der Dienstmagd, aber keine einzige Sau. Dennoch waren sie allnächtlich dagewesen. Aber saß ich von 9 bis 12, dann kamen sie nach Mitternacht, saß ich von 12 bis 4, dann waren sie schon vorher dagewesen. Allmählich zeigten sich gewisse Zeichen von Schlafmangel, was meinem Bürodienst wenig gut tat. In einer letzten Aufwallung gesammelter Kraft wollte ich nur einmal eine ganze Nacht opfern und dann schlafen, schlafen, nichts als schlafen.

Vollmond war vorüber, es wurde erst gegen 11 Uhr richtig hell, aber ich saß schon um 9 auf meinem Sitz und hatte noch gar nicht lange gesessen, als ich aus der hinteren Ecke des Gatters jenen Laut hörte, der entsteht, wenn Draht reißt. Nach kurzer Zeit kündete eifriges Schmatzen, daß eine Sau bei der Arbeit war. Als es endlich so hell wurde, daß ich erste Umrisse erkennen konnte, sah ich auf dem entfernten Teil des Ackers einen schwarzen Klumpen, der sich langsam bewegte. Der Keiler! Aber erstens war es viel zu weit und zweitens noch viel zu dunkel.

So beschloß ich, von meinem Sitz abzubaumen, mich um das Gatter herumzupürschen und dorthin zu stellen, wo der Keiler das neue Loch gerissen hatte, denn da würde er ja auch wieder rausgehen, wahrscheinlich sogar bald, denn er hatte bisher immer nur die halbe Nacht auf dem Felde unnütz getan. Ich lief also zurück zum Forstamt, dann das lange Gestell nach Süden hinunter, bog in das nächste Quergestell ein und stand bald an der Ecke des Gatters, wo das Loch sein mußte. Weil aber der Zaun an dieser Stelle durch den Wald lief, war es natürlich ziemlich dunkel. Ich fand aber das Loch, hockte mich 10 Meter daneben an eine Kiefer und wartete. Sicherlich war ich eingeschlafen, denn ich schreckte hoch, als vor mir am Gatter ein Ast brach. Und dann entwickelten sich die Dinge furchtbar schnell: Ich sah einen dicken schwarzen Klumpen dicht vor mir am Loch, riß das Gewehr hoch, im Zaun klirrten die Drähte, der Keiler blies erschrocken auf, weil er meine Bewegung eräugt hatte, machte eine Riesenflucht, in der ich ihn aus dem Glase verlor, schwenkte herum von mir weg, ich fuhr nach, stocherte solange in der Dunkelheit herum, bis ich glaubte, ihn wieder im Glase zu haben, und drückte ab.

Ich Unglücksmensch, wohin hatte ich wohl geschossen? Aasjäger, Idiot, Rindvieh dämliches – waren die zahmsten Worte, die ich mir an den Kopf warf. Hätte ich mich doch etwas weiter abgesetzt, hätte ich doch das Gewehr langsamer hochgenommen, hätte ich doch nicht geschlafen, hätte – hätte – hätte!

Traurig, müde, wütend, zerschlagen ging ich nach Hause, aber schlafen konnte ich nicht. Noch vor dem Frühstück war ich mit Trixi am Anschuß. Ich ging den tiefen Eingriffen des Keilers von dem Loch im Zaun aus nach und fand auch gleich einen Spritzer Schweiß und lange Borsten, von denen ein Teil ausgeschossen, ein anderer Teil ausgerissen war. Borsten vom Kamm – Schweinerei elende!

Trixi hing der Fährte nach, zeigte hier und da noch einen Tropfen Schweiß, immer seltener werdend, schließlich nichts mehr. Wir kamen über die breite Lichtleitungsschneise, auf der ich die Eingriffe fand. Hochflüchtig war der Keiler herüber, und drüben auf der anderen Seite in einer Dickung war es dann ganz aus.

Also nach Hause und beichten!

Es ging gnädiger ab, als ich befürchtet hatte – mein Gesicht mag entsprechend verzweifelt ausgesehen haben.

Die anschließende Suche mit dem Schweißhund brachte auch nichts Besseres, die Sau war gekrellt und verschwunden.

Das war Akt Numero 1 meines Pechs, aber es kam noch schlimmer. In der äußersten Ecke der Daller Revierförsterei lag damals ein Moor von ungefähr 50 Hektar Größe, das in den ersten Jahren nach dem Kriege teilweise abgebaut worden war, jetzt aber in beschaulicher Ruhe lag, und außer dem Förster und dem Bauern, dessen Land auf der anderen Seite angrenzte, kam das ganze Jahr über kein Mensch in diese Einöde. Die Torfhauer aus den verschiedenen Dörfern hatten eine ziemlich regellose Wirtschaft betrieben, offenbar hatte jedes Dorf eine andere Abbaustelle zugewiesen bekommen, dadurch war das Gelände zerfurcht wie eine Mondkraterlandschaft, durchsetzt mit Wasserlöchern und kleinen Hügeln, auf denen der gestochene Torf getrocknet worden war.

Ich hatte im Laufe des Winters mehrmals starke Flüge Birkwild in den angrenzenden Kiefern gesehen und war schon ab Ende März mehrfach hinausgefahren, um Hähne zu bestätigen. Die Balz kam aber erst um den 5. April herum so richtig in Gang, und es zeigte sich, daß die meisten Hähne über der Grenze auf einer Viehweide balzten, ein besonders starker Hahn aber im Revier geblieben war und verschiedene Torfhügel in unregelmäßiger Reihenfolge besuchte, um dort sein Lied zu singen.

Es blieb mir lange das Geheimnis einer hohen Forstverwaltung, was sie bewog, mir in dem ersten Jahre meiner Tätigkeit einen Hahn freizugeben, ich hatte ihn ganz gewiß nicht verdient. Vielmehr hatte ich ein ganz ungewöhnlich schlechtes Gewissen wegen der Durchforstung eines großen Blockes von Fichten, die mit gleichalten Buchen gemischt waren, wo ich in barbarischem Zugriff einen erheblichen Teil der Fichten ausgezeichnet hatte, um sie einschlagen zu lassen. Bei der Besichtigung hatte der Forstmeister die Stirne gerunzelt und sich stark geräuspert, war jedoch ohne Kommentar weggefahren und hatte meine Äußerung entgegengenommen, daß in einem Heideforstamt mit über 90 Prozent Nadelholz die wenigen vorhandenen Buchen trotz ungenügender Rentabilität gepflegt zu werden verdienten.

Es stellte sich sehr viel später heraus, daß der Inspektionsbeamte, dem dieser Bestand ohne mein Wissen vorgeführt worden war, in einen Jubelruf ausgebrochen war und meine Eigenmächtigkeit gelobt hatte. Dieses Lob drückte sich in der Freigabe des besagten Hahnes aus, sowie einer Notiz in meiner Personalakte, wonach ich „im Waldbau selbständiges Denken beweise“. Dieses Epitheton ornans hat mich mein ganzes forstliches Leben begleitet – nicht immer zu meinem Vorteil, wie ich leider feststellen muß.

Dies aber nur nebenbei!

Mein Hahn balzte also im Moor am Marweder Mühlweg, und nichts hielt mich davon ab, jeden Morgen vor Tau und Tag mit dem Rade und dem Hund hinauszufahren, um mir einen Plan zu machen, wie ich herankommen könnte, vor allem aber, um festzustellen, welcher von den zahlreichen Torfhügeln der von ihm bevorzugteste war, denn dieser Hahn war unstet wie kein anderer.

Bei Aufgang der Jagdzeit, also am 16. April, war ich soweit, daß ich mir um die verschiedenen Löcher herum einen Fußweg mit Kiefernzweigen ausgesteckt hatte, den ich auch im Dunkeln finden würde, ohne in eine der Kuhlen zu fallen oder gar abseits ins Moor zu geraten. Der Patt endete am Rande eines kaum meterhohen Hügels, wo ich mir ein Ansitzloch aushob, das ich mit alten Torfplaggen verblendete. Zwar lief das Loch über Tag immer wieder voll Wasser, aber das konnte ich vor dem Einfall des Hahnes am Morgen mit einer Büchse ausschöpfen, um dann wenigstens drei Stunden lang einigermaßen trocken auf dem Rucksack sitzen zu können.

Das Wetter an diesem Morgen war so, wie es sein sollte, es fror ein wenig, und die Sterne glänzten klar vom Himmel. Wegen des sehr weiten Weges von mehr als 8 Kilometer hatte ich mir den Wecker auf 3 Uhr stellen müssen, und es war natürlich noch vollkommen dunkel, als ich losfuhr. Den Hund hielt ich an der langen Leine neben mir, damit er sich zunächst einmal gehörig auslaufen konnte.

Das Unglück wollte es aber, daß ziemlich bald hinter dem Forstamt unmittelbar vor uns in tiefster Dunkelheit eine Rotte Sauen den Weg kreuzte und scharf blasend auseinanderstob. Noch bevor ich anhalten konnte, hielt es leider der Hund für geraten, trotz hemmender Leine einen Frontalangriff auf die Sauen zu versuchen, dem meine Standfestigkeit durchaus nicht gewachsen war. Ich wurde vom Rade gerissen und landete der Länge lang im Sand, wobei sich die Flinte selbständig machte, auf dem Wege entlangrutschte und sich beide Läufe bis oben hin mit Dreck vollfüllten. Natürlich verging geraume Zeit, ehe ich einen passenden Weidenzweig gefunden hatte, mit dem ich wenigstens notdürftig die Erde aus den Läufen kratzen konnte. Dann tat ich den Hund in den Rucksack und fuhr, so schnell ich konnte, zum Moor hinab. Der Aufenthalt mit den Sauen und der Reinigung der Flinte hatte viel Zeit verbraucht, und es fing schon an, recht hell zu werden, als ich endlich das Rad am Rand zwischen den letzten Krüppelkiefern am Moor ablegen konnte.

Wie gern würde ich jetzt vom Erwachen des Morgens erzählen, vom ersten Ruf der Heidelerche, vom Paaken der Enten aus den Gräben, vom schnarrenden Balzlaut der Bekassinen, aber ich nahm alles dies nicht wahr, sondern hetzte am Moorgraben entlang, so schnell ich konnte, um an den Anfang meines ausgesteckten Pürschpfades zu kommen. Als ich schweißüberströmt dort anlangte, hätte mich beinahe der Schlag getroffen, denn links von mir, aus den Wiesen des Nachbarn, fauchte der erste Hahn: Tschu – hui; es ging mir durch Mark und Bein.

Es ist gewiß ein Vorrecht der Jugend, nicht warten zu können, einige Jahre später hätte ich mir in solchen Fällen mein Pfeifchen angesteckt und mich still an den Graben gesetzt, denn morgen wäre ja wieder ein Tag. Ich gebe aber zu, manch ein aufregendes Erlebnis, das mich mein Leben lang in der Erinnerung begleiten wird, hätte ich dann nicht gehabt, und so wird man verstehen, wenn ich damals in ungestümer Verzweiflung alle Vorsicht außer acht ließ und vom gesteckten Wege abwich, um quer durchs Moor in der Abkürzung meinen Stand zu erreichen. Es gelang auch wider alle Vernunft, aber als ich mich in mein Loch duckte, war ich durchnäßt bis auf die Haut und von Moor und Schlamm bedeckt bis an den Hals. Nur die Flinte war trocken geblieben, weil ich sie beim Waten durch die Torfstiche hoch über dem Kopf gehalten hatte.

Noch war ich damit beschäftigt, das Ansitzloch mit der Büchse auszuschöpfen, wodurch ich das Zähneschnattern vergaß, als es dicht vor mir in der Luft hart aufrauschte und ganz in der Nähe „Plopp“ sagte. Der Hahn war eingefallen. Ganz programmgemäß offenbar stand er auf der höchsten Erhebung des Lagerplatzes, keine 30 Schritte vor mir, und spielte sich ein. Zischte, fauchte, grugelte und blies, wie es sich gehörte für einen alten Platzhahn. Ganz tief duckte ich mich in mein Loch, und erst nach langer Zeit wagte ich es, vorsichtig über den Rand aus Törfen zu lugen, die ich schießschartenähnlich versetzt hatte, so daß ich nur ein Auge zu riskieren brauchte. Es mußte auch etwas geschehen, denn mir wie auch dem Hund schnatterten die Zähne so laut gegeneinander und beide bebten wir vor Kälte so sehr, daß es bald nicht mehr zum Aushalten war.

Ich muß offen gestehen, daß mir die Schönheit dieses Balzmorgens völlig gleichgültig war und ich nichts anderes mehr im Sinne hatte, als mein Leiden so schnell wie möglich zu beenden. Und da rächte sich Diana!

Als ich nämlich die Flinte langsam und vorsichtig in eine der Lücken zwischen den Törfen schob und den schwarzen Klumpen vor mir, der sich drehte und sprang, bald flach wie eine Eidechse wurde und sich durch das Gras schob, bald groß und dick war wie ein Sack mit Kartoffeln, auf das Korn aufsitzen lassen wollte, da zitterte und bebte ich wie Espenlaub im Sturm. Aber es war nicht die Aufregung, es war ganz allein die infame Kälte, die mich am ganzen Leibe schlottern ließ. Kaum hatte ich Hahn und Korn und Auge einigermaßen zusammengebracht, ließ ich den Schuß heraus, und im Knall und Feuerschein erhob sich mühsam flatternd der

Hahn, strich mit krampfigen Flügelschlägen über den Torfstich und fiel maustot mit ausgebreiteten Schwingen drüben zwischen Porst und Wollgras.

Und wie ich noch schaue und mich freue und einen Augenblick lang das schneller pulsierende Blut die Nässe und Kälte vergessen macht, da löst sich aus einer Krüppelkiefer vom Grenzgraben ein grauer Vogel, läßt sich fast auf das Moor fallen und streicht mit förderndem Schlag seiner Schwingen immer schneller auf meinen Hahn zu, bäumt sich in der Luft dicht davor, schlägt zu, erhebt sich samt seiner Beute nur ein weniges in die Luft und verschwindet hinter dem nächsten Torfhügel aus meinem Blick.

Das ganze ging so schnell wie des Gedankens Flug, grad verblieb mir die Zeit zum Staunen und Begreifen, nicht mehr zur Reaktion. Als ich soweit war, daß ich handeln konnte, wollte, war es zu spät. Es war zu allem zu spät!

Nachdem ich in einem großen Umgehungsmarsch um den breiten Moorgraben und die vollgelaufenen Torfstiche herumgekommen war, mochte wohl fast eine halbe Stunde vergangen sein. Was ich fand, waren klägliche Reste des Hahns, Teile der Rupfung, alles übrige hatte das Habichtsweib mitgenommen irgendwohin in die unendlichen Kiefernwälder. Alles, was mir blieb, war eine einzige scharf gebogene Sichel aus dem Spiel. Ich steckte sie mir hinter ein Bild an der Wand, aber das war nur ein schwacher Trost.

Für eine Zeit war ich mit den Göttern der Jagd zerfallen und stellte Büchse und Flinte in den Schrank, mochten andere die Sauen bekriegen und die Kaninchen in den Nelkenbeeten abschießen. Ich widmete mich ganz meinem Hund und seiner Ausbildung und leider auch meinen Finanzen, gezwungenermaßen, denn mit monatlich 80 DM Unterhaltszuschuß konnte man auch damals trotz stabiler Währung nicht leben. Ich mußte wenigstens vorübergehend Geld verdienen, um meine Ausbildung beenden zu können. Ich entschloß mich, meine Verbindungen nach Schweden auszunützen, um für eine Saison in einem Sägewerk zu arbeiten. Der 1. Juni wurde als Antrittstermin vereinbart, und selbst das Ministerium gab seinen Segen und wollte mir einen Teil dieser Zeit anrechnen, so daß ich nicht einmal so viel an der Ausbildung verloren hätte. Bis dahin aber war es noch mehr als ein Monat, und den nutzte ich aus, um aus dem „Hündlein unseres Referendars“ einen „Schweißhund“ zu machen.

Ich glaube nicht, daß die Förster sonderlich begeistert waren, als jedem von ihnen bei der nächsten Dienstbesprechung eine Flasche nebst Korken und reichlich Salz ausgehändigt wurde mit der Anweisung, jeden Schweiß einzufangen, mit dem Salz zu mischen und reichlich zu schütteln, damit er nicht gerönne und mir das Produkt so schnell wie möglich abzuliefern.

Schon nach einigen Tagen wurde das Wirschaftsland nebst angrenzendem lockeren Kiefernbestand Schauplatz meiner ersten systematischen Dressurübungen auf der künstlichen Schweißfährte. Wie man so etwas macht, hatte mir im Winter der bekannte Schweißhund-Wallmann gesagt.

Seinen Anweisungen getreu, zog ich am Abend mit der halbgefüllten Flasche los, nachdem ich den Korken durchbohrt und mit einem Federkiel durchstoßen hatte. Irgendwo auf dem Acker machte ich den „Anschuß" mit reichlich Schweiß und spritzte dann alle zwei Schritt einen Spritzer auf die Erde bis hin zum Waldrand, wo ich eine Kiefer markierte. So ging es dann weiter im Bestand, entlang des Zaunes bis in eine Ecke des Gatters. Die gesamte Länge der Fährte mochte 500 Meter betragen, wofür ich ungefähr einen viertel Liter Schweiß verbraucht hatte. In großem Bogen kehrte ich nach Hause zurück, legte mich ruhig aufs Ohr und kam mit dem Hündlein am nächsten Morgen nach dem Frühstück, also nach etwa 15 Stunden, an den Beginn der Schweißfährte.

Es war erstaunlich, wie schnell der Hund lernte, ganz ruhig am Riemen zu arbeiten. Lediglich eines erwies sich als etwas störend, nämlich, daß sie – wie übrigens die meisten Spaniels – kaum einmal auch nur 10 Meter unmittelbar auf der Fährte blieb, sondern es vorzog, durch Bögeln, also Hin- und Herschwenken über die Fährte, zu arbeiten. In dichterer Deckung hatte dies für den Führer den Nachteil, immer wieder umgreifen zu müssen, weil sich der Riemen verfing. Dagegen war es wieder sehr angenehm, daß ihre Arbeit immer dann von schnarchenden Kaugeräuschen begleitet wurde, wenn sie die Fährte kreuzte, woraus man deutlich merken konnte, daß sie richtig arbeitete.

Ob sich das in der künstlichen Praxis fast zu schnell Gelernte in der rauhen Praxis der Jagd bewähren würde, mochte der kommende Winter zeigen, jedoch eine Bewährungsprobe ganz anderer Art gab sie zu Beginn der Bockjagd, ganz kurz bevor ich nach Schweden abreiste.

Ich hatte den Morgen über in einem entfernten Revierteil in der Weyhausener Försterei gepürscht und einen geringen Bock geschossen, den ich dicht neben einem selten begangenen Fußweg versorgt hatte. Den Hund legte ich neben dem Bock ab und lief zum Forstamt, um mein Rad zu holen, mit dem ich das Stück transportieren wollte.

Nach etwa einer Stunde war ich zurückgekehrt und traute meinen Augen nicht, als ich, am Bocke angelangt, nicht nur diesen vorfand, sondern neben ihm am Boden liegend einen Landstreicher, auf dem seinerseits wieder der Hund lag, böse knurrend und mit gefletschten Zähnen zum Halse des Mannes. Der Kerl war dort vorbeigekommen, hatte den Bock liegen sehen und wohl geglaubt, das kleine Hündlein schnell vertreiben zu können, um sich das Reh zu schnappen, oder aber nur die Neugierde hatte ihn herangezogen – ganz wird es sich nie klären lassen, weil ich den Mann ohne viel zu fragen, laufen ließ. Jedenfalls hatte er sich in dem Hündlein ganz gewaltig getäuscht, denn dieses war ihm, ehe er sich dessen versah, vor die Brust gesprungen, immerhin abgeschnellte Wucht von 40 Pfund, worauf er die Balance verlor und damit restlos verspielt hatte. Der Mann hatte nach seiner Aussage einen halben Tag, in Wirklichkeit wohl kaum länger als eine halbe Stunde, unter dem Hund gelegen und sich nicht zu rühren gewagt, wobei ihm, wie bei dem herrschenden Wind unschwer festzustellen war, nicht nur das Herz in die Hose gefallen sein mußte.

Obwohl der Trixi niemand je diese Form des Angriffs auf Menschen beigebracht hatte, war sie auch hierin ein Naturtalent. Niemals ging sie dem Feind an die Beine, sondern sprang ihm entgegen, wobei sie entweder am Arm landete oder vor der Brust. Vor allem bei Radfahrern, die sie auf den Tod nicht ausstehen konnte, hatte sie es sich – nicht immer zu meiner Freude – angewöhnt, nach schrägem Anlauf sich abzuschnellen und im Ellenbogen zu verbeißen, was unweigerlich dazu führte, daß der Angegriffene vom Rade stürzte.

Durch diese Tat stieg die Hündin schon ganz wesentlich in der Achtung des Forstpersonals; sie war von da an schon wenigstens „Der Hund des Referendars".

Hiernach überließ ich sie der Güte der Frau des Forstmeisters und seinem Sohne und ganz besonders angelegentlich dem Küchenpersonal. Mit einem Minimum an Sorgen der Trixi wegen und mit einem noch größeren Minimum an Geld in der Tasche fuhr ich gen Norden.

Als ich im Dezember zurückkam, gab es viel zu erzählen, nicht nur von der Arbeit in der Flösserei und dem großen Sägewerk, vor allem aber von den kleinen Erlebnissen am Rande des recht harten Alltags, wobei natürlich die Jagdereignisse den breitesten Raum einnahmen. Wider Erwarten hatte es nämlich auch solche gegeben und gar nicht so knapp, denn ich entwickelte einen unerhörten Dusel in der Auswahl meines Vorgesetzten und in den Verbindungen meiner Eltern und Freunde zu verschiedenen Gutsbesitzern in Schonen und Östergötland.

Der Leiter des Sägewerks in Mittelschweden war ein außergewöhnlich gemütlicher und dicker Mensch, der neben zahlreichen anderen guten

Eigenschaften auch die hatte, daß er Bracken züchtete und mit ihnen, wann es nur die Witterung erlaubte, übte oder mit ihnen zur Jagd zog. Seine Hundepassion überstieg bei weitem die berufliche, und es konnte schon mal vorkommen, daß wegen mangelnder Dispositionen anläßlich einer ausgedehnten Jagdfahrt der sogenannte Spanturm, der das Brennmaterial für den Betrieb der Säge zu liefern hatte, leer wurde, worauf sämtliche Dampfaggregate mit leiser werdenden Pft-pft-pft ihren Geist aufgaben. Da auch der für den Kleinkram zuständige „Herr Verkmästare“ lieber zum Angeln ging als sich um die Säge zu kümmern, blieb es meiner armseligen Initiative überlassen, wie ich das Zeug wieder zum Laufen brachte. Hierzu dienten mir die – von mir so getauften – Stubenelefanten, zwei Arbeiter von wikinghaftem Hünenwuchs, aber sehr beschränkten Geistesgaben, die den Spanturm solange mit fertiggeschnittenen kiefernen Eisenbahnschwellen zu füttern hatten, bis die Anlage wieder lief. Als ich dem Sven meine Eigenmächtigkeit meldete, die gewiß die Rentabilität des Werkes nicht gerade erhöhte, schlug er mir dröhnend auf die Schulter: „Du Teufelskerl, hast du sie ordentlich schwitzen lassen, die Leute“, und auf meinen Einwand, daß es doch besser wäre, wenn man rechtzeitig Anweisung gäbe, so reichlich Schwarten zu zerhacken, daß der Betrieb für Tage laufen könne, meinte er bloß: „Ach was, bei diesen Preisen ist es so egal, was wir machen, sie kaufen alles zu höchsten Preisen, diese dummen Engländer!“

Glückliche Jahre der Hochkonjunktur!

Der Hund des Referendars

Und jetzt war ich wieder im Lüß, der Kamin brannte, Trixi lag auf meinem Schoß und war glücklich, und alles war so vertraut, als wäre ich niemals weggewesen.

Es waren erst wenige Tage vergangen, wir schrieben den 3. Dezember, als eines Morgens der Kutscher ganz wild ins Zimmer stürzte, wo der Forstmeister und ich gerade irgend etwas Dienstliches besprachen. „Herr Forstmeister, die Hirsche sind auf dem Wirtschaftsland im Gatter!“

Ja, nun aber schnell, Büchse, Mantel, Hund her, Stiefel anziehn. Im Laufen die Anweisung:

„Ich gehe an die Langseite des Zaunes, Sie treiben ganz langsam den

Rand durch, das Rudel muß mir dann breit kommen, warten Sie noch 10 Minuten!"

So machte ich es auch, aber das alte Leittier war nicht so dumm, am Zaun entlang zu marschieren, sondern führte ihr Rudel zunächst auf den Acker hinaus, um dann genau gegen den Wind senkrecht auf den Zaun hin zu flüchten, den alle Stücke – es waren im ganzen sechs – in einer Riesenflucht nahmen. Der Forstmeister stand leidlich günstig, ungefähr 100 Schritt von dieser Stelle entfernt, im hohen Holz und wurde eine Kugel auf ein Schmaltier los, das aber nur ganz kurz vorn zusammenknickte und mit dem Rudel weiterfloh. Meinen Hund hatte ich gar nicht an die Leine genommen im Gedanken, daß er im Wirtschaftsland keinen Unfug machen könne, und er war auch solange brav neben mir getrottet, bis er das Rotwild in die Nase bekam und schließlich auf dem Acker sogar sah. Da war die Trixi dann abgesockt, hatte sich unter dem Zaun durchgebohrt und war lauthals jiffend hinterher gestürmt. Wenn sie was taugt, sagte ich mir, wird sie das kranke Stück verfolgen und die anderen gehen lassen, aber wohin wird die Reise gehen, und wir standen hier ohne Fahrzeug.

Ich nahm also in strammer Haltung zunächst einmal den verdienten Anpfiff entgegen wegen des losgelassenen Hundes. Nach diesem der drängenden Zeit wegen recht kurz geratenen Exkurs in militärische Zeiten rannten wir zurück zum Forstamt, um das Auto in Gang zu setzen. Wir konnten nur hoffen, daß der Hund, wenn er das Schmaltier überhaupt gestellt hatte, es dann auch so ausgiebig und lange verbellte, bis wir heran wären. Zunächst einmal mußten wir in Richtung Dalle fahren, wo erst in mehr als 2 Kilometer Entfernung die ersten größeren Dickungen wuchsen.

Wir umfuhren also die nächste Jagenreihe und hörten nichts, wendeten in die übernächste Reihe, hielten mehrfach an, um angestrengt zu lauschen, aber es war immer noch nichts zu hören. Noch eine Jagenreihe weiter, jetzt also mehr als 3 Kilometer vom Anschuß entfernt, verlief ein breites Sandgestell, das der Brandgefahr wegen alljährlich aufgepflügt wurde und damit gleichzeitig als Spürbahn diente. Hier war dann auch die Grenze zur Klosterforst Lohe, die wir aber ruhig überschreiten durften, denn der Fiskus bewirtschaftete die Enklave mit. Dieses Lohe aber war nicht so fein säuberlich und (ein bißchen langweilig) in quadratische Jagen eingeteilt, sondern war eine Wildnis aus Porstmoor, Karpfenteichen, unbestockten Dünenrücken und fetten Lehmsenken in denen dichter Fichten- und Kiefernanflug wuchs.

In diese Wildnis hinein führte ganz klar sichtbar die Fluchtfährte eines

Stückes Rotwild und die Spur meines Hundes, die unter Wind dicht neben der Wundfährte stand. Das Schmaltier suchte also offenbar die verwirrenden Porstdickichte am Drellebach, wo es in Wasser und Moor dem Hunde leichter aus der Nase kommen konnte.

Das Auto konnten wir jetzt nicht mehr brauchen, die Wege wurden so schlecht, daß nicht einmal der VW sie schaffte. Wir ließen ihn also auf der Brandschneise stehen und liefen den Pürschsteig entlang, der in zahlreichen Windungen dem Drellebach folgt. Die ehemals hochkünstlich zu bewässernden Wiesen waren seit Jahrzehnten nicht mehr gepflegt worden, die Stauwerke am Bach verfallen – es lohnte nicht mehr. Nun nahm langsam aber stetig der Wald von allem Besitz. Erlen flogen an, trockenere Teile hatte sich schon die Kiefer erobert, die feuchten Senken waren vermoort oder mit mannshohem Bültengras bewachsen, zwischen dem in zahlreichen kleinen Blänken das Wasser stand. Überall dort, wo das Gelände einige wenige Zentimeter über das Normalniveau hinausragte, war der Wald zungenartig vorgewachsen. Diesen Waldzungen folgte der Pürschsteig. Wir waren um den dritten oder vierten der schmalen Anflugstreifen herumgelaufen, ganz verzweifelt schon, denn noch viel weiter konnte die Hatz nicht mehr gegangen sein, weil dann die großen Teichwirtschaften anschlossen, als wir beide wie auf Kommando stehen blieben. Hinter dem nächsten Streifen, nur zwei- oder dreihundert Meter von uns entfernt, erklang abgerissener, hämmernder Standlaut.

Wir trennten uns ohne viel Worte, ich turnte über ein verfallenes Wehr auf die andere Seite des Baches, der Forstmeister blieb auf dieser Seite. Dann schoben wir uns in Deckung der doppeltmannshohen Anflugkiefern allmählich nach vorn, und ich hatte das Glück, schon bei der nächsten kleinen Biegung des Baches weit hinuntersehen zu können und hatte einen Anblick, wie er mir nie wieder früher oder später zuteil wurde: Auf dem hölzernen Hauptbalken, der früher einmal als Widerlager für die verstellbaren Schotten des Wehres gedient hatte, die längst herausgebrochen waren, stand das Schmaltier auf drei Läufen und äugte hinunter in die Binsen, aus denen der Laut des Hundes kam. Dicht über dem Bachgrund lag ein feiner Nebel, der alle Formen zerfließen machte, aus dem nur die Spitzen der langen gelben Gräser herausschauten, und der Balken, auf dem das Stück stand, schien auf der weißen Fläche zu schwimmen. Der Hund mußte das Schmaltier wohl ständig umkreisen, denn es wendete und drehte sich auf seinen drei Läufen fast ununterbrochen und, wenn es auf dem schmalen Holz wendete, standen die Schalen so dicht beieinander wie bei einem Gams auf einer Felsspitze. Als es sich wieder einmal breit hinstellte, war ich gerade fertig geworden, hatte mich hinknieen können und gab ihm hoch aufs Blatt den Fangschuß. Mit einer weiten Flucht nach vorn, schon im Sprung sich überschlagend, fiel es laut aufklatschend ins Wasser des Baches.

„Trixi!" rief ich, „Trixi, komm!" Und aus Nebel und Moor erschien triefend mit glatt anliegenden Haaren, einer Wasserratte ähnlicher als einem Jagdhund, das gute Tier, jaulte einmal vor Freude auf, drehte um und stürzte sich wieder ins Wasser auf das Schmaltier, das im träge fließenden Bach an das Stauwehr geschwemmt war. Inzwischen war auch der Forstmeister herangekommen, wir wünschten uns gegenseitig Waidmannsheil und lobten umschichtig in höchsten Tönen die Arbeit des Hundes, der nach einer Hetze von 5 Kilometern noch fast 2 Stunden am Stück ausgeharrt hatte. So standen wir und redeten und redeten, fingen immer wieder neue Geschichten an, die uns einfielen, aber es war jedem von uns klar, daß wir ja irgendwann einmal doch ins Wasser mußten, um das Stück herauszuholen. Aber keiner wollte den Anfang machen. Weil der Vorgesetzte ja doch – fast – immer recht hat, schloß ich schließlich meine Rede und begann in die Drelle zu steigen.

„Nee", rief der Chef, „mir fällt eben ein, laufen Sie doch zum Petersbauer, der kann mit dem Trecker und einem Seil kommen, dann ziehen wir das Tier raus! Wir beide schaffen es doch sowieso nicht quer durchs Moor ohne Hilfe, und hier im Schlamm zerwirken, nein, das wäre eine Bärensauerei!"

Ich nahm also die Beine in die Hand und lief zu dem einsam gelegenen Heidehof, wo die Bäuerin gerade den Hof fegte.

„Anna, wo ist Onkel Hermann?"

„Hei bad' sick!" kam die Antwort.

Da wußte ich Bescheid, denn Onkel Hermanns Bad fand in der Küche statt. Er hatte sich auch richtig den hölzernen Zuber mitten in den großen Raum gestellt, mit heißem Wasser gefüllt und saß jetzt mit hochgekrempelten Hosenbeinen, die nackten Füsse im Wasser, auf einem herangerückten Stuhl und las dabei die Tageszeitung. Es wäre grundfalsch gewesen, einen Heidebauern so mir nichts dir nichts mit meinem Wunsch zu überfallen, während er solch wichtiger Tätigkeit nachging. Ich bot also nur die Tageszeit, setzte mich an den Herd und wartete, bis die Dinge sich von allein ordnen würden. Dies geschah auch recht bald, nämlich in dem Moment, wo der Bauer den gerade angelesenen Absatz in der Zeitung beendet hatte. Er schob die Brille von der Stirn auf die Nase, sah mich lange und scharf an und fragte schließlich: „So, wat giff't?"

Ich erzählte ihm, was nötig war und bat um seine Hilfe.

„Je dat's en Ding", sagte er, „du sühst ja, ick bad' mick grod, aber kiek mol in de Schün, dor steit de Bulldog, de kannst nehmen!“ Also schob ich los, warf mir den Trecker an, suchte nach einem Heuseil, fand es auch, und nach einer guten halben Stunde standen wir wieder auf dem Hof, von dem „fertiggebadeten“ Bauern mit einem großen Buddel Schluck – also Schnaps – dringend erwartet.

Es wurde eine sehr feuchte Nacht und ein denkwürdiger Heimweg bis zu unserem VW, den wir mehr durch Zufall als durch Wissen fanden, weil wir doch, einem dringenden Bedürfnis folgend, untergehakt gehen mußten und bei dem hierdurch entstehenden Hin- und Hergezerre mehr als einmal vom rechten Wege abkamen.

Von diesem Tage an war die Trixi endgültig der „Hund unseres Referendars“, und, wenn der Schweißhund mal gerade unabkömmlich war, wurde sie für notwendige Arbeiten herangezogen und hat uns nie enttäuscht, jedenfalls dann nicht, wenn wir ihrer Nase recht gaben und nicht unseren Dickkopf durchsetzen wollten.

Die nächste Geschichte ist schnell erzählt: Ich hatte bei einem winzigen Rest von Schnee, der nur an den geschützten Stellen an den Bestandesrändern liegengeblieben war, eine Rotte Sauen in einem Douglashorst festgemacht, der mit Leichtigkeit von zwei Schützen zu umstellen war. Der Forstmeister hatte seine Aira, eine finnische Dachsbracke, hineingejagt, und ihm waren ganz programmgemäß drei Überläufer gekommen, von denen er einen sauber über Kopf gehen ließ, ein anderer hatte die Kugel offenbar etwas weit oben bekommen, wahrscheinlich im Kamm. Die Sau schweißte erst stark, dann immer schwächer, und schließlich konnten wir mit dem Auge der Fährte nicht mehr folgen. Ich holte die Trixi.

Bei der Nachsuche erzürnten wir uns heftig, weil der Hund, nachdem er hier und da noch einen Tropfen Schweiß gezeigt hatte, plötzlich in scharfem Winkel aus der Richtung auf eine ausgedehnte Fichtendickung abwich und über eine dreijährige Kultur wollte, hinter der nichts anderes als Althölzer lagen, die kaum Deckungsmöglichkeiten boten.

Zwar noch immer unsicher über das Können der Trixi, die in den letzten Wochen eine Nachsuche ohne Erfolg abgebrochen hatte, blieb ich ausnahmsweise mal hart, und siehe da, nach ungefähr 1000 Metern führte uns der Hund in einem dieser Althölzer an eine Fichten-Voranbaudickung von einem halben Hektar Größe und strebte dort hinein. Ich nahm den Hund aber ab, umschlug die Dickung und stellte fest, daß der Überläufer noch stecken mußte, weil der Hund nirgends eine Fährte markierte. Also stellten wir uns an die Ecken und ließen den Hund los. Nach kurzer Zeit gab er Standlaut, ohne daß die Sau sich zu rühren schien.

Von hier an beginnt die Geschichte einer gewissen Komik nicht zu entbehren. Forstmeister Stahl in seiner Güte und wahrscheinlich auch schlechten Gewissens wegen des vorangegangenen Streites bestand darauf, daß er die Sau in der Dickung angehen wolle. Aus irgendeinem Grunde führte er an diesem Tage nicht seine Repetierbüchse, sondern ein kombiniertes Gewehr. Er lud in den Schrotlauf eine Brennecke und verschwand in der Dickung. Es dauerte dann auch gar nicht lange, bis ich hörte, daß der Hund eifriger wurde; dann fiel ein Schuß, und gleich darauf tönte es laut „Hilfe!" Ich schrie: „Soll ich kommen, Herr Forstmeister?"

„Nein, verflucht noch mal", rief es heraus, „ich hab' sie ja."

Er hatte sie aber nicht, sondern sie hatte ihn. Halb in Sorge, halb in Schadenfreude hörte ich von draußen zu. Die Stimme des Hundes überschlug sich vor Eifer, dann hörte ich ihn nur noch knurren, weil er an der Sau hing, dazwischen tönten das Blasen und Schnarchen des Überläufers und halberstickte Flüche des Forstmeisters. Der strampelte sich aber schließlich wohl doch frei, denn seine Stimme wurde wieder laut und erscholl weithin durch den Forst in der an litauischen Wilddieben langgeübten Stärke:

„Wart nur, du Beest, dir will ich kommen, da kennst du mich schlecht!"

Rrumms! krachte es in der Dickung, unmittelbar gefolgt von dem Ruf „Verfluchte Zucht, ich habe keine Patronen mehr!" Aber das Schreien und Schießen und der Hund in den Borsten mußten der Sau doch zu viel geworden sein, sie rückte aus und hatte das Pech, unmittelbar vor mir die Dickung verlassen zu wollen. Ich setzte ihr also eine Kugel vor den Kopf, als sie ihn eben heraussteckte, womit die Sache ein Ende hatte. Gleich darauf kam auch der Forstmeister, leicht zerkratzt und mit lädiertem Mantel.

„Wollte doch das Vieh ihren eigenen Chef umbringen", sagte er, „aber der hab ichs gegeben!"

„Nee, Herr Forstmeister", meinte ich, nachdem ich die Sau untersucht hatte, „Sie haben zweimal sauber vorbeigeschossen, und das auf drei Schritt!"

„Woraus man sehen kann, daß das Küken mal wieder klüger ist als die Henne", stellte er, leicht resignierend, fest, und damit waren Eintracht und Frieden restlos wiederhergestellt.

Diese Nachsuche beendete die Saison des Jagdjahres, wenn man von einigen Kaninchen absieht, die ich mit dem zur Teschingreife herangewachsenen Sohn des Forstmeisters buschierte – inzwischen ist er längst Oberforstmeister und Doktor gar und verwaltet selbst ein Forstamt in der Heide.

Auf Flugwild in Schweden

Ich fuhr im April nach Schweden ab und kam ohne Zwischenfälle bei Freund Gustav in Hovgården an und feierte meinen Einstand mit seiner letzten Flasche Whisky. „Aber“, so sagte er, „bald sollen wir einen ganzen Kasten smuggeln!“

Meine Arbeit war recht vielseitig. In der Hauptsache sollte ich in seinen Wald, der zum größeren Teil aus Grauerlen bestand, eine gewisse räumliche Ordnung bringen, das heißt, ihn durch Aufhiebe und Wege erschließen, die einzelnen Blöcke vermessen und ihre Nutzung festlegen. Meine zweite, mit besonderer Lust ausgeführte Arbeit, bestand darin, auf dem See, von dem er annähernd 2000 Hektar bejagte, die Zugstraßen der Enten festzustellen und an diesen Futterplätze und Jagdschirme anzulegen für die große Jagd im September. Später kam noch ein Auftrag der Forstlichen Hochschule dazu, nämlich den Schwanenbestand zu zählen und durch Abschuß von Jungschwänen zu reduzieren. Hierfür und überhaupt bekam ich die Sorge um die beiden Hunde von Gustav, nämlich die „Kiron“ und die „Tumme Lisa“, zwei englische Setter aus dem berühmten Zwinger Sövdeborg.

Wenn ich mich zurückerinnere, so waren die Monate, die ich auf und an dem See zugebracht habe, die schönste Zeit meines Jägerlebens. Der „Tåkern“, über den Bengt Berg sein Buch „Der See der wilden Schwäne“ geschrieben hat, hat eine Fläche von annähernd 5000 Hektar, von denen mehr als die Hälfte verschilft sind. An keiner Stelle ist der See tiefer als 2 Meter, in den Schilfbuchten stehen riesige Hechte, denn fast niemand nutzt die Fischerei, auf den unzähligen kleinen Inseln brüten Schwäne und Graugänse, darüber in den krüppelwüchsigen Kiefern der Fischadler. Im Rohr horstet die Weihe, rinnt der Otter, paaken und quäken Enten aller Arten. Im Herbst ist der See Rastplatz von Staren, verdunkelt sich buchstäblich der Himmel, wenn am Abend die Enten wie auf Kommando hochgehen, um auf dem Land die letzten Weizenfelder zu besuchen. Drei Tage darf dann auf dem See gejagt werden, dann ist wieder Ruhe für ein ganzes Jahr.

Alles, was ich tat, galt der Vorbereitung für diese drei Tage. Ab Juli lag ich tage-, wochenlang im Boot auf dem Wasser, geschützt durch Schilf, das ich über den Kahn geknickt hatte, und beobachtete, wie und wo die Enten zogen. Dann schleppte ich lange, flache Tröge hinaus, die ich an Pfählen verankerte, und schüttete Futter hinein, baute Plattformen im Schilf mit einer Sitzbank für zwei Personen, mit Stangen verkleidet, an die Schilf gebunden wurde, und in die ich Nägel schlug zum Aufhängen von Waffen, Kleidung, Patronenbeuteln. Ich mähte Gassen ins Schilf und kleine Blänken für den Einfall, um den Hunden die Arbeit bei der Nachsuche zu erleichtern.

In den ersten Wochen war ich, wenn die Sonne nicht schien und mir die Richtung wies, auf den Kompaß angewiesen, denn in Grün und Gelb und Grau verschwammen Horizont, Schilf und Wasser miteinander, und in den schmalen Kanälen, die das Rohr durchzogen und kreuz und quer, je nachdem wie sich Höhen und Tiefen im Seegrund wechselten, in Bögen und Krümmungen verliefen, konnte man sich so verirren, daß man Stunden gebraucht hätte, um wieder herauszufinden. Manchmal überfielen mich Gewitter, die unheimlich schnell über die Omberge am Horizont heraufzogen und sich über dem See austobten. Dann mußte ich das Boot auf eine der Inseln bringen, denn der flache See schlug so kurze und harte Wellen, daß man sich nicht hätte halten können, oder ich verzog mich weit hinein ins Schilf, schützte mich und die Hunde mit der Regenhaut und wartete, bis das Heulen und Rauschen in der Luft und im Rohr verebbten.

Vor den Hunden schoß ich wohlschmeckende Jungschwäne auf Anordnung der Behörde, die der Gänse wegen nicht mehr als ein Paar Altschwäne auf 100 Hektar dulden wollte. Ich war begeistert von der Arbeit dieser Setter, die weit über alles ging, was ich bisher an Wasserarbeit gesehen hatte. Durch Wink und Zuruf ließen sie sich lenken. Rechts, links, geradeaus waren Kommandos, die sie verstanden und ausführten.

„Nichts leichter als das“, sagte Gustav, als ich ihn fragte, wie er den Hunden diese Befehle beigebracht hatte. „Du mußt bei ihnen damit anfangen, wenn sie eben schwimmen lernen. Natürlich müssen sie gerne schwimmen, sonst geht es überhaupt nicht. Du schickst sie hinein ins Wasser und zeigst mit dem Arm nach vorn; ‚Geradeaus‘ rufst du. Sollen sie nach rechts schwimmen, dann läufst du dahin und zeigst auch so mit dem Arm und rufst: ‚Rechts! Rechts!‘ und ebenso natürlich bei links.“ Und dann grinste er: „Wenn du dies so tausendmal gemacht hast mit und ohne Wild, dann wirst du sehen, daß es klappt, aber wirf nie mit Stöckchen, so wie bei den Pudeln, dann wird der Hund, wenn er ein Wild nicht finden kann, ganz stolz irgendeinen Stock bringen später, und du bist der Blamierte!“

Anfang September war die große Jagd, ich war voller Spannung, Neugierde und Sorge, ob alles so klappen würde, wie es geplant war. Noch bei Dunkelheit bestiegen wir die Boote am Anlegeplatz und fuhren im langen Konvoi hinaus auf den See. Sieben Boote waren es mit vierzehn Schützen, die ich auf die sieben Plattformen verteilte. Nach einer Stunde war es geschafft, der Tag mochte kommen. Die Treiberboote würden nach dem Morgenstrich in See gehen und allmählich die großen Schilfleger draußen abklopfen. Gegen Mittag sollte Schluß sein, und dann würden die Hunde Arbeit bekommen, bis man zum Essen zurückfuhr, um am Abend in einem Weizenschlag den Abendstrich abzuwarten.

Ich stand in meinem Boot weit draußen und konnte, wenn ich mich über das Schilf reckte, die ganze weite Bucht einsehen, die wir abgestellt hatten. Mit dem ersten grauen Licht aus dem Osten begann der Entenzug, überall knallten die Flinten, und auch ich hatte lange Zeit reichlich zu tun und konnte kaum darauf achten, was bei den andern vor sich ging.

Als dann schließlich auch die Treiber ihre Arbeit getan hatten und es ans Einsammeln der Beute ging, hörte ich von meinem Nachbarn her ein greuliches Fluchen und Schimpfen. Ich stakte meinen Kahn hinüber und fragte nach der Ursache der Erbitterung.

„Das ist wie verhext!“ schrie Raoul, „Ich habe hier drei Enten in diese Schilfinsel geschossen, aber meine Hunde können sie nicht finden.“

Die Chance, seine berühmten Pointer auszustechen, war mir sehr verlockend, ich schickte also meine Hunde los und wagte nur noch bescheiden zu fragen:

„Die sind wohl geflügelt?“

Wütend kam die Antwort:

„Was sagst du da? Ich flügele keine Ente! Nein, mein Freund, niemals, sie sind steintot, aber die blöden Hunde können sie nicht finden.“ Die „blöden Hunde“ saßen mit eingekniffenen Schwänzen neben ihm auf der Plattform und schielten mit furchtsamem Auge auf ihren bösen Herrn.

„Na ja“, sagte ich, „das ist eben Wasserarbeit und keine Hühnerjagd, und deine Hunde kennen das nicht so.“

„Ach was, Wasserjagd, Hühnerjagd“, dröhnte er wütend, „sie sollen ja nur ihre dicken Nasen gebrauchen, svin, store häst, förbannade djävlar.“ Den Schwall südschwedischer Edelmannsflüche unterbrach hier aber bereits einer meiner Hunde, indem er aus dem Schilf mit der ersten Ente herauskam – sie war geflügelt!

Nach geringer Zeit kam auch der andere Hund mit einer Ente – geflügelt. Die dritte war es natürlich auch, sie hatte sich in einer Krautbank gedrückt und tauchte vor dem Hunde weg in unsere Richtung. Als sie nahe genug herangeschwommen war, konnten wir den Fangschuß anbringen. Stolz wie ein Spanier saß Kiron mit der Ente im Fang vor uns, und ich muß sagen, auch ich blähte mich wie ein Ochsenfrosch vor Freude.

Von dem auf der Sitzbank niedergebrochenen Raoul kam ganz leise und bescheiden ein Ruf: „Du, Karl?“

„Ja?“

„Das sollst du mir büßen, du kommst sofort mit mir zur Hühnerjagd, und da sollst du sehen, daß meine Pointer nicht schlecht sind.“

„Teufel von Hunden“, murmelte er noch, warf einen mißbilligenden Blick auf die armen, wasserungewohnten Tiere, schüttelte seinen großen Kopf, sah mich grinsend an, hieb mir auf die Schulter, daß es krachte:

„Und Grog werden wir trinken, daß du von innen genauso naß wirst wie jetzt von außen!“

Und damit hatte ich eine der berühmten Jagdeinladungen in der Tasche, nach denen sich so mancher vergeblich die Finger geleckt hat und von denen man sagt, daß sie alles, was sonst Hühnerjagd heißt, in den Schatten stellen.

Die drei Jagdtage waren vorübergegangen, wir hatten mehr als 1200 Enten geschossen, Hunde und Schützen waren gleichermaßen erschöpft. Nach einigen Tagen geruhsamer Arbeit, in denen wir die Enten sortierten und für den winterlichen Verkauf einfroren, fuhr ich voller Spannung in die gesegneten südschwedischen Gefilde. Nach dem versprochenen grogreichen Abend war es am nächsten Tage soweit.

Der rote Jagdwagen stand vor der Treppe des weißen Hauses, daneben wartete der Jäger mit fünf Pointern an der Koppel und sah zur Turmuhr hinauf, deren Zeiger auf Neun gingen.

Mit dem Glockenschlag schritten wir die Stufen hinunter, packten uns alle, Menschen und Hunde, in den großen Wagen, und schon rollten wir durch die sich gelbbraun verfärbende Kastanienallee hinaus in die Felder. Noch glänzten Klee und Stoppel in der frischen Morgenluft und im Tau.

Wir ließen die Hunde aus dem Wagen. Sie verteilten sich sofort über die riesigen Stoppelfelder mit Kleeuntersaat und begannen, wie nur Pointer es so vollendet beherrschen, flüchtig und raumgreifend mit hoher Nase und kurzen, scharfen Wendungen gegen den Wind in sich gegenseitig überlappenden Bögen zu suchen. Die weiß-schwarzen Hunde in edler Bewegung auf dem Goldgrün der Felder, da vorn der tiefgrüne Fichtenrand des Waldes und ganz weit am Horizont die golden verfärbten Buchen des Parkes – ich hätte am liebsten laut aufgejauchzt vor Glück!

„Da stehen Sie!“ rief der Jäger. Alle fünf Pointer standen nahe bei einem kleinen Wasserloch, wo nach der Ernte hohes Unkraut gewachsen war.

Wir stiegen aus, gingen heran, ließen den am weitesten vorn stehenden Hund einspringen, und eine Kette Hühner stand auf. Fünf schlugen nach den Schüssen auf den Acker.

„Das waren aber viele, down doch, Hunde!“

„Ja 21“, sagte der Jäger.

Wir hoben die Geschossenen auf, die Hunde blieben liegen und durften nicht apportieren. „Das ist so“, sagte Raoul auf meine Frage, warum er die Hunde nicht ans Wild lasse, „wenn du deinen Kopf in eine Schüssel mit Kaviar steckst, wirst du das Zeug bald nicht mehr mögen und nicht mehr riechen können. Die Hunde sollen feinste Wittrung wahrnehmen, und wenn sie, plauz, so mitten in die Hühner hineinfassen, dann können sie nichts mehr riechen, der ganze Kopf muß ja nach Huhn stinken.“

„Ja freilich“, sagte ich, „aber dann hast du eben Spezialisten und darfst nicht schimpfen, wenn sie eine andere Arbeit nicht können.“

Bald stand der eine Hund vor und bald der andere. Wirklich – Hühner gab es genug, immer wieder stiegen wir aus, ermunterten die Hunde zum vorangehen, immer wieder ging ein starkes Volk vor uns hoch, knallten die Flinten. So verging der Vormittag, wir bekamen Hunger und Durst, auch war der Wind ganz eingeschlafen. Die Sonne brannte über dem Feld – es war Zeit für eine Siesta und die unvermeidliche Pfeife.

Das Spiel der Wolkenschatten über den weiten Äckern, das langsame Ziehen ersten Altweibersommers, das Hecheln der Hunde neben uns im Gras – unbeschreiblich schöne und gleichzeitig auch wehmütige Erinnerung an die Heimat! Die Erde atmete Fruchtbarkeit, im Wasserloch neben uns quarrte ein später Frosch, am Himmel zogen Möven, sammelten sich die Schwalben, wir waren satt und glücklich, und unsere Reden wurden langsamer, schläfriger.

Nach zwei Stunden wachten wir auf, riefen die Hunde zusammen: „Volle Fahrt voraus!“ Und so begann die Jagd von neuem.

Jetzt kam ein großes Zuckerrübenfeld an die Reihe, wohl an die 70 Hektar; des Apportierverbotes wegen mußten die Hunde die Hühner hinausjagen in die Stoppeln. Es lagen auch mehrere Völker drinnen, und der Jäger beobachtete mit dem Glase, wo sie einfielen. Dann begann wieder das atemberaubend schöne Spiel mit den Hunden in vollem Lauf über den Klee, das plötzliche Herumwerfen, das vorsichtige Nachziehen und Umschlagen, das Sekundieren von allen Seiten, das Herangehen ans festgemachte Volk und schließlich das Schießen.

Als die Sonne nur noch spannenhoch über den Parkbuchen stand, wurden die Hunde matt, sie suchten jedes Wasserloch auf, und auch ihre Nasenleistung fing an nachzulassen.

„Genug!“, rief der Jagdherr, „wie sagt ihr doch in Deutschland? Quäle nie ein Tier zum Scherz, nicht wahr?“

Auf dem Rasen vor dem Schloß legten wir Strecke, jedes zehnte Huhn eine Länge heraus, und die Hunde setzten sich in Linie dahinter. Dann brachte der Jäger eine große Schüssel mit Futter, leerte sie auf den Rasen und während die Hunde ihr Curée hatten, wurde uns der große Humpen, gefüllt mit Mosel, dem Saft von Orangen und einer Flasche Selters, gereicht.

Auch diese Sitte, fand ich, hat Stil und ist der Nachahmung wert. Zum Essen, wie konnte es anders sein, gab es Hühner und während die Reden nach Art des Landes beim Nachtisch munter hin- und herflogen, durchlebten wir den ganzen Tag in seiner Fülle noch einmal. Dann standen wir lange am offenen Fenster, als draußen die Nacht herniedersank. Von ferne hörten wir, wie die alten Hähne ihre Völker zusammenriefen, aus denen wir mehr als hundert Stück herausgeschossen hatten.

Als ich in Hovgården ankam, war Gustav ganz aufgeregt, denn im Moor hinter dem Vättersee, das er angepachtet hatte, waren die Bekassinen aus dem Norden angekommen, und auch die Gänse fingen an, sich zu sammeln, es war höchste Zeit zur Jagd.

So fuhren wir am nächsten Morgen mit den Hunden, reichlich Patronen Nr. 9, zwei Flaschen Whisky und Mundvorrat nach Vadstena am Vättersee, wo Gutsav sein Motorboot liegen hatte, ein hochgezüchtetes Zweikabinenboot mit 150-PS-Chryslermotor, verstauten alle Dinge an ihrem Platz und schipperten die 25 Kilometer über den See. Es wehte ein ziemlich steifer Wind von Westen und brachte hin und wieder Regenböen, mit Graupel gemischt, mit. Die Hunde, die das Schaukeln nicht so recht mochten, hatten sich in die Kabinen zurückgezogen, wir standen im Ruderhaus und tranken aus der Flasche gegen eine eventuelle Seekrankheit, die sich auch nicht einstellte, vor allem wohl aber deshalb, weil unterwegs der Wind fast völlig einschlief, was wir aber erst merkten oder merken wollten – solche feinen Unterscheidungen werden, am Grunde der Flasche angekommen, recht schwierig –, als wir drüben an einem Felsen in einer natürlichen Bucht Anker warfen.

Es war noch sehr früh am Morgen, wir hatten den ganzen Tag vor uns. Also legten wir uns, um die gehörige Zielsicherheit wiederzugewinnen, erst mal aufs Ohr. Als wir aufwachten, war es hoher Tag, die Sonne schien über dem braunen Moor mit seinen Zwergbirken, und ein ganz leichter Wind kräuselte die Oberfläche des Sees. Mit den Hunden um die Wette gähnend, sammelten wir unser Zeugs zusammen, schlossen das Boot ab und wateten an Land.

Wie war die Welt doch schön! Hinter uns die fast unberührte Fläche des Sees, weit vor uns die Omberge mit ihren Tannenwäldern und dazwischen das weite Moor. Wie gut, daß ich Segeltuchschuhe anhatte und ebensolche Hosen, darüber das Hemd, um den Hals die Jagdtasche mit Patronen und auf dem Rücken einen zwirnenen Rucksack. Durch den Regen hatte sich das Moor so richtig vollgesogen, mit jedem Schritte fast versanken wir bis an die Knöchel, und, wenn es uns zunächst in unserem leichten Zeug auch noch recht kalt vorkam, das mühsame Waten und Springen machte uns schnell warm – und dann noch die Aufregung der Jagd!

Mein Gott, was gab es an Bekassinen! Die Hunde gaben das Vorstehen sehr bald auf, markierten höchstens ganz kurz, denn es waren jedesmal ganze Schwärme, die auf einmal aufflogen, mit heiserem „kätschkätsch" fortzickzackten, um mit dem Winde hoch oben wiederzukehren. Zuerst schoß ich ganz scheußlich vorbei, übereilte mich jedesmal, wenn solch Bukett vor mir hochging, schließlich kriegte ich aber den Bogen raus, ließ die Vögel weit genug abstreichen, bis sie entweder ihr Zickzackspiel einstellten oder der Durchmesser der Schrotgarbe so breit war, daß er deckte.

„Kiron" suchte meist weiter vor uns, „Tumme Lisa" dicht vor unseren Füßen, Gustav ging rechts, ich links, wenn man das, was wir taten, Gehen nennen kann; es war mehr ein Waten und Springen, ein Hüpfen oder ein mühsamer Kampf mit dem zähen Moor um unsere Knöchel. „Schnarr", geht wieder ein Flug Bekassinen vor mir hoch. Schuß nach rechts! liegt, Schuß nach links – ja, es wäre so schön gewesen, aber da war ein Moorloch unter meinem Fuß, und in der Drehung rutschte ich hinein bis ans Knie. Geladen und ein paar Schritte voran, da stößt Kiron zwei Vögel heraus, sie ziehen schräg auf uns zu. Wir schießen beide, aber ich war wieder zu schnell gewesen, Gustav schafft es jedoch, und Kiron bringt beide Vögel auf einmal, rechts und links hängen sie ihr aus dem Fang.

Aber . . . „akta dig", ruft Gustav; ganz hoch kommen zwei Bekassinen zurück, sehr, sehr hoch sind sie. Also Stand gefaßt, hoch die Flinte, vorschwingen, vorschwingen: Schuß! Der Vogel klappt im Fluge zusammen und kommt in weitem Bogen, vom Winde sanft getrieben, herunter. So erstaunt bin ich über den weiten Treffer, daß ich die zweite Bekassine vergesse. „Ha", schreit Gustav, reißt seine Flinte hoch, schießt, und es ist fast unglaublich, die Bekassine fällt! „So schießen wir hier in Östergötland!“, ruft er mir zu und ist mächtig stolz. Das wurmt mich natürlich, und ich sinne auf Rache. Bevor ich aber zum Zuge komme, falle ich noch mehrfach in verschiedene Moorlöcher, werde schwarz bis an die Nasenlöcher, schieße noch einige Bekassinen und eine Menge vorbei, und dann rasten wir irgendwo in der weiten Wildnis zwischen ein paar Felsbrocken. Wir essen unsere Brote, ruhen ein bißchen, haben unsere Sachen auf die Steine gelegt zum Trocknen; im Windschatten und in der Sonne ist es herrlich warm, fast wie im Hochsommer. Nach einer Stunde sind Kleider und Hunde trocken, jetzt jagen wir in weitem Bogen zurück zum See. Der Wind hat wieder aufgefrischt, von Westen kommt eine schwarze Wolkenwand, in den Böen singt das Moor ein schauriges Lied, pfeifen die Äste der Birken eine schrille Melodie.

Wir schießen jetzt sehr schlecht, die Bekassinen werden vom Winde an die Erde gedrückt, ihre Flugbewegungen werden noch verrückter als sonst, und außerdem fangen wir an zu frieren, denn nun ist auch die Sonne in den Wolken verschwunden, plötzlich ist wieder Herbst.

Da geht vor mir, direkt vor meinen Füßen, als ich um eine Gruppe von Steinen herumtrete, hinter denen ein kleiner Tümpel mit etwas Schilf gegen die Verlandung kämpft, ein Flug Gänse hoch. Zwei fallen auf das Wasser, in fieberhafter Eile lade ich wieder, schieße auf die letzte Gans, die schräg ins Moor flattert. Die anderen machen einen kurzen Bogen, um gegen den Wind in die Höhe zu kommen.

Ich habe mich hinter einen Stein geworfen, die Hunde liegen flach auf der Erde, aber die Gänse eräugen uns doch und drehen ab. Mich aber reitet der Versucher, und, wenn es auch höllisch weit ist, ganz, ganz weit vorn abgekommen, vielleicht erreichen die Schrote den Hals. Zweimal drücke ich ab und „So schießen die deutschen Förster!“ Zwei Gänse fallen tatsächlich herunter, beide haben die Schrote auf Kopf und Hals.

Wir sammeln die Vögel ein, an denen wir ziemlich zu schleppen haben, die Rucksäcke drücken, und wir schießen noch schlechter als vorher. Außerdem ist der Wind inzwischen zum Sturm geworden, und eiskalte Tropfen peitschen uns ins Gesicht. Darum machen wir Schluß und eilen in gerader Richtung zum Boot zurück. Auf dem See muß der Teufel los sein, wir hören sein Brüllen von weitem, sehen, wenn wir auf einen kleinen Hügel treten, seine gischtschimmernde Oberfläche.

Jetzt aber bekam Gustav Angst um sein Boot, das nur an einem Anker hing, geschützt zwar durch eine Art natürlichen Hafens, aber trotzdem könnte es sich losreißen ober an den Felsen schlagen. Wir rannten also, so schnell wir konnten, zum See hinunter, die schweren

Rucksäcke schlugen mit jedem Sprung ans Kreuz, Flinte wird zur Balancierstange, Lungen pfeifen, Muskeln schmerzen und dann fing es auch noch an zu regnen, zu schütten, zu gießen. Pudelnaß erreichten wir das Boot, zogen es näher an den Felsen, warfen einen zweiten Anker, ließen die Rucksäcke, so wie sie waren, an Deck liegen und polterten triefend die Treppe zur Kabine hinunter.

Da war es gemütlich und warm, wir zogen uns trockenes Zeug an, brachten die Lampe in Gang und den Gasherd und machten uns heißen Tee. Die Hunde legten sich unter die Schlafkojen und leckten sich trocken, schliefen bald fest und verbreiteten zusammen mit dem Duft des Tees, der Öllampe und dem Gas, dem Teergeruch des Schiffes und dem Rum, mit dem wir den Tee aufnordeten, eine Geruchsmischung, der jeder Fremde das Prädikat „Nur für harte Männer“ neidlos zuerkennen mußte.

Das Schiff dümpelte und riß an den Ankerketten, daß uns langsam recht eigentümlich plümerant wurde, was wir beschlossen, mit kräftigen Schlucken puren Whiskys zu bekämpfen. Dann fielen uns die geschossenen Vögel ein; wir krochen an Deck, bündelten die Bekassinen und hängten sie an den Mast und banden die Gänse an die Halterungen der Positionslampen.

Nun kamen wir erst so richtig zur Ruhe, machten uns was zu essen, tranken mehr Whisky, rauchten, tranken noch mehr, erzählten uns die tollsten Geschichten und tranken immer noch mehr. Und so langsam wurden wir, wie man in der Lüneburger Heide sagt, sticke duhn.

Aber da bekam Gustav noch einen klaren Moment, fuhr vom Sitz hoch und rief mit flammendem Blick: „Jedoch, am Morgen früh um 9 Uhr soll ich einen Reden halten vor dem Bauernverbandet, aber ich bin verloren im See!“ Starrte vor sich hin, trank noch einen mächtigen Schluck aus der Flasche, sah mir tief ins Auge und rief: „Und nun sollen wir starten!“

Und dies war entschieden die verrückteste Idee, die ein Mensch haben konnte, denn das Wetter heulte fürchterlich, und der See brüllte. Deshalb trank auch ich noch einen Schluck – schließlich hatte ich ja den Krieg mitgemacht, schlimmer konnte es nicht kommen – setzte die Lampen, holte die Anker ein und kletterte ins Ruderhaus, wo Gustav schon den Motor angelassen hatte.

Es wurde die furchtbarste Seefahrt meines Lebens, und, daß wir nach fünf Stunden schließlich leidlich heil in Vadstena ankamen, wo wir für die Herfahrt nur 50 Minuten gebraucht hatten, war mehr ein Wunder als seemännische Geschicklichkeit. Wir hatten uns beide im Ruderhaus angebunden, fuhren in rabenschwarzer Nacht nur nach Kompaß und Bugscheinwerfer, sahen minutenlang überhaupt nichts, wenn mehrere Brecher nacheinander über das Boot gingen. Dazu heulten die Hunde in Todesangst und kotzten ununterbrochen, ächzte und stöhnte das ganze Boot, quietschte die Lenzpumpe, die pausenlos gegen das eingeströmte Wasser ankämpfen mußte, sang Gustav mit schrecklich falscher Stimme altschwedische Lieder, vermutlich aus der Wikingerzeit.

Erst nachdem wir in dieser Nacht die zweite Flasche Whisky annähernd geleert hatten, sahen wir das Licht der heimatlichen Mole, gelangten wir in ruhiges Wasser. Dann aber kam die Reaktion auf alle Strapazen und Alkohol, wir klappten einfach zusammen, warfen uns in die Betten, nur die Hunde verließen fluchtartig das schreckliche Schiff. Wir fanden sie am Morgen unter dem Auto liegen. Bei Tageslicht zeigte sich die ganze Bescherung: Irgendwo unterwegs in einer engen Folge von Brechern war der Mast über Bord gegangen – undeutlich erinnerte ich mich an ein besonders hartes Krachen im Holz bei einem Aufschlag in ein Wellental – und mit dem Mast alle Bekassinen, mehr als 50 Stück, und von den Gänsen am Ruderhaus war noch eine einzige da, die anderen hatten die Sturzseen über Bord gerissen.

Aber diese eine haben wir uns herrlich schmecken lassen, denn sie war jung, zart und besonders dazu geeignet, einem alten Pommard die richtige Unterlage zu geben.

Dieser Sturm, der die Zugvögel an den Winter erinnerte, blies auch mir die Abschiedsmelodie. Von einem Gut zum anderen jagte ich mich sehr allmählich nach Süden, schoß die hohen Hähne in Trollenäs und jagte mit den beiden Königspudeln in Skarhult – fast bin ich versucht zu sagen, es waren die besten Stöberhunde, mit denen ich je jagte – folgte der Spanielmeute bei Karlstad durch die Dickungen, um zu lernen, wie man eine Hundemeute als Treiber einübt. Dann aber war es höchste Zeit, nach Hause zurückzufahren, denn ich hatte einen Hirsch freibekommen, den ich nach der Brunft schießen sollte.

Jagdliches Allerlei bei den Heidjern

So pürschte ich dann schon bald, wieder mit der Trixi vereint, in den wilden Jagen vor dem Moor, saß auf den Quergestellen und auf einfachen Leitern, die ich mir in die Fichten gestellt hatte, und wartete auf meinen Hirsch.

Es war am 16. November, als ich wieder einmal dort unten angelangt war und mich dicht vor der Grenze in einen Abzugsgraben hocken wollte. Aber irgendein Gefühl, ein sechster oder siebter Sinn, zwang mich, einen Umweg zu machen durch ein fast 200jähriges Altholz, das auf einer schmalen Rippe, einem Dünenrücken, steht, von dem aus man entlang der tiefergelegenen Rabatten einen weiten Einblick in die dort wachsenden Fichten hatte. Die Abzugsgräben dieser Rabatten waren ungefähr zwei Meter breit, alle zwanzig Meter war solch ein Graben angelegt worden, der das Oberflächenwasser in einen Hauptfluter abgeben sollte. Der Hauptfluter war aber im Laufe der Zeit verfallen, und so staute sich das Wasser weit zurück, was den Fichten schlecht bekam, so daß sie entweder abstarben oder vom Winde geworfen wurden. Hierdurch waren zahlreiche kleine Blößen entstanden, auf denen das Rotwild gern stand.

An diesem Tage war Westwind, und, wenn ich Glück hatte und vorsichtig pürschte, bestand eine gute Chance, im Westteil der Fichten zu Anblick zu kommen.

Aber ich hatte kein Glück, das Wild stand im Ostteil, denn kaum war ich hundert Meter auf dem Dünenrücken vorangekommen, als ich es links von mir knacken und brechen hörte, Stangen klapperten und strichen an Ästen entlang. Eigenartigerweise aber nahm das Rudel nicht den sonst üblichen Wechsel in Richtung auf eine große Dickung, sondern zog parallel zu mir quer durch die Fichten immer weiter in das tieferliegende Gebiet hinein, das schließlich in Hochmoor überging. Ich rannte also voran, so schnell ich konnte, um am Ende der Fichten, dort, wo auch die Gräben aufhörten und der Bestand in lockerstehende Krüppelkiefern überging, wenigstens noch aus der Ferne einen Blick auf die Hirsche zu werfen. Die waren natürlich schon lange an dieser Stelle vorbeigetrollt, und ich sah nur noch auf weite Entfernung die Spiegel von vier Hirschen, die im Gänsemarsch durch das immer tiefer werdende Moor jetzt ganz langsam in Richtung Grenze zogen.

Die Chance war vertan, und ich hätte eigentlich nach Hause gehen können, aber ich war zu faul dazu, außerdem war ich durch die Rennerei etwas erschöpft, also hockte ich mich an den Fuß einer der letzten starken Kiefern gerade dort, wo der Dünenrücken sich ins Moor absenkte. Es geht mir oft so, daß ich in einer verpatzten Situation ziemlich lange brauche, um mich zu einem neuen Entschluß aufzuraffen. Es liegt wahrscheinlich daran, daß ich mich zu stark auf die geplante Lösung konzentriert habe und sich dann Körper und Geist nur langsam umstellen können. Ich nenne es „Kraft sammeln“ und sitze dann mit geschlossenen Augen und bemühe mich, an überhaupt nichts zu denken, also völlig abzuschalten. Ganz von selbst steigt dann aus dieser Form partieller Bewußtlosigkeit ein neuer Entschluß.

Ich saß also an meiner Kiefer tief in Nicht-Denken versunken, hatte die Augen halbgeschlossen und den Kopf auf die hochgezogenen Knie in die gefalteten Arme gelegt. Plötzlich schreckte ich auf, es hatte im Wasser geplantscht. Vor mir, auf gut 200 Meter zogen die Hirsche, die auf ihrem Marsch durchs Moor gestört worden sein mochten, quer zu mir in die Fichten an meiner rechten Seite. Näher würden sie nicht kommen, wenn sie den gleichen Wechsel beibehielten, der sie zwischen sehr locker stehenden, kaum mannshohen Krüppelkiefern auf einer kleinen Erhöhung zur Dickung führte. In dem schütteren Bestand konnte ich sie gut ansprechen, obgleich das Licht schon stark nachließ. Es waren alles junge Hirsche, Achter und Sechser, aber der Letzte schonte stark auf einem Hinterlauf, es war auch der Älteste, und ein Abschußhirsch war es auch, ein vielleicht 5- bis 6jähriger ungerader Achter. Er war es auch, der das Plantschen im Wasser verursacht hatte, denn er konnte den linken Hinterlauf kaum gebrauchen, tunkte mit ihm zwar in der Bewegung mit, aber setzte ihn überhaupt nicht auf.

Verdammt weit für die alte 8×57 IS, versuchen sollte ich es aber doch. Ich warf mich lang hin, nahm eine der Wurzeln der Kiefer als Auflage, wartete bis die Hirsche eine breitere Lücke überqueren mußten, ging im Ziehen der Körper mit und hielt hoch oben im Rücken an.

Nach dem Schuß trennte sich der lauflahme Hirsch sofort von den anderen, die vorwärts in die Fichten stürmten, machte im spitzen Winkel kehrt und verschwand nach einhundert Metern aus meiner Sicht, ohne langsamer geworden zu ein. Ich glaubte aber Kugelschlag gehört zu haben und meinte, er wäre im Schuß zusammengeruckt, aber ich konnte mich auch getäuscht haben.

Ich merkte mir an einigen Bäumen die Richtung zum Anschuß, markierte sie mit dem Stiefelabsatz im Sand vor mir, legte einen starken Kiefernast an den Baum, von dem aus ich geschossen hatte, ging los und zählte die Schritte bis an den kleinen Rücken, auf dem die Hirsche gezogen waren. Wie man sich doch verschätzen kann im Moor in der Dämmerung, wenn Bültengras und Wasser und Äste miteinander verschwimmen. 284 Schritt zählte ich, als ich in der Gegend des Anschusses ankam, 284 Schritte, das sind bei meiner Länge 250 Meter, und die Büchse war auf 100 Meter eingeschossen, also wird die Kugel, wenn sie überhaupt sitzt, trotz allem noch ziemlich tief sitzen.

Dann fand ich die Eingriffe der Hirsche, suchte hin und her nach dem Absprung des beschossenen Achters, aber ich fand nichts mehr, es wurde zu dunkel. So brach ich ein paar Äste ab und steckte sie zur Pyramide zusammen – hier würde ich morgen mit dem Hunde anfangen.

Über Nacht entstand jene gern beschriebene, geradezu klassische Situation, es regnete nämlich, und zwar nicht zu knapp. Mit einem ganz schlechten Gefühl fand ich mich mit der Trixi am Anschuß, beziehungsweise in dessen Nähe, ein und beschloß, diese Nachsuche so vorsichtig anzufangen, daß ich möglichst wenig vertrampelte, damit eventuell der Schweißhund noch angesetzt werden konnte.

Immerhin fand ich nach kurzem Suchen die tiefen Eingriffe des beschossenen Hirsches an der Stelle, wo die dünne Humusauflage aus Moos und Rentierflechte auf der Düne in die dicken Polster der Sphagnummoose des Moorrandes übergeht. Schweiß war natürlich nicht zu finden, aber das hatte ich anders nicht erwartet nach dem Regen, der noch immer, mit Schnee gemischt, herunterströmte. So feindlich das braune Moor auch vor mir lag, ich mußte hinein und mich ganz auf den Hund verlassen, denn schon nach wenigen Metern stand hier und da das blanke Wasser und hatte alle Spuren verwischt.

Der Hund fiel die Fährte mit Begeisterung an, ich konnte den Riemen etwas kürzer nehmen, um nichts zu versäumen, was er mir zeigte. Aber schon nach 50 Metern wurde die Sache schwierig, nicht etwa, weil der Hund nicht mehr weiter wußte, sondern weil mir das Wasser von oben in die Stiefel lief und ich von Bülte zu Bülte springen mußte, um nicht noch tiefer zu versinken. Der leichte Hund krabbelte und paddelte über das Moor in unvermindertem Eifer. Hin und wieder sträubten sich mir die Haare vor Kälte und – um ehrlich zu sein – auch vor Angst, wenn ich fast bis zum Gürtel versank, und ich fing an, mir über meinen Leichtsinn Gedanken zu machen, hier ganz allein herumzukriechen. Aber wo der Hirsch mit seinen 150 Kilo durchgekommen war, mußte ich es mit 80 wohl auch schaffen, nur ging es bei mir eben nicht so schnell, und das ist wohl der Witz bei der Sache. Denn ich erinnerte mich an die Elchjagden in Schweden, wenn diese schweren Riesen über dem Moor zu schweben schienen, wo wir Menschen uns schon lange nicht mehr hinzutrauen wagten.

Inzwischen erreichten wir den tiefsten Punkt im Moor oder den höchsten, je nachdem, wie man es nimmt, denn so ein Hochmoor ist gewölbt wie der Deckel eines Uhrglases. Hier stand das Wasser so hoch, daß auch die Trixi streckenweise schwimmen mußte und einer Ratte sehr bald ähnlicher war als einem Spaniel. Sobald sie aber solche kurze Schwimmstrecke überwunden hatte, bögelte sie sich wieder zurecht, fand an den Moosen und Schmielengräsern irgendwelche Hinweise und zog mich weiter. Endlich kam der erste flache Höhenrücken, auf dem in dichtem Polster die Doppheide – echte Erica – wuchs, und hier fanden wir den ersten Schweiß, abgestreift an den dürren Ästen einer kleinen Kiefer.

Gott sei Dank, diese 400 Meter waren nicht umsonst gewesen!

Der Hirsch war nun aber leider nicht den Höhenrücken entlanggezogen, sondern hatte diesen nur überquert und war wieder ins Moor hineingestürmt. Und jetzt wurde es, wie man so zu sagen pflegt, kriminell, denn vor uns lag eine Reihe von uralten Torfstichen, die nur ganz dünn mit Schwimmoos zugewachsen waren, teilweise uns aber auch blank und schwarz und böse ansahen. Ich nahm mir eine von Sonne und Regen gebleichte abgebrochene Kiefernstange in die linke Hand, hieß den Hund weitersuchen und stocherte mit dem Stämmchen vor mich hin im Moor, wenn seine Farbe zu gleichmäßig wurde, seine Decke zu eben und damit verriet, daß es an dieser Stelle tief würde. So ging es weiter, hüpfend, stolpernd, kriechend, watend immer weiter hinein in die braune Einöde, bis es an einem alten, verfallenen Abzugsgraben nicht mehr weiter ging; das Wasser wäre mir bis über den Hals gegangen. Vor mir am Riemen schwamm der Hund hinüber und suchte nach dem Fortgang der Fährte, ich stand auf dieser Seite und überlegte, wie ich den Graben umgehen könnte. Dabei stand ich bis über die Knie im Wasser, und die braune Brühe floß an mir herunter. Wie ich mich drehe, um wieder auf den Grabenrand zu kommen, und mein Bäumchen herumschwenke, damit ich mich abstützen kann, bleibt es an einem Ast im Graben hängen. Doch wie ich näher hinsehe in das braune Wasser durch die weit überhängenden Binsen hindurch, da ist es gar kein Ast, sondern die Gabel aus der linken Stange des Hirsches. So, da liegt er, war mein erster Gedanke und jetzt sollte eigentlich die Freude kommen über den Schuß, über die Arbeit des Hundes, über die bestandenen Strapazen – aber es kam nichts dergleichen, Freude ist an ein gewisses Wohlbefinden gebunden, wenigstens an ein Minimum davon, mir aber war nur noch kalt, nichts als kalt. Und ich war müde und wollte mich setzen, aber das ging nicht, ging nirgends, so weit ich sehen konnte. Dann überlegte ich, wie ich samt Hund und Hirsch aus dieser scheußlichen Situation herauskommen könnte, und war gottlob weise genug, nicht allein zu versuchen, mit der Sache fertig zu werden. Also steckte ich mein Bäumchen als Markierung an den Grabenrand, zog den Hund Hand über Hand, wie man Boote an einer Leine an Land zieht, über den Graben herüber, denn er plantschte und watete noch immer an der anderen Seite, um die Fährte zu finden. Dann nahm ich ihn auf den Arm und stolperte mühsam den verfallenen Grabenrand entlang, bis ich aus dem Moor herauskam. Dann war ich mit meinen Nerven und meiner Kraft am Ende, ich schlotterte derart, daß ich nicht mehr gehen konnte.

Es war wie in Rußland, wo ich im Winter 1943 auf einer Patrouille abgeschnitten wurde und in die eiskalte Sinjucha springen mußte, in der ich mich eine Stunde lang im Schilf vor den suchenden Russen verbarg. So wie damals suchte ich mir auch heute trockenes Holz zusammen, fand auch wirklich noch brauchbare Streichhölzer und machte mir ein Feuerchen, an dem ich bis Mittag saß und mich und meine Sachen trocknete.

Wie es weiter ging mit dem Hirsch?

Nun, ich lief zur nächsten Teichwirtschaft, holte Hilfe und Fischerstiefel, dazu ein paar Seile, und dann haben wir den Hirsch zu dritt aus dem Graben herausgeholt und aufs Land geschleift. Meine Kugel saß tiefblatt, hatte natürlich keinen Ausschuß gegeben, war zwischen zwei Rippen hindurchgefahren dicht hinter dem Herzen hindurch und saß wenig deformiert unter der Decke auf der anderen Seite. Die alte Verletzung war ein Schuß durchs Sprunggelenk, wahrscheinlich noch gar nicht so lange her, denn die Kallusbildung hatte eben erst begonnen.

Dies war und blieb meine anstrengendste Nachsuche. Es hat mich in den nächsten Jahren oftmals dorthin gezogen, ich habe mich dann an die Kiefer gesetzt, von der aus ich geschossen hatte, und habe in der Erinnerung noch einmal die Stunden an mir vorbeiziehen lassen, in denen die Jagd mir und dem Hund die letzte Kraft abverlangt hatte.

An dieser Kiefer habe ich später auch die Trixi begraben, nachdem sie von einem Schäferhund zusammengebissen worden war, daß eine Heilung nicht mehr möglich schien.

Noch aber lebte sie und war erst 4 Jahre alt. Sie hat sich von dieser Nachsuche an über ein Jahr lang pflegen können, denn ich mußte unter die „Streber“ gehen und mich auf das Staatsexamen vorbereiten.

Durch dieses Examen wird der Forstmann zum Menschen, denn von da an kann er es normalerweise übersehen, wann und vielleicht sogar wo ihm die Dauerstelle blüht. Mir ging es durchaus nicht so, denn ich gehörte nicht zu jenen Bevorzugten, die eine Annahme für den Staatsdienst in der Tasche hatten, und mußte schauen, wie ich unterkam.

Mit dem Zeugnis über die bestandene Prüfung erhielt ich sinnigerweise zugleich den berühmten blauen Brief der Staatsforstverwaltung, wonach sie sich nunmehr nach beendeter Ausbildung zu nichts mehr verpflichtet fühle.

Zum Glück bot sich mir eine Chance bei der Landwirtschaftskammer in Hannover, deren Chef so lieb war, mich im Kreise Celle und später in Uelzen arbeiten zu lassen, wo ich Wirtschaftspläne für die Waldbauern aufstellen sollte.

Die sieben folgenden Jahre habe ich, mit Hund, Büchse, Höhenmesser und Meßband reisend, mehrere hundert solcher Forsteinrichtungen durchgeführt und dabei ebensoviele Heidebauern und Gutsbesitzer kennen- und fast immer auch schätzen gelernt. Aus manchen dieser Bekanntschaften sind Freundschaften für das ganze Leben entstanden, die mir in diesem Land feste Wurzeln gegeben haben. Bei manchem von ihnen hatte ich freie Büchse und habe sie noch, und über Jahre hinweg hatte ich das Glück, die Jagd eines dieser 2000 Morgen-Höfe bewirtschaften zu dürfen.

Fast war es wie ein Jagen im großen Stil auf eigener Scholle, denn das Revier bot alles, was die Heide bieten kann, Rotwild, Sauen, Birkwild, Enten und Kaninchen, weite Heideflächen mit ihren Schnucken, kleine verträumte Seen, undurchdringliche Porstmoore, Dickungen und Althölzer, Wiesen und Äcker und ringsumher, in näherer oder weiterer Umgebung, gute Freunde zum gemeinsamen Jagen, zum Skatspielen, zum Klönen und zum Miteinanderschweigen.

Da kam ich einmal auf den Hof vom Cohrsvadder, und der Bauer stand vor einem Monstrum von Mähdrescher, den er sich eben gekauft hatte. Er stand da, den Strohhut tief ins Genick geschoben und die Hände bis an die Ellenbogen in der Hose, stand da, träumte und rechnete. Es wäre wider alle Sitte gewesen, wenn ich mit rauhem Gruß den sinnierenden Bauern gestört hätte, also stellte ich mich leise daneben, schob auch meinen Hut nach hinten und starrte auf die große Maschine.

So verging lange Zeit.

Dann zog der Cohrsvadder die eine Hand aus der Tasche, machte eine Faust, aus der nur der Daumen herausstreckte und zeigte mit diesem nach rechts. Da wuchs der Kirschbaum vor dem Viehstall und war voll von dunkelroten Herzkirschen. Die Aufforderung war unmißverständlich, ich schlenderte dorthin, schaute in den Baum und kroch nach oben, denn oben sind die Kirschen bekanntlich am reifsten. Ich stopfte mich so richtig voll und war schon beinahe satt, als der Bauer beschloß, es mir gleichzutun. Er hangelte sich genau wie ich vom untersten Ast her hoch, griff nach dem Ast, auf dem ich stand, und eben wollte ich rufen, „Onkel Hermann, laß das!“, da krachte es auch schon und mit meinem ganzen Gewicht fiel ich auf den Bauern und der mit mir auf die Erde. Nachdem wir uns aufgerappelt und festgestellt hatten, daß uns nichts gebrochen war, da streckte mir der Bauer seine Hand entgegen und sagte völlig ungerührt: „Guden Dag ook!“

Sehen Sie, das sind Heidjer! Mit solchen Leuten kann man Pferde stehlen gehen, wenn sie einen erstmal mögen, doch das dauert seine Zeit. Man muß bis dahin ziemlich viel Bier trinken und Schnaps, man muß Tante Meta kennen im Nachbardorf und Onkel Heinrich in der Stadt, man sollte von der Landwirtschaft wenigstens etwas verstehen und von der Viehzucht, und man sollte vor allem sein Maul halten können; wenn es sein mußte, stundenlang. Wer das so ein, zwei, drei Jahre lang durchgehalten hatte, der konnte es erleben, daß er bei einem Schützenfest oder sonstigem fröhlichen Vorkommnis zu hören bekam, „Du bist doch so 'n richtigen olen Hannoveraner!" Wem es so erging, der war aufgenommen, und mochte er auch aus den fernsten Teilen der Welt stammen.

Bevor ich soweit war, ich wohnte nach wie vor im Forstamt Lüß, kam es, wie es kommen mußte, ich verlobte mich. Sehr zünftig natürlich auf dem Hochsitz im Jagen 133. Die Trixi saß als Chaperon zwischen uns, denn sie war schrecklich eifersüchtig, sie fletschte ihre gelben Zähne wie der Hund von Baskerville, sobald meine Zukünftige mir zu nahe kam.

Als dann das letzte Büchsenlicht vergangen war, das Rotwild im Hintergrund der Fichtenkulturen verschwand und mit Sauen nicht mehr gerechnet werden konnte, hat mir meine Braut ihren Antrag gemacht.

So jedenfalls erzähle ich die Geschichte meinen Freunden, und ich sehe nicht ein, warum ich heute gesprächiger sein sollte!

Weil wir aus verschiedenen Gründen erst im nächsten Jahr heiraten konnten, blieb ich im Lüß wohnen und verbrachte den größten Teil meiner freien Zeit in der Jagd, von der ich vorhin sprach. Der Hof mit seinen Wäldern, Heiden und Äckern hatte die Form eines Hufeisens, in dessen Mitte ein staatlicher Eigenjagdbezirk lag, der zum größten Teil aus Dickungen bestand und keine Äsungsmöglichkeiten bot. Auch meine Jagd bestand im wesentlichen aus Kulturen und Dickungen, die nach und nach aus Heideaufforstung oder durch Umwandlung von landwirtschaftlichen Grenzertragsböden entstanden waren. Nur unmittelbar am Hof zog sich in einer Senke, die von einem Bach durchflossen wird, ein sehr altes Kiefernholz hin, das mit Fichten unterbaut war. Dies war der sogenannte Hausbusch, der zu jedem rechtschaffenen Heidehof gehört. Er lieferte in alten Zeiten das notwendige Brenn- und Bauholz, diente dem Schutz der Schnucken bei schlechtem Wetter und gab den Bienen eine erste Weide. Das Wild, vor allem das Rotwild, zog von einem der großen Dickungskomplexe in den andern, äste in der Nacht seltener auf den Feldern, meist in der Heide oder in zwei großen Ginsterflächen, in denen es auch gern über Tag blieb.

Als die Roggen- und Kartoffelpreise in den zwanziger Jahren so schlecht wurden, daß Landwirtschaft im größeren Stil in der Heide nicht mehr lohnte, hatte Onkel Heinrich, der Vater des jetzigen Besitzers, seine Zukunft auf die Bienen gesetzt und aus diesem Grunde die beiden Felder von je etwa 10 Hektar mit Ginster angesät. Mit den Bienen war es auch nicht so recht gegangen, aber der Ginster war nun einmal da, er war stubenhoch gewachsen und so dicht, daß man sich nur mit Mühe hindurchzwängen konnte. In ihm brütete die Birkhenne, denn auf den kleinen Blößen wimmelte es von Erdameisen, hier traf man die Waldohreule, und hier lebten Tag und Nacht die Sauen, vor allem ältere Keiler, die sich in dieser Wüstenei am wohlsten fühlten und oft wochenlang überhaupt nicht herauskamen, weil sie genug Wurzeln, Gräser und Ameisen fanden.

In den ersten Wochen bin ich nur herumgewandert, um festzustellen, wo und wie die Wechsel des Wildes liefen und was für Wild ich eigentlich in der Jagd hatte. Es war ja auch Hochsommer; nach den Gewittern konnte man gut abfährten und im milchenden Getreide sehen, wo der meiste Schaden entstand. Da ich von Jugend an ein Feind der festen Hochsitze bin, baute ich mir nur einige Leitern zum Beobachten und Ansprechen. Es ist mir äußerst zuwider, von Hochsitzen aus zu jagen und dem Wild die einzige ihm verbliebene Überlegenheit über die Kunst des Menschen mit seinen Superbüchsen zu nehmen. So habe ich in allen Jahren nur einen einzigen Hirsch von einer Leiter aus geschossen, und das auch nur, weil ich ihn sonst nie bekommen hätte in seinem Einstand mitten in einem wildzerklüfteten Dickungskomplex, aus dem er innerhalb von 4 Wochen nicht ein einziges Mal herauskam.

Es war im September kurz vor der Brunft, einzelne Haferschläge standen noch und wurden sehr heftig von den Sauen vorgenommen. Aber ob ich auch am Abend oder am Morgen an den Einwechseln saß, sie kamen immer bei völliger Dunkelheit, und außer schwarzen Schatten bekam ich nichts ins Glas. Es blieb mir also nur übrig, den Mond zu Hilfe zu nehmen, mit schlechtem Gewissen muß ich sagen, denn mein Vater hatte mir eingebläut, daß die Nacht dem Wilde gehöre. Nach dem vielen, was ich seither in ungezählten Nächten erlebte, die ich draußen im Walde oder am Feld verbrachte, bin ich anderer Ansicht geworden. Ich meine jetzt nicht das Schießen, als vielmehr die Folge der Tatsache, daß unser Wahrnehmungsvermögen in der Nacht ungeheuer gesteigert wird und sich optisch wie auch akustisch neue Welten erschließen, von denen man als normaler Tagmensch gar nichts weiß.

Es war also Anfang September, wir bekamen Vollmond, und ich fuhr ins Revier, hielt an der Grenze unten im Bachtal an, ließ den Hund auf dem Sitz schlafen und pürschte los. Den Verlauf der Pürsch hatte ich mir genau zurechtgelegt, denn ich wollte nicht mehr vertrampeln als unbedingt nötig war und mußte andererseits darauf achten, daß ich nicht den Auswechsel der Sauen störte, die vielleicht noch gar nicht im Hafer standen. Auf jeden Fall aber mußte ich zunächst einmal aus dem tiefeingeschnittenen Bachgrund heraus, in dem es so stockdunkel war, daß ich meine Fußspitzen nicht sehen konnte. Ich tastete mich den Hohlweg hinauf, und dann lag die weite Heide vor mir, unterbrochen nur durch ein kleines Waldstück, einen ehemaligen Bienenzaun.

Solche Bienenzäune sind an manchen Stellen der Heide recht häufig, vor allem auf jenen Höfen, die früher unmittelbar dem Landesherrn zehnteten und ihre Abgabe in Form von Wachs an den Hof zu liefern hatten. Honig war damals nicht einmal das wichtigste Produkt der Zeidlerei, vor allem dort nicht, wo Hoflieferungen zu Buche schlugen, denn der Wachsbedarf für Kerzen war weit höher als der Honigverbrauch. So kommt es schon mitunter vor, daß auf der Fläche eines einzigen Hofes bis zu 10 solcher Bienenzäune vorhanden sind, jeder für sich in einem kleinen Waldstück, das vor Wind und Kälte schützt.

Einen solchen hatte ich also vor mir, er wurde aber schon lange nicht mehr benutzt, die hölzernen Palisaden seiner Umzäunung waren verfallen, nur noch die Bänke, auf denen im Herbst die Bienenkörbe standen, waren erhalten, da sie aus Eichenbohlen bestanden. Und weil das Wäldchen auch die höchste Erhebung weit und breit darstellt, beschloß ich, mich auf eine der alten Bänke zu setzen, meine Augen an die Dunkelheit zu gewöhnen und zu lauschen.

Es ist nicht der süße Duft der blühenden Heide, der mich immer wieder verzaubert, es ist der herbe Geruch, den sie in den anderen Jahreszeiten ausströmt, der Geruch nach Kiefernharz und bitterem Porst, nach Birkenlaub und Moor. Es ist der Duft des Ginsters, der schwer über die unendlichen Weiten zieht, der herbe Geruch der Eichenblätter, des träge dahinfließenden braunen Wassers und der vom Pflug frisch aufgebrochenen schwarzen Erde. Es ist ein Geruch, so unverwechselbar wie der von alten Häusern, in denen man seine Kindheit verbrachte.

Während ich dort oben auf dem kleinen Hügel saß, der sich kaum 20 Meter über seine Umgebung erhebt, aber doch ihr höchster Punkt ist und bei leichter Luft eine fast unbeschnittene Fernsicht über die dunklen Wälder gibt, hielt ich die Augen geschlossen, lehnte mich an einen der morschen Pfosten, atmete tief und glücklich. Nie wieder seit der Flucht hatte ich dieses Gefühl gehabt, dieses Glück des „Ich hân mîn lêhen" wie einst Herr Walter von der Vogelweide sang. In diesem Augenblick war die ganze Heide mein, sie gehörte mir, und ich gehörte ihr, sie hat mich verzaubert und seither nicht wieder aus ihrer Verzauberung entlassen.

Aus dem Traum dieser Nacht weckte mich das Schrecken eines Rehes nicht weit von mir, vor mir in den Anflugkiefern und den Wacholdern in der hohen Heide. Es kam aus einer kleinen Senke, die hinunterführt in eine tiefe Rinne, von der aus sich ein Ginsterbestand bis zum Walde hinzieht. In das Schrecken dieses Rehes stimmte ein zweites ein mit hoher, gellender Stimme, und nach kurzer Zeit schreckte ein weiteres mehr nach links hin mit tiefem Baß. Das konnten nur Sauen sein, die dieses Konzert verursachten. So, wie sich das Geschimpfe der Rehe hinzog, mußten sie die Richtung auf den Haferschlag nehmen, von dem noch ein schmaler Streifen auf dem Halm stand. Ich brauchte also die eigentlich geplante große Umgehung nicht zu machen, mußte nur den Hafer zwischen mich und den leichten Westwind bringen und so pürschen, daß ich mich nirgends gegen den Horizont abhob.

Das weiße Licht des Mondes wurde erwärmt durch einen schwachen Bodennebel, der die wilden Gestalten der Wacholder noch mehr verzerrte und durch die optischen Verschiebungen von nah und fern Bewegungen vortäuschte, solange auch ich mich bewegte.

Wie oft bin ich so genarrt worden, mitunter so heftig, daß ich die Büchse von der Schulter riß, ganz sicher, daß vor mir ein Rudel Wild stand oder Sauen trollten. Oft auch habe ich mir diesen Trug selbst zunutze gemacht, wenn ich mit dem Glase festgestellt hatte, daß in der Wacholderheide Wild stand. Dann pürschte ich, ohne Deckung zu nehmen, kerzengerade aufgerichtet, mit langsamen gleitenden Schritten, die Arme dicht am Körper, auf das Wild zu, vermied jede seitliche Bewegung und, wenn ich den Mond im Rücken hatte, konnte es vorkommen, daß ich bis in das Rudel hineinpürschte.

So schoß ich einmal einen geringen, sehr alten Hirsch, der durch einen Kikser in der Stimme, den er immer an seinen sonst so tiefen Ruf anschloß, unverwechselbar war. Er hatte am Abend sein Rudel so schnell aus der Dickung getrieben, daß ich keine Zeit hatte, auf ihn fertig zu werden. Weit draußen dann, in einer kleinen Mulde mitten in der Heide, weit mehr als 500 Meter von mir entfernt, verhoffte und verharrte das Rudel und begann zu äsen. Es war schon zu spät für die Abendpürsch und noch zu früh für die Mondpürsch. Ich blieb lange Zeit am Dickungsrand sitzen, ein Beihirsch zog an mir vorbei, und draußen in der tiefen Finsternis des Grabens tobte und schrie der Hirsch mit seinem Schnackler in der Stimme, trieb sein brunftiges Stück und verjagte den Beihirsch. Um sieben war es dunkel geworden, um zehn endlich hell genug, daß ich aufbrechen konnte. Wind und Mond paßten gut zusammen, und es war auch ein Glück, daß unten im Grund nur Heide und etwas Farn wuchsen, während die Hänge von Wacholdern dicht bestanden waren. Bis auf 80 Schritt kam ich heran, keines der fünf Tiere hatte mich wahrgenommen, der Beihirsch stand abseits weiter oben im Graben. Dann setzte ich mich im Zeitlupentempo auf die Erde und sah lange Zeit dem Treiben des Hirsches zu, bis ich merkte, daß das Rudel langsam, aber stetig den Graben hinabzog. Im Schuß war ich zu sehr geblendet vom Mündungsfeuer, um irgendein Zeichnen zu bemerken, aber gleich darauf sah ich den Hirsch in die Heide hineinstürmen und plötzlich war dort, wo eben noch der Hirsch floh, ein wildes Herumschnellen eines dunklen Wildkörpers und hellerer, mondbeschienener Läufe, und dann war der Horizont leer.

Es ist dies übrigens der einzige Hirsch, den ich in der Nacht geschossen habe, ich habe zu viele Fehlabschüsse begutachten müssen, bei denen der Schütze geschworen hätte, es sei der richtige Hirsch gewesen. Aber der Mond trügt, einmal sieht man die hellen Enden nicht im Widerschein des Lichtes, ein andermal gaukelt er uns einen Kapitalen vor. Ich wurde zu einer Nachsuche gebeten auf ein Alttier und, als ich es fand, da war es ein Rehbock, ich sollte einen Frischling suchen und fand einen dreijährigen Keiler. Wenn die Vergleiche fehlen mit anderem Wild, dann läßt der Mond die Tiere schrumpfen oder wachsen, und es gibt kaum eine Regel, nach der man sich richten könnte, vor allem dann nicht, wenn man in einer geschlossenen Kanzel sitzt und das Wild nur durch die Luke wie in dem Ausschnitt einer Postkarte sieht.

Der Grabeneinschnitt, in dem ich den Sauen entgegenpürschte, führt im Frühjahr bei der Schneeschmelze mitunter einige Tage lang Wasser, deshalb ist seine Sohle frei von Heide und die Quarzkristalle im Sand leuchten im Mondlicht hell, daß man schnell vorwärtskommt, ohne fürchten zu müssen, über Steine oder Heidplaggen zu stolpern. Völlig geräuschlos kam ich voran, kreuzte die Quersenke, in der die Sauen aus dem Ginster gekommen sein mußten, und hatte damit die Rehe umgangen, die jetzt links von mir, überriegelt durch den Einschnitt des Grabens, in der Heide stehen mochten. Noch 300 Meter ging es weiter, und dann stand ich am Ende des Haferfeldes, hatte den Mond im Rücken und den Wind schräg von vorn. Der stehengebliebene Streifen der Frucht war noch etwa 30 Meter breit, er leuchtete silbern, und der leichte Wind ließ die Ähren flüstern. Es war ein sehr großes Feld, seine Längsseite, an der ich stand, zog sich noch über die Höhe hinweg, und so sehr ich auch lauschte und mich anstrengte, Geräusche aufzufangen, außer dem Rascheln des Windes war nichts zu hören. Die Sauen mußten, wenn sie überhaupt hier waren, ganz oben im Felde stehen. Langsam pürschte ich mich hinauf.

Immer, wenn ich einige Schritte in der Pflugsohle am Rande des Ackers getan hatte, blieb ich stehen, nahm das Glas und suchte vor mir den Hafer ab, aber erst, nachdem ich schon fast zwei Drittel der ganzen Länge hinaufgekommen war, hörte ich ein Geräusch. Es war das Kauen und Knabbern, das Schmatzen von Sauen, unterbrochen von langen Pausen des Sicherns. Den Lauten nach war es eine einzelne Sau, und, so wie es klang, war sie auch gar nicht weit vor mir, aber so sehr ich mich anstrengte, selbst mit meinem starken Glase konnte ich nichts sehen. Doch nach wenigen Schritten wurde mir klar, weshalb ich nichts sah und warum sich die Sau gerade diese Stelle ausgesucht hatte. Als schmales Band zieht sich nämlich hier auf der Höhe ein Lehmstreifen durch die Heide, auf dem der Hafer hüfthoch wuchs. Dazu noch hatte diese Höhe gleich nach dem Krieg als Bombensprengplatz gedient, und trotz aller nur möglichen Einebnungsarbeiten gab es noch Dellen und Senken, die zusätzliche Sicherheit verschafften. Aus einem solchen Loch heraus gesehen, mußte ich mich wie ein Scherenschnitt gegen den Himmel abheben.

In dem gleichen Augenblick, in dem mir dies klar wurde, ging ich sofort in die Hocke und bewegte mich, tief gebückt, im Schutz des Hafers noch ein paar Schritte weiter nach vorn. Das Schmatzen kam jetzt unmittelbar von meiner rechten Seite her. Wenn die Sau mitten im Feld stand, konnte sie nicht weiter als 15 Meter von mir entfernt sein. Ich hörte jeden Schritt, den sie tat, hörte, wenn sie sich aufrichtete, um Ähren herunterzuziehen, vernahm das wohlige kurze Grunzen, das ganz leise von tief unten aus der Brust kommt.

Mit der Büchse am Kopf ging ich langsam aus der Hocke hoch und sah – nichts! Vor mir schmatzte es, raschelte, schmatzte, schemenhaft undeutlich erhob sich ein Wurf aus dem Hafer, zog sich Ähren herab, verschwand, Stille, Schmatzen, Stille, Rauschen im Getreide, wenn die Sau einen Schritt nach vorn tat. Mir wurden die Arme steif, ich mußte die Büchse absetzen, ging wieder etwas tiefer in die Hocke, wartete.

Ruhig, sagte ich mir, du mußt ganz ruhig bleiben, keine Dummheit jetzt, denk an etwas anderes, warten mußt du, stillestehn! Gar nichts anderes!

Ich weiß es noch genau, in diesem Moment ging mir das alte Lied durch den Kopf: „Malbrough s'en vat'en guerre ...“ Als ich bei der Zeile „Elle voit de loin son page“ angekommen war, machte die Sau vor mir einen Rumpler im Hafer, blies ohne Aufregung, zog mit schwerem Schritt die Reihen hinauf, blieb wieder stehen und fing zu kauen an.

Sie war jetzt etwa 20 Meter von mir entfernt und, als ich mich aufrichtete, konnte ich deutlich die Rückenlinie sehen. Also war sie aus dem Loch herausgetreten, in dem sie die ganze Zeit gesteckt hatte. Die Sau hob sich deutlich von dem silbernen Hafer ab, bis zur Hälfte ihrer Größe stand sie jetzt frei. Dort oben mußte eine Kiesstelle im Feld sein, wahrscheinlich hochgeschleuderter Kies aus dem Untergrund aus der Zeit der Sprengungen.

Wenn überhaupt, dann konnte es in diesem Augenblick gehen. Durch das Fernrohr fuhr ich mit einem Blick über die Sau hin: Dort war der Wurf, da die höchste Stelle im Rücken, dazwischen mußte die Kugel hin, etwas tiefer, dicht über die Halme weg.

Das Mündungsfeuer blendete mich fürchterlich, für Sekunden war ich vollständig blind. Mechanisch repetierte ich am Kopf und riß die Büchse herunter, als ich hörte, wie das Rauschen im Getreide gleich einer Dampfwalze auf mich zu kam. Aber ich wäre hilflos gewesen in meiner Blindheit, wenn der Keiler mich wirklich angenommen hätte. Unmittelbar vor mir stampfte, pflügte er durchs Getreide, schnellte sich plötzlich hoch, so daß ich ihn sehen konnte, eben wieder sehen konnte, keine fünf Schritte rechts von mir. Er schnellte sich fast mit seinem ganzen Körper in die Luft, fiel hinunter in den Hafer, blieb liegen, war im Fall verendet.

Jetzt schlugen mir die Zähne vor Aufregung, ich bebte am ganzen Körper, so sehr schüttelte mich das Jagdfieber. Dann trat ich an die Sau heran, berührte sie mit der Stiefelspitze, hielt ihr die Mündung der Büchse an den Teller – aber sie war tot, ganz tot. Es war ein im Wildpret sehr starker Keiler, ich hatte schwere Mühe, ihn aus dem Feld zu ziehen. Seine Waffen waren lang und blitzten im Mondlicht, aber sie waren schmal, viel schmaler als die des Keilers aus Hessen. Fünfjährig war er, ein typischer Heidekeiler, ziemlich lang, mit fast femininem Wurf und verhältnismäßig schwachem Knochenbau. So sind auch seine Waffen fast zierlich zu nennen, elegant gebogen, ein wenig rötlich überhaucht, 21 Zentimeter lang und nur 22 Millimeter stark.

Ich brach ihn an Ort und Stelle auf, ließ ihn ausschweißen und lief zum Auto zurück, mit dem ich heranfahren wollte, um die Sau dann an Stelle des Beifahrersitzes neben mich zu legen.

Als ich um den Bienenzaun auf der Höhe herumbog und vor mir das kleine Stoppelfeld lag, von dem aus die Hohlfuhr zur Straße hinuntergeht, sah ich mitten auf den Stoppeln einen schwarzen Klumpen. Es war eigentlich ein ganz zufälliges Erkennen aus dem Augenwinkel heraus, denn ich ging mit gesenktem Kopf, um im Schatten der Kiefern nicht fehlzutreten und war auch noch so erfüllt von meinem Erlebnis von eben.

Fast schreckte ich zusammen, sah schärfer hin und konnte auf dem weißen Feld genau erkennen, daß dort eine Sau, wieder eine einzelne Sau, im Gebrech stand. Es war nicht weit, 70, 80 Schritt vielleicht, sie stand mitten im Acker, und ich wußte, daß das ganze Feld nur wenig mehr als hundert Meter tief ist. Noch stand ich im Schlagschatten der Kiefern, weiter nach vorn durfte ich nicht mehr gehen, zurückzupürschen, um an einem Baum anzustreichen, war auch nicht ratsam wegen der Äste und Zapfen, die ich nicht sehen konnte, also setzte ich mich hin, stützte die Ellenbogen auf die Knie, nahm an der Sau Maß und schoß, schoß so ruhig und sicher wie auf dem Exerzierplatz, ohne jede Aufregung, ohne alles Jagdfieber, wie auf die Scheibe. Im Schuß fiel sie einfach um, sie fiel um und rührte sich nicht mehr.

Vom ersten Erkennen bis zum Schuß waren nur Sekunden vergangen, alles war ohne jeden Anflug von Romantik, von erinnerungsträchtigem Erleben vorübergegangen. Es war nüchtern, hart, prosaisch. Als ich an den Überläuferkeiler herantrat, blieb ich eine Weile lang stehen, blickte auf den kleinen schwarzen Berg hinunter und wartete, wartete ganz bewußt auf eine Reaktion, auf Freude, auf Dankbarkeit, Genugtuung. Nichts! Nur die Sau tat mir leid, die da so ohne Sang und Klang hatte sterben müssen. Aber ich merkte, daß ich mich belog, daß es nicht die Sau war, die mir leidtat, sondern daß ich es selbst war, dem das Mitleid galt.

Was ist der Mensch für ein gieriges Geschöpf und will im Glücke das Glück noch übertrumpfen durch neuen Reiz. Und wenn ihm das nicht gelingt, dann ist er untröstlich, und, wenn neuer Reiz nicht den alten verdrängt, dann wird er sentimental. Die Schuld liegt bei mir, nicht bei der Sau, die es mir so leicht machte, nicht bei der Nacht und dem Mond, die mir schon alles gaben, was sie geben konnten. Ja, ich bin ein undankbarer Kerl!

Neben dieser Sau saß ich lange, viel länger, glaube ich, als ich je neben einem Stück Wild, das ich schoß, gesessen habe. Ich hielt keine Totenwacht, ich hielt Gericht über mich und beschloß, nie wieder, und wenn es sich noch so schön ergäbe, in einer Nacht auf mehrere Stücke Schalenwild zu jagen. Diesen Beschluß habe ich nie bereut, denn ich verdanke ihm viel Erleben, das ich nie gehabt hätte, wenn ich das Wild, das ich anpürschte, mit der Absicht zu schießen angegangen wäre.

Ein solches Erlebnis möchte ich erzählen. An einem jener so seltenen Novembertage, an denen der Wind völlig eingeschlafen ist, nachdem es den ganzen Tag über geregnet hatte, und an dem spät am Abend noch die Sonne herauskam und eine kalte Nacht anzeigte, hatte ich mich auf die alte Moorkanzel gesetzt, die windschief in einigen Anflugkiefern steht. Jedes Jahr versinkt sie an ihren Vorderfüßen etwas tiefer, und jedes zweite Jahr passen wir diesen Stützpfählen neue Schuhe an und heben die Kanzel hoch. Es war wieder einmal höchste Zeit, diese Operation vorzunehmen, und ich mußte mich sehr vorsichtig in die rechte Ecke setzen, um nicht etwa durch meine Last den endgültigen Zusammenbruch der ehrwürdigen Ruine hervorzurufen.

Ich hatte noch keine halbe Stunde gesessen, der Abendhimmel glühte rot über die Heide, da kam ein einzelner Überläufer auf dem Damm des Moorteiches entlanggebummelt, durchquerte eine Senke vor mir, die mit mannshohem Schmielengras bewachsen war und wollte über den kleinen Wildacker dicht am Hochsitz in den Wald einwechseln. Auf meinen Schuß hin, der wegen meines unglücklich verquetschten Sitzes und der Nähe der Sau, weshalb ich mich nach rechts hin verrenken mußte, etwas zu weit hinten faßte, schlug der Überläufer um und raste die schmielenbewachsene Senke entlang. Es war ein einmaliges Bild, wie die Wassertropfen von den Gräsern gewirbelt wurden wie Fontänen aus Rasensprengern. Sie wurden vom letzten Schein des Abendrotes golden verfärbt, und einen Augenblick lang bildete ich mir sogar ein, ich hätte über der Fluchtbahn einen Regenbogen gesehen. Das Sprühen und Wehen der Tropfen verschwand nach 100 Metern in einer kleinen Waldzunge vom Rotwilde verbissener Fichten. Einen Augenblick lang sah ich die Sau noch auf einer Lücke, dann war sie vom Walde verschluckt. Eigentlich hätte ich ihr nachgehen können, denn ich wußte, wo meine Kugel saß, und es war mir klar, daß sie in der Dickung nicht mehr weit gekommen sein konnte. Aber ich war zu faul, um herunterzusteigen und den Hund aus dem Wagen zu holen, ich meinte, ich habe noch Zeit, die Nacht sei lang.

Dann wurde das letzte Licht des Tages von dem bleichen Schein des Mondes abgelöst, und mit ihm kam der Frost und versilberte Moor und Gras und Bäume. Innerhalb weniger Minuten war Rauhreif gefallen so dick wie Schnee, und es wurde in seinem Widerschein hell wie am Tage. In der Dickung links vor mir wechselten Sauen an, es mußte eine stärkere Rotte sein, überall blies, quietschte und brummte es, und an vielen Stellen brachen Äste und Zweige. Nach kurzer Zeit erschien eine Bache mit sechs starken Frischlingen auf dem Wildacker, sie verteilten sich und fingen an, die dünne Kleenarbe umzubrechen. Vielleicht eine halbe Stunde lang waren sie ihrem Handwerk nachgegangen, als sie sich plötzlich mit starkem Blasen zusammenrotteten und in die Dickung sicherten, aus der ihnen der Wind entgegenstand. Völlig lautlos trat plötzlich eine starke Sau aus der Dunkelheit, näherte sich mit hocherhobenem Wurf der Bache, die dem Ankömmling einige wenige Schritte entgegenzog. So standen die beiden eine lange Weile, Wurf an Wurf, und die Frischlinge dahinter verharrten in tiefem Schweigen auf einen Klumpen zusammengeballt.

Plötzlich schlug die Bache um, setzte sich in Troll, unmittelbar gefolgt von dem anderen Stück. Sie verschwanden für kurze Zeit in der Dickung, tauchten wieder daraus hervor, überquerten den Wildacker, polterten durch den Graben, plantschten im Moor, zogen wieder zurück, alles in größter Stille, und die Frischlinge standen wie aus Stein gemeißelt, ohne sich zu rühren, immer noch auf dem gleichen Fleck. Bache und Keiler umkreisten sie zwei-, dreimal, zogen zur anderen Seite des Wildackers, schlugen Bögen und Schleifen, und jetzt vernahm ich ein ganz tiefes, dumpfes Brummen, fast wie ein Dauerton, und deswegen mochte ich ihn auch nicht eher vernommen haben. Die Kreise und Bögen der Sau wurden kürzer, der Troll langsamer, und schließlich verfiel sie in ruhigen Schritt, und dann blieb sie stehen und ließ den Beschlag zu.

Als ob dies den Bann, in dem die Frischlinge gestanden hatten, gebrochen hätte, in breit auseinandergezogener Linie zogen sie im Stechschritt auf das Liebespaar zu, verhielten einige Schritte davor, bis plötzlich eines der Jungen nach rechts umschlug, in Galopp verfiel und die beiden Alten umkreiste. Sofort tat es ihm ein anderer nach und dann ein Dritter und endlich alle sechs. Solange der Beschlag andauerte, rasten die Frischlinge, Wurf an Pürzel, in schnellstem Schweinsgalopp um die Gruppe herum. Ich hatte das Gefühl, daß sie von diesem Neuen, das sie noch nicht verstanden, das sie aber so mächtig erregte, in eine Spannung versetzt worden waren, die sich Luft machen mußte in Bewegung und Spiel. Als Bache und Keiler sich lösten, verharrte auch die Gesellschaft der Kleinen, die ganze Rotte stand eine Minute lang unbeweglich da, wendete dann auf mich zu, zog in raschem Troll bis fast unter den Hochsitz, drehte wieder zurück und verschwand im Wald.

Wie leicht hätte ich diesen Keiler, der mein schlechtester gewiß nicht gewesen wäre, schießen können, ich war froh, daß ich es nicht tat, denn was ist der Bruchteil einer Minute, in der man zielt und den Finger krumm macht, gegen diese halbe Stunde prallvoll unwiederbringlichen, wohl nie wiederkehrenden Erlebens.

Einmal noch, einige Jahre später, es war am 30. November 1966, sah ich den Beschlag einer Sau, und diesmal war es so, daß ich nur hierdurch zu Schuß kommen konnte. Ich war früh am Morgen vom Hof her in den Wald gepürscht, weniger um zu schießen, als um zu kontrollieren, ob das Rotwild eine neuerbaute Fütterung angenommen habe. Weil dies nicht der Fall war, entschloß ich mich, einen weiten Gang über die Heide zu machen, um nach einer anderen Fütterung zu sehen, die mit dem gleichen Futter beschickt war. Es konnte ja sein, daß das Wild die neugekauften Pellets noch nicht mochte.

Bei diesem Weg mußte ich über eine große Fläche laufen, die in den 50er Jahren aufgeforstet worden war. Die Kiefernpflanzen hatten unter der Dürre des Sommers von 1959 stark gelitten und waren flächenweise gänzlich eingegangen. Streckenweise hatte ich also einen weiten Einblick in die sonst mannshohen Kiefern, vor allem auf der Höhe, wo ein Kiesband die Trocknis noch gefördert hatte. Plötzlich nahm ich ziemlich weit draußen eine Bewegung war, über deren Verursacher ich mir in der Dämmerung nicht klar werden konnte. Bis ich das Glas am Kopf hatte, war das Wild wieder in einem höheren Teil der Dickung verschwunden. Irgendein sechster Sinn ließ mich aber stehenbleiben und es dauerte auch gar nicht lange, bis über die nächste Freistelle, noch 200 Meter von mir entfernt, erst eine Sau, dann eine zweite und schließlich eine starke Rotte zog, die ich nicht zählen konnte, es waren weit über zwanzig Stück. Sie hielten ihren Wechsel immer auf der Höhe entlang und mußten den Weg, auf dem ich ging, ungefähr dort überqueren, wo ein tiefer Graben meine Jagd vom Staatsforst trennte. Gerade dort aber war die Kultur besonders dicht, jedoch einige Jahre jünger, und wenn ich Glück hatte, würden die stärkeren Sauen mit der Rückenlinie noch über die Pflanzen herausragen.

Der Wind war günstig und wenn ich mich beeilte, mußte ich vor den Sauen am Hohlweg ankommen, wenn sie das bisherige langsame Tempo beibehielten. Ich nahm also die Beine in die Hand und stellte mich kurz vor dem Abbruch des Hügels an die Seite des Weges, so daß ich die ganze Anpflanzung vor mir hatte. Bald schon hörte ich die Sauen links von mir im höheren Teil der Dickung herumrumoren und so, wie der Radau verlief, mußten sie goldrichtig vor mir vorbeikommen. Das taten sie dann auch gleich, aber zu meiner grenzenlosen Enttäuschung sah ich zwar überall die kleinen Kiefern wackeln und hier und da die Kammborsten der stärkeren Sauen, aber an ein Schießen war mit gutem Gewissen überhaupt nicht zu denken. Ich mochte auch nicht unmittelbar auf dem Grenzgestell herumschießen, denn die Wahrscheinlichkeit, daß eine Sau im Feuer liegt, ist doch zu gering, ein Schuß an dieser Stelle bedeutete mit Sicherheit die Provokation einer Nachsuche im Staatlichen.

Die Sauen vor mir benahmen sich aber so komisch, sie rückten überhaupt nicht weiter vor, sondern quirlten durch die Kiefern fast im Kreise herum, sie verschoben sich durcheinander, das Blasen und Quietschen wurde immer heftiger. So sehr ich mich aber reckte und auf die Zehenspitzen stellte, mehr als vorhin konnte ich nicht sehen. Längst schon hatte ich das Glas mit der Büchse vertauscht und hielt sie im Halbanschlag vor mir in der Hoffnung, daß doch einmal ein Stück auf eine niedrigere Stelle in der Kultur geraten könnte. Plötzlich erhob sich mitten in dem Gewusel von grauen Rücken und wackelnden Kiefern Haupt und Vorschlag einer starken Sau. Das Gebrech war etwas geöffnet, und ich konnte sehr deutlich die Waffen blitzen sehen. Die Borsten waren schon vom Haupte an geringelt und lagen in Wellen auf der Schwarte dieses Hauptschweins. Man mag mir glauben oder nicht, ich war in diesem Augenblick nicht in der Lage, den Keiler von der Bache herunterzuschießen, obwohl es leicht gewesen wäre auf die Entfernung von weniger als 50 Schritt und bei vollem Büchsenlicht. Der kleine schwarze Punkt meines Abkommens zeigte genau hinter den Teller des Keilers, das Schloß war eingestochen, aber eine innere Hemmung verbot es mir, den Finger zu krümmen. Vor Aufregung fing ich an so sehr zu schwitzen, daß mir der Schweiß durch die Brauen in das Zielauge lief und ich absetzen mußte. Mit dem anderen Auge aber verfolgte ich das Geschehen, setzte die Büchse ab und fuhr mir mit dem Mantelärmel übers Gesicht. Jetzt lösten sich die Sauen voneinander, Keiler und Bache trennten sich, die Bache zog weiter nach vorn, der Keiler verharrte an der gleichen Stelle. Ich konnte nicht mehr warten, denn meine Nerven waren zum Zerreißen gespannt, ich würde der dicken Pille aus der 8×57 vertrauen. Der Keiler stand nach rechts, der höchste Punkt seines Rückens war deutlich zu sehen, etwas rechts davon hielt ich hin, setzte das Abkommen eine Handbreit darunter in die Kiefern und zog ab.

Auf den Schuß hin erhob sich ein wüster Lärm, nach allen Seiten spritzten die Sauen durcheinander, ein Frischling rannte so dicht an mir vorbei, daß ich ihn hätte greifen können, andere überfielen den Hohlweg rechts von mir, wieder andere hatten kehrtgemacht und flüchteten laut blasend in die ältere Kultur, und noch andere Sauen verließen die Anpflanzung und flohen hinüber in die Heide in eine Moorsenke, hinter der eine große Dickung liegt. Nach einer Minute herrschte tiefste Stille um mich, nur vom Truppenübungsplatz dröhnte das gewohnte Geräusch von Abschüssen und Einschlägen schwerer Artillerie. Am Anschuß lag massenhaft schaumiger Lungenschweiß, hellrot verspritzt an den grünen Kiefernnadeln. Es war ein Kinderspiel, der Fährte zu folgen, und schon nach 30 Metern lag der Keiler in einer Pflanzreihe, mein bester, wahrscheinlich kaum je zu übertreffender Keiler aus eigener Wildbahn.

Er war ungeheuer knochig, dabei klapperdürr, aber riesig in seinen Ausmaßen. Er brachte zwar nur 124 Kilo auf die Waage, aber die

Schwarte wog allein 37 Kilo und nimmt jetzt den vollen Platz unter meinem gewiß nicht kleinen Schreibtisch ein.

Im Winter 1955 auf 1956, von dem ich aber berichten wollte, hatten wir wohl viele Sauen im Revier, aber keinen Keiler, der älter als drei Jahre zählte. Es war zwar schon hier und da einmal bei den Sitzungen des Rotwildringes die Rede von einer zeitlichen Schonung der stärkeren Sauen, aber so recht mochte niemand anbeißen, gewitzigt durch ein Erlebnis, das im Jahre davor den Anfang eines solchen Beschlusses zunichte gemacht hatte. Da hatten wir zusammen in der Wirtschaft gesessen und eine Strafpredigt des Vorsitzenden über uns ergehen lassen. Sie gipfelte darin, daß er uns für zwei Jahre den Abschuß der A-Hirsche sperrte, und das mit vollem Recht, denn alle drei, die im vergangenen Jahre frei gewesen waren, hatten ihr Leben zwar nicht im Jünglingsalter, aber eben doch so zwei, drei Jährchen zu früh lassen müssen.

Nach dieser Philippika schien dem tüchtigen Rotwildringleiter die richtige gedrückte und damit günstige Stimmung eingetreten zu sein, denn er redete uns wie einem lahmen Pferde zu, auch die stärkeren Sauen für zunächst einmal zwei Jahre zu schonen und den Schwarzwildabschuß in diesem Jahre zwischen dem eben vergangenen 1. Februar und dem 16. Juni ganz einzustellen. Da sich kein Widerspruch erhob, wollte er eben das allgemeine Schweigen als gemeinsame Zustimmung werten, als sich ein Jagdpächter aus der Stadt erhob und mindestens eine halbe Stunde lang zum gleichen Thema sprach. Unentwegt sämtliche Heilige der Jagd beschwörend, strömten ihm die Worte vom Munde, und seine Rede triefte von Waidgerechtigkeit, als deren äußerste Exponenten er zunächst einmal sich und dann auch uns alle betrachtete. Ich erlebte hier zum ersten Male die besonders feine Unterscheidung zwischen „Jäger“ und „waidgerechtem Jäger“ und „sehr waidgerechtem Jäger“, hörte ebenfalls zum ersten Male den grauenhaften Ausdruck „liebe Waidkameraden“, wie denn seine ganze Rede überhaupt von dem Worte „Waid“ strotzte, was meinen Freund und Nachbarn Hinrich Cordes dazu brachte, sich mit Zigarre und Bierglas zu mir herüberzubeugen und zu sagen: „Minsche, Minsche, ick heff immer dacht, de Kierl is'n Arschloch, aberst de is ja een Waidloch!“

Nun ja, nach diesen Litaneien hatte sich auch der letzte Bauer wieder gefaßt, befürchtete noch Schlimmeres, und bevor der Rotwildringleiter auch nur den Mund aufmachen konnte, schrien alle nach dem Mädchen, um zu zahlen, und sprengten auf diese Art die Versammlung.

Und damit fiel die Sache, ich glaube bis 1968, ins Wasser, wo sie endlich zum Beschluß für die ganze Heide erhoben wurde.

In jenem Winter also, von dem ich erzähle, hatten wir viele geringe Sauen im Revier, die leider recht stark auf der Roggensaat zu Schaden gingen, weshalb ich wohl oder übel eine Drückjagd ansetzen mußte. Wenn man schon solch ein Herumrühren in einem relativ kleinen Revier beschließt, dann muß es auch klappen, sonst sind Aufregung, Beunruhigung des Wildes, Ärger und Kosten für die Katz. Ich machte mir also einen Generalstabsplan über Treibenfolge, Schützenstände, Variationsmöglichkeiten bei umschlagendem Wind, besprach mit Heinrich, dem Holzhauer, den Weg der Treiber und den Einsatz der Hunde, besorgte Brötchen und Getränke und wartete auf Schnee. Weil der aber durchaus nicht kommen wollte, mußte es auch so gehen, obschon eine „grüne" Jagd auf Sauen meisten von vornherein den Stempel des Fehlschlags trägt. Um so richtiger schien es mir, daß ich mich gleich entschlossen hatte, diese Jagd nicht à la Karnickeljagd durchzuführen, sondern die Schützen sehr weit vom eigentlichen Treiben aufzustellen, in der Hoffnung, daß dann die Sauen schon wieder langsamer kommen würden und eine Auswahl in der Rotte möglich sei. So waren es eigentlich nur zwei Treiben für den ganzen Tag, was die Schützen anbelangte, die Treiber mußten indessen zahlreiche Wege machen und die verschiedenen Dickungen mal von dieser, mal von jener Seite her durchkämmen. Hunde sollten nur dann eingesetzt werden, wenn die Sauen durchaus nicht heraus wollten.

Die Jagd klappte dann auch zunächst wie am Schnürchen. Schon zehn Minuten nach dem Angehen der Treiber fiel im Kreienfootsgrund der erlösende erste Schuß, wo ich einen Freund auf eine Leiter gesetzt hatte, von der aus er einen Hauptwechsel über die Heide ins Staatliche überwachen konnte. Da ich mit den drei Holzhauern als vierter Treiber mitging, hatte ich wenigstens einigermaßen Überblick über Art und Menge des Wildes, das wir anrührten. Zunächst einmal war es ein Rudel Rotwild, das wir locker machten. Es flüchtete durch eine mit einzelnen Anflugkiefern bewachsene kleine Heidefläche schräg von uns weg auf den Ginster zu, schlug aber dort um und kam dicht an uns vorbei durch eine Kultur, um auf dem Rückwechsel zum Nachbarn hinüberzulaufen. Natürlich war der Eissprossenzehner dabei, auf den ich in der Brunft vergeblich gepürscht hatte, weil er sein Wild nicht aus dem Ginster herausließ und ich mich einfach nicht getraut hatte, ihn in dieser Wildnis mit dem Ruf anzugehen. Als ich mich gegen Ende der Brunft doch dazu entschloß, war er vom Rudel abgeschlagen und verschwunden. Platzhirsch war ein junger Zwölfer, der genau wie ich von Glück reden konnte, daß ich ihn noch rechtzeitig erkannte, bevor ich den Finger krumm machte.

Nachdem wir den Forstort Süll durchgegangen waren, nur hin und wieder an die Kiefern klopfend und vor uns hin hustend, war außer dem einen Schuß noch nichts passiert, ich hatte auch nicht das Gefühl, daß wir Sauen überlaufen hätten, die Trixi und der Terrier des einen Holzhauers hätten das wohl gemerkt. Als wir aber in den Ginster eindrangen und an den ersten kleinen Fichtenhorst kamen, der mit fünf oder sechs anderen schachbrettartig verteilt im Ginster wuchs, wurde vor mir eine Rotte Sauen locker, die mit gewaltigem Geprassel flüchtig wurde. Wir blieben stehen und lauschten, wohin die Reise ging, und ganz programmmäßig knallte es dann auch dreimal an der breiten Feuerschneise, die, über 500 Meter von uns entfernt, das dem Ginster vorgelagerte Stangenholz von einer hängigen und mit Wasserrissen durchsetzten Dickung trennt.

Kaum waren die Schüsse gefallen, als es vor mir knackte und eine Ricke mit einem überaus jämmerlichen Kitz auf einer lichteren Stelle an mir vorbeizog. In einer Art von Reflexbewegung hatte ich die Büchse hochgenommen und entsichert und war eigentlich selber überrascht, daß das Kitz im Knall umfiel und keinen Lauf mehr rührte. Als wir uns allmählich in den Moorgrund hinuntergejagt hatten und eben diese hängige Dickung durchstreiften, wurde wieder eine Rotte Sauen hoch, die aber keineswegs herauswollte, sondern mit uns Verstecken spielte. Wir mußten also die Hunde schnallen, die auch gleich heftig anjagten und die Sauen auf den Schwung brachten. Schließlich knallte es sowohl draußen in der Heide auf dem Fernwechsel in dem Revierteil, den wir schon vorhin durchgegangen waren, als auch unten am Rande zum Moor. Damit war dann das vormittägliche Treiben beendet, ich ließ die Holzhauer ein Feuer machen und holte die Schützen von ihren Ständen ab.

Unten am Moor, wo der eine Schuß gefallen war, lag ein Überläufer, der ganz allein gekommen war, von dem Terrier verfolgt. In der Heide war der Großteil der Rotte gekommen, aber etwas zu weit oben an dem Wechsel, und der Schuß war vorbeigegangen. Dafür lagen hinter dem Ginster gleich zwei Frischlinge und eine dritte, stärkere Sau war, stark schweißend, in die nächste Dickung eingewechselt. Der allererste Schuß hatte einem Fuchs gegolten, der sogar lag. Die Sauen wurden versorgt und an Wege geschleppt, dann setzten wir uns zum Feuer hin in Marsch, um endlich etwas zu frühstücken. Dort erst fiel mir auf, daß Trixi fehlte. Auf meine Frage, wer den Hund zuletzt gesehen habe, erhielt ich doppelte Antwort. Sie war nämlich sowohl dem Schützen in der Heide hinter der starken letzten Rotte gekommen als auch dem anderen Schützen an der Feuerschneise hinter dem Ginster, und zwar erst ganz zum Schluß, und war dann auf der Schweißfährte des stärkeren Stückes verschwunden.

Es war ja schier rührend, daß der Schütze erst jetzt davon sprach, denn weiß der Teufel, wo der Hund die Sau gestellt haben mochte und wie lange schon, denn seither war durch das Aufbrechen der Sauen und das Frühstück schon mehr als eine Stunde vergangen. Ich machte denn auch aus meinem Herzen keine Mördergrube, brach das Idyll am Feuer ab und marschierte mit allen Streitkräften in Richtung der Dickung, in welche die Schweißfährte führte.

Nachdem wir weder dort noch in der anschließenden höheren Kultur auch nur einen Laut gehört hatten, blieb uns nur noch übrig, hinunter in den Bachgrund zu laufen. Ich ahnte schon, was mir blühen würde, denn wahrscheinlich hatte sich die Sau dort, wenn überhaupt, in einem Windwurfgebiet gesteckt, das im Laufe der vergangenen 15 Jahre bürstendicht mit Fichtenjungwuchs angeflogen war. So war es dann auch; kaum nämlich waren wir im Grunde angekommen, wo eine breite Viehtrift Heide und Moorwald voneinander trennte, als wir auch den Hund in dem Windwurfstreifen hörten. Der Ball kam von immer einer Stelle her, deshalb war es nicht schwer, meine Anweisung zu treffen, die aber nur darin bestehen konnten, die Viehtrift, auf der wir eben standen, dicht genug abzustellen, Ich glaubte nicht, daß die Sau den völlig vermoorten Bachgrund, der sich durch die Windwurfgasse schlängelt, überfallen werde. Mir blieb die ehrenvolle Aufgabe, in die Wildnis einzudringen und meinem Hunde zu Hilfe zu kommen. Kriechend auf allen Vieren und rückwärtsgehend, schob ich mich langsam in der Dickung vor, umging die stubenhohen Wurzelteller der sturmgeworfenen Fichten und die zahllosen Moorlöcher, patschte natürlich trotzdem bis an die Knie ins Wasser und kam schließlich so weit, daß ich von einem hohen Stubben aus sehen konnte, wie sich vor mir die Wipfel der kleinen Fichten bewegten. Auch hörte ich die Sau wetzen und mit dem Gebrech klappern. Ein lautloses Herankommen war vollständig unmöglich und an einen Fangschuß in dieser Bürstendickung nicht zu denken. Ich konnte nur erreichen, daß sich die Sau wieder in Bewegung setzte. Das geschah auch bald, denn ich kam – es ging nicht anders – mit dem Winde, aber so sehr ich mich auch reckte und auch auf die Erde schmiß, um unter den Bäumchen etwas zu sehen, nicht ein Haar, nicht eine Borste sah ich von Sau und Hund. Die Trixi mußte unmittelbar an der Sau sein, denn zwischen ihr Bellen mischte sich immer wieder verbissenes Knurren, wenn sie an einem Lauf oder sonstwo an der Schwarte hing. Das Getümmel rückte sehr langsam in Richtung der Trift vor, aber doch schneller als ich folgen konnte.

Endlich war die Hatz bis dicht an die Linie gekommen, und ich wartete jeden Augenblick auf den erlösenden Fangschuß, aber der kam nicht, offenbar hatte sich die Sau wieder gestellt. Also mußte ich doch hin, und als ich mich bis auf 15 oder 20 Meter genähert hatte, wurde das der Sau zuviel, sie machte einen Ausfall gegen den Hund, der laut aufklagte, aber gleich wieder am Stück war. Immerhin hatten sich die beiden aus ihrem Windwurf herausgelöst und zogen schrittweise der Schneise zu. Unmittelbar vor deren Rand aber kämpfte sich das Stück wieder frei, ich sah nur einen ungeheuren Wirbel in den kleinen Fichten vor mir, und dann erschien der Hund, wie ein Ball von der Sau hochgeworfen; Rücken nach unten und sich überschlagend über den Wipfeln, fiel er herunter und griff sofort wieder an.

Jetzt wurde es der Sau endgültig zuviel, sie verließ die Deckung. Gleich darauf hörte ich von draußen das Brüllen von Hans-Heinrich, meinem Jagdnachbarn.

„He, he!" schrie er, „willst du woll!"

Und dann fiel ein Schuß.

„Sau liegt!" rief der Schütze und gleich darauf „Au, au, du verdammtes Biest, laß mich aus! Pfui! Pfui!"

Was war geschehen? Der Keiler, es war ein Dreijähriger, hatte die Dickung verlassen, aber die Trixi hatte sich so in ihn verbissen, daß sie schräg über ihm lag, Zähne im Teller der Sau, Körper auf der anderen Seite, schwarzer Hund auf schwarzem Keiler. Hans-Heinrich war hinzugesprungen, hatte sein „He! He!" gerufen, worauf der Hund sich fallen ließ, und dann war der Fangschuß auf Armlänge entfernt gefallen. Gleich darauf hatte sich der Hund wieder auf den Keiler gestürzt und war dem glücklichen Schützen derart in die Beine gefahren, daß dieser durch die dicke Manchesterhose hindurch anständig schweißte, weil er es gewagt hatte, dem Keiler in die Zähne gucken zu wollen.

Trixi lag noch immer auf der Sau und fletschte die Zähne gegen jeden, der sich näher als fünf Schritte herantraute und blieb solange dort liegen, bis wir den Verletzten mit Taschentüchern notdürftig verbunden hatten und ich sie dann mit einigem guten Zureden von ihrem Platze weglocken konnte.

Da merkten wir erst, daß auch der Hund stark geschlagen war und aus einem langen Riß über den Rippen schweißte. Damit mußten wir diese erste, einzige und nie wiederholte Jagd abbrechen und machten nacheinander in gebührender Reihenfolge Arzt, Tierarzt und verschiedenen Wirtshäusern die pflichtschuldigen Besuche. Die Trixi träumte längst von neuer Jagd, als ich sie ins Auto einlud und mit ihr nach Hause fuhr. Gott sei Dank, damals gab es noch keine Promille!

In einer Heidejagd ist es natürlich wichtiger, einen Hund zu haben, der an Sauen geht und mit dem man alles Schalenwild nachsuchen kann, als einen Hund, der nur an Niederwild jagt. Trotzdem ärgerte ich mich manchmal, daß ich den reichlichen Hühnern und den wenigen Fasanen eigentlich nur durch Zufall ans Leder konnte, denn das reine Buschieren auf dieses Wild bringt eben nur Zufallserfolge. Mein Sinn stand nach einem Vorstehhund, den man ja auch zum Stöbern einsetzen kann, wenn man will, der aber doch in erster Linie für die Enten- und Hühnerjagd zuständig ist.

Mit dieser inneren Einstellung im Herzen besuchten wir eines Tages jenen Herrn Poll, von dem vor langen Jahren der Münsterländer Wulfilo stammte. Polls hatten früher einen Besitz in Westpreußen gehabt, von dem sie geflohen waren, und waren als Pächter eines Hofes auf dem Truppenübungsplatz gelandet. Zufällig hatten wir davon erfahren.

„Ach, sieh mal, wie niedlich!" rief meine Frau, als wir auf dem Hof anlangten. Dort trieben sich auf dem Mist zwei erwachsene Münsterländer und ein noch sehr kleines Junges herum. Dieses Junge war das letzte aus einem sonst vorzüglichen Wurf und war ein wenig zurückgeblieben.

„Ach, das macht gar nichts", sagte Herr Poll, „die Kleinen werden oft die Besten", und weil meine Frau das Bündelchen Hund schon nicht mehr von ihrem Schoß lassen wollte und mich mit dem ihr eigenen halb trotzigen, halb bittenden Blick schräg von der Seite her ansah, blieb mir nichts anderes übrig, als das Würmchen zu kaufen. Ich lernte aus den Papieren, daß es sich um „Lady vom Ulmenhof" handelte, das Produkt einer Inzucht aus „Ille vom Ulmenhof" und „Heiko vom Ulmenhof", aber dies alles war mir völlig gleich, denn ich dachte mit Grausen an den Moment der Bekanntschaft zwischen ihr und Trixi und gab der Lady höchstens 10 Sekunden in einem unbewachten Augenblick.

Daß dieser Hundekauf derart entscheidend in mein Leben eingreifen würde, hätten wir uns an diesem Frühlingsnachmittag nicht träumen lassen.

Die Lady wurde in eine Schachtel gepackt, aus der sie zielsicher und schnell wieder auf den Schoß meiner Frau zurückfand, wir fuhren nach Hause – und was soll ich sagen, niemand war glücklicher über diesen Familienzuwachs als die alte Jungfer Trixi, die den Welpen vom ersten Augenblick an an Kindes Statt aufnahm, rührend bemutterte und grimmig verteidigte.

Ich vermute, daß dieses Anlernen des jungen Hundes durch einen erfahrenen alten der Lady den Grundstock für ihren Jagdverstand legte.

Aber das gehört schon alles in das nächste Kapitel.

DIE LADY VOM ULMENHOF – DER MÜNSTERLÄNDER

Die junge Lady auf der Prüfung und am Hirsch

Mitten in der Nacht wurde ich von gellenden Schreien wach. Im ersten Augenblick dachte ich, daß unsere Obermieter, ein recht prügellustiges Paar, sich mal wieder in die Wolle gekriegt hätten, aber dann merkte ich, daß die Schreie aus unserer Küche stammten und damit fiel mir ein, daß wir seit einigen Stunden einen neuen Hausgenossen hatten. So schnell ich konnte, raste ich hin, riß die Türe auf und schaltete das Licht ein in der sicheren Annahme, daß die Trixi nun doch den Konkurrenten umbringen wolle. Diese blinzelte aber nur aus verhangenen Lidern im höchsten Grade indigniert aus ihrem Korb heraus auf den kleinen Hund, der in einer selbstfabrizierten Pfütze mitten im Raum stand und alles Leid der Verlassenheit aus sich heraus weinte. Weil meine Frau einen prämiert festen Schlaf hat, blieb mir gar nichts anderes übrig, als das kleine Tier wieder in seinen Korb zu packen, diesen neben mein Bett zu stellen und zu hoffen, daß die Brüllerei damit ein Ende hätte. Dem war natürlich nicht so, denn kaum hatte ich mich in die Kissen gerollt, als das jämmerliche Piepen wieder losging. Die Lady beruhigte sich nur, wenn ich meine Hand in das Körbchen hielt. Diese Nacht verbrachte ich folglich damit, in einer sehr unangenehmen Lage im Bette zu liegen, nämlich auf dem Bauch und eine Hand in den Korb herunterhängen zu lassen. Der kleine Hund schnüffelte noch etwas, seufzte tief auf, rollte sich an meine Hand und schlief ein und fest durch bis es am nächsten Morgen hell wurde.

Es wäre sehr stark übertrieben, wenn ich behauptete, daß wir an dem neuen Hausgenossen ein ungetrübtes Glück gehabt hätten, jedenfalls nicht in den ersten Wochen und Monaten. Auch die Worte von Rudolf Neddermeyer, dem damaligen Vorsitzenden des Verbandes für Kleine Münsterländer in Niedersachsen, der meine Anschrift über den Züchter erfahren hatte und der mir „viel Glück und Waidmannsheil mit dem neuen

Jagdgenossen“ wünschte, änderten nichts an der Tatsache, daß dieses Glück zunächst außerordentlich einseitig war, es lag ausschließlich beim Hund.

Besonders die Trixi hatte zu leiden; sie wurde stundenlang angekläfft, wenn sie schlafen und nicht spielen wollte, sie wurde an den langen Behängen gerissen und an der Stummelrute, jedoch ließ sie sich das alles in rührender Gutmütigkeit gefallen. Sie entwickelte allerdings in dieser Zeit ein absonderliches Benehmen, das vielleicht sowieso eingetreten wäre, möglicherweise aber auch durch die ständige Unruhe um sie herum gefördert wurde oder sogar entstand. Wahrscheinlich denke ich zu menschlich und schließe von mir auf den Hund, aber ich könnte mir vorstellen, daß ich in ähnlicher Situation ähnlich handeln würde.

Die Trixi wurde mondsüchtig!

Bisher mochte die Nacht gewesen sein wie sie wollte, hell oder dunkel, meist aber dunkel, denn wir wohnten in einer ziemlich verrufenen Ecke von Celle. Die Trixi war immer brav nach Hause gekommen, wenn ich abends noch einmal mit ihr draußen war. Jetzt plötzlich war es so, daß sie bei leidlichem Mondschein wie der Blitz um die Ecke verschwand und für Stunden nicht mehr gesehen ward. Irgendwann im Laufe der Nacht kratzte sie dann an der Haustür oder rollte sich sogar auf der Fußmatte ein und schlief draußen. Monatelang kamen wir nicht dahinter, was der Hund trieb, bis ich sie einmal durch Zufall an einem anderen Ende der Stadt traf. Ich war aus irgendeinem Grunde spät nachts nach Hause gekommen und sah im Scheinwerferlicht einen kleinen schwarzen Hund die Straße überqueren. Eine Ahnung sagte mir, daß es die Trixi sein müsse. Ich fuhr also an den Bordstein, löschte die Lichter und nahm das Fernglas zur Hand. Tatsächlich, sie war es! Fröhlich wie nach siegreicher Schlacht, mit wackelnder Rute und fliegenden Behängen, untersuchte sie die Mülleimer, roch an allen Hausschwellen und Ecken. Ich fuhr dann ganz langsam hinter ihr her und als ich auf gleicher Höhe war, rief ich sie an. Aber weit gefehlt zu denken, daß sie jetzt einen bedrückten Eindruck machte, nein, ohne sich zu besinnen und freudig wie eh und je, sprang sie in die offene Tür und ließ sich gerne nach Hause fahren. Sie war nun einmal ein sehr selbständiger Hund mit einem großen Freiheitsdrang und ausgesprochenen Kopfhundeigenschaften und hat sich eigentlich nur mir untergeordnet. Aber auch diese Unterordnung ging nicht so weit, daß sie bedingungslos und immer gehorchte. Wenn sie nämlich absolut nicht wollte und zum Beispiel fest glaubte, daß in einer Dickung kein Wild sei, dann war sie weder mit Liebe noch mit Gewalt zum Stöbern und Suchen zu bringen. Setzte ich ein wenig zu viel Druck hinter einen Befehl, den sie nicht ausführen mochte, konnte es geschehen, daß sie sogar die Zähne zeigte. Aber ich glaube, sie hatte immer recht.

Offenbar kam sich jetzt die Trixi unausgefüllt und zurückgesetzt vor und reagierte ihren Unmut durch diese Spaziergänge ab. Als die Bockjagd aufging und ich sie öfter mitnahm, unterließ sie ihre Ausflüge, um sie später noch heftiger aufzunehmen, als ich mich intensiv der Ausbildung der Lady widmen mußte. Diese gedieh zusehends, fraß jedoch ausnehmend schlecht, ganz gleich, was für Leckerbissen wir ihr vorsetzten. Wenn ich ihr den Rachen aufriß und sie zwangsfütterte, kotzte sie mir alles vor die Füße und blieb infolgedessen schlank wie ein Aal. Dennoch war sie kerngesund und strotzte vor Tatendurst.

Größere Brocken Fleisch fraß sie nur, wenn man damit eine Schleppe im Garten machte, die sie erst ohne, dann mit Leine arbeitete. Bei einer solchen Bröckchenschleppe stand sie auch zum ersten Male vor, als der Wind ein Stück Papier über den Zaun wehte, das sich vor ihren Augen in einem Busch verfing. Ich glaube, sie war wenig mehr als drei Monate alt, also unverhältnismäßig jung dafür. Bei meinen anderen Hunden ist diese Eigenschaft nie vor dem fünften Monat zu Tage getreten.

Im August hatte ich ein paar Freunde zu einer kleinen Entenjagd eingeladen, wobei das Wort Jagd eigentlich schon ein zu euphorischer Ausdruck ist, denn es gab nur einen Teich, allerdings mit viel Schilf, aber ob Enten vorhanden wären, war durchaus nicht klar. Die Gelege fanden Iltis, Fuchs und Igel und, wenn doch mal eines schlüpfte, dezimierten Habicht, Rohrweihe und Hecht die Schoofe. Die Jagd hob sich erst, als ich einige Brutkörbe aufgestellt hatte, wodurch wenigstens die Gelegeverluste vermindert wurden.

Weil an diesem Tage schönes Wetter war, beschloß meine Frau, uns zu begleiten und nahm das kleine Hündlein mit, das zu Hause doch nur Unfug gestiftet hätte.

Ich postierte die Schützen an den Stellen, wo, wenn überhaupt, die Enten kommen mußten, und umschlug mit der Trixi den Teich, um von der anderen Seite her zu fuß durch das Schilf zu laufen und die Trixi stöbern zu lassen. Es gibt im sonst kreisrunden Teich eine weite Ausbuchtung, die tief in den Wald hineinragt. Das Wasser ist dort ganz flach, und deshalb ist die ganze Bucht dicht mit Schilf bewachsen. Ich war noch nicht weit in dieses Schilf eingedrungen, als vor mir ein einzelner Erpel hochging, den ich schoß, aber lange Zeit nicht finden konnte. Endlich hatte ich ihn, schickte die Trixi weiter voran ins Schilf und wollte eben hinterhergehen, als ich es neben mir plätschern hörte. Da schwamm die Lady wie eine Alte durch die Rohrhalme und piepte gar nicht einmal so unglücklich, als sie mich endlich eingeholt hatte. Daß ich sie auf den Arm nahm, mochte sie gar nicht leiden, sondern sie interessierte sich nur für die Ente und wollte wieder ins Wasser. Kurz darauf kam die Trixi an ein Schoof und machte es hoch. Die Enten flogen über dem Uferschilf den Waldrand entlang und wurden an zwei Stellen beschossen, machten kehrt, und der Rest, drei oder vier, kamen mir über den Kopf. Ich schoß eine davon herunter, die vor mir in das offene Wasser fiel.

Neben meinen Stiefeln schwimmend, sah Lady die tote Ente zwanzig Meter vor sich, paddelte darauf zu und versuchte, sie doch tatsächlich an einer Schwinge zu fassen und zu bringen. Natürlich kriegte sie dabei Wasser in die Nase und mußte niesen. Weil sie nun so eine Art Veitstanz mit Wassertreten, Niesen und Apportierversuchen aufführte, kriegte ich es mit der Angst zu tun und lief hin, wobei mir nun das Wasser endgültig über die Stiefel hinaus stieg. Jedenfalls bekam ich meinen Hund am Nackenfell zu fassen, ebenso auch die Ente in den Griff und machte, daß ich mit allem Getier an Land kam. Kaum legte ich dort Wild und Hund ab, als sich die kleine Kröte auf die – auf ihre – Ente stürzte, sich breitbeinig darüberstellte und die arme alte Trixi mit wutverdrehten Augen anknurrte. Von diesem Augenblick an hatte ich das ganz sichere Gefühl, daß ich mit diesem Zwerg einen seltenen Griff getan hatte, denn von einem Hund, der mit fünf Monaten freiwillig und lange ins Wasser geht, dann gleich apportieren will und auch noch seine Beute gegen einen alten Hund verteidigt, mußte sich wohl einiges erwarten lassen.

Die Lady schien mir reif, bei passender Gelegenheit in die höheren Künste eingeweiht zu werden.

Ich bin von jeher der Auffassung gewesen, daß eine gute Nase das Beste ist, was ein Hund haben kann, und daß man als Abrichter nichts so sehr fördern sollte, als dem jungen Hunde beizubringen, seine Nase zu gebrauchen.

Von den vielen Eigenschaften und Vorzügen, die man von einem Jagdhund erwarten sollte, gibt es einige, an denen der Mensch wenig oder nichts ändern kann. Das sind Spurwille, Jagdverstand, Laut und Nase, wobei die Nase insofern eine Ausnahme macht, als ein leidlich geduldiger Abrichter es sehr wohl verstehen kann, das Differenzierungsvermögen der Nase seines Hundes so sehr zu schärfen, daß er mit viel Übung endlich auch Höchstleistungen zu bringen in der Lage ist. Bei hervorragenden Abrichtern kann man da sogar Wunderdinge erleben.

Mit der Lady begann ich so, daß ich sie vor Tau und Tag mit ins Revier nahm, mich auf einen Sitz an den Wasserwiesen begab und beobachtete, wo die Hasen im Morgengrauen zu Holze rückten. Den Hund nahm ich dann an die lange Leine und brachte ihn auf die Spur. Obwohl sie noch nie einen Hasen gesehen hatte, interessierte sie sich doch sehr für die Witterung, und schon nach kurzer Zeit war sie so weit, daß sie der Spur über die taunasse Wiese folgte bis an oder sogar in den Wald hinein.

Als ich nach einigen Wochen mit einem überfahrenen Junghasen ihr die erste Schleppe zog, natürlich nicht allzuschwer, war es dann keine Kunst, sie auf der Schleppspur zu halten, im Gegenteil, sie wurde mir sogar zu heftig, nachdem sie erst einmal den Hasen hatte finden, beschnuppern und beuteln dürfen. Als ich sie wieder ruhiger gemacht hatte auf der kalten Spur, dachte ich, man könne nun einen Schritt weitergehen. Hervorgerufen wurde dieser Gedanke, der mir so früh sonst nicht gekommen wäre, dadurch, daß der Hund eines Morgens die Fährte eines einzelnen Hirsches quer über die lange Wiese ganz einwandfrei arbeitete.

Die Sache war so: Mitten im Revier lag das Bruch, eine vielleicht 10 Hektar große Fläche, die mit Erlen und Fichten bewachsen war und vor langen Jahren einmal entwässert werden sollte. Mit der Aufgabe der Stauwirtschaft auf den Wiesen aber waren die Gräben verfallen oder voll Wasser gelaufen. Sie waren verschilft und an ihren Rändern wuchs der Porst. In diese Dickung hatte sich ein einzelner Hirsch gestellt, den ich einmal im Juli gesehen hatte. Er war aus der Dickung am Hang zum Süll recht eilig über die Wasserwiesen gezogen, noch dazu schräg von mir weg und im allerersten Licht, aber es war doch deutlich zu sehen, daß es sich um einen alten Hirsch handelte und daß er an einer Stange mit Sicherheit und auf der anderen wahrscheinlich nur drei Enden trug. Das Bastgeweih war weit ausgelegt und schien mir ziemlich stark in den Stangen zu sein. Nachdem der Hirsch gefegt hatte, war er so heimlich geworden, daß ich nicht einmal mit Gewißheit sagen konnte, ob er noch seinen Einstand beibehalten hatte, vermutete es aber und wurde darin bestätigt, als ich mit Hilfe der Lady seine Fährte fand.

Ich mußte jetzt herausbekommen, ob der Hirsch jede Nacht, solange der Wind von Westen kam, den gleichen Wechsel nahm, der ihn über die Wiese, einen schmalen Birkenstreifen, dann eine Viehtrift und schließlich eine sich schon lichtende Kieferndickung in die hohe Heide führte, wo er wahrscheinlich eine Äsungsfläche besuchte, die mit Spörgel und Schwedenklee bestellt war. Leider hatte es längere Zeit nicht geregnet, weshalb das Abfährten fast unmöglich war. Sowohl auf der Trift wie auf dem Wildacker standen so viele Fährten aller Güteklassen, daß man nicht daraus schlau werden konnte. Ich entschloß mich deshalb, mit einer schweren

Egge den Weg mehrmals rauf und runter zu fahren, bis der Sand fast überall aufgerauht war, und hatte das Vergnügen, schon am nächsten Tage Hin- und Rückfährte eines starken Hirsches feststellen zu können. Lady arbeitete die Rückfährte ganz manierlich durch den Birkenstreifen und über die Wiese bis an das Bruch, wo ich sie abtrug. Das gleiche wiederholte ich am nächsten Tage, und dann war ich schlau genug.

Der Hirsch hatte also mit Sicherheit sein Tagesquartier in den Erlen, und ich vermutete, daß er sich hierfür eine ganz kleine Erhebung ausgesucht hatte, die fast in der Mitte des Komplexes lag, wo eine Gruppe von fünf sehr alten Eichen wuchs, unter denen ein großer Platz Himbeeren war. Dort hatte er Ruhe, Äsung, Schatten und auch Sonne, je nach Bedarf.

Weil der Hirsch nun niemals bei Büchsenlicht seinen Einstand verließ und am Morgen schon vor Tau und Tag wieder darin verschwand, war es müßig, sich den Hintern kaputtzusitzen, und es wäre geradezu blödsinnig gewesen, ihn im Einstand anpirschen zu wollen. Meine einzige Chance, vielleicht zu Schuß zu kommen, war ein tüchtiger Regen, der ihn auf die Läufe brachte.

Dieser Regen kam in Form eines gewaltigen Sommergewitters, das schon am frühen Morgen losbrach und – wie es sich für Morgengewitter gehört – am Nachmittag wiederkam. In meinem Schußbuch steht verzeichnet, daß es 56 mm regnete, und das dürfte genug sein, auch den heimlichsten Feisthirsch bis auf die Haut naß werden zu lassen. Schon um 5 Uhr am Nachmittag, es regnete noch wie verrückt, nahm ich mir die Trixi ins Auto und fuhr los.

Als ich hinter der Wiese den Wagen in eine Sandgrube stellte, die dort die Gegend nicht gerade verschönt, aber als Rodelplatz für das Rotwild schließlich doch noch gute Dienste leistet, wurde es im Westen heller, und es war zu hoffen, daß der Regen noch vor Sonnenuntergang aufhören würde.

Mit dem Ausdruck Rodelplatz für das Rotwild habe ich nichts Blödsinniges gesagt, es handelt sich auch nicht um Jägerlatein. Jüngere Alttiere, Schmaltiere und vor allem halbwüchsige Kälber spielen gern. Man kann das gelegentlich an Suhlen erleben, in denen sie plantschen und platschen wie kleine Lausbuben, oder auch an kalten Frühherbstmorgen, wenn schon Anfang September vor Sonnenaufgang das Moor weiß überreift. Dann fängt plötzlich ein Stück aus dem Rudel eine Art von passagierendem Rundlauf an mit ganz weit hochgeschwungenen Vorderläufen, ein zweites und drittes Stück schließt sich an, und schließlich trollt und springt das ganze Rudel im Kreise herum, läuft sich warm, und am Gesichtsausdruck des Wildes sieht man, was für einen Mordsspaß sie daran haben.

Bei dem Rodelplatz ist es ähnlich. Ich habe es oft erlebt, vor allem morgens beim Einwechsel, daß ein Rudel plötzlich vom gewohnten Wege abweicht und eine der Sandschellen aufsucht, das sind vom Westwind von allem Bodenbewuchs freigewehte Steilhänge. Die Zeremonie ist immer die gleiche, aber dennoch jedesmal von neuer Faszination. Alle Mitglieder des Rudels stellen sich, wie Menschen vor einer Würstchenbude, in Reihe an, und dann macht ein jüngeres Tier den Anfang. Es legt die Lauscher an und springt bocksteif mit allen vier Läufen zugleich die Rutschbahn hinunter, landet auf den im Sprung eingeknickten Hinterläufen und fährt halb rodelnd, halb stehend den Sandberg hinunter. Unten angekommen, schlägt es eine kurze Volte, um mit ein paar kräftigen Sprüngen wieder die Höhe zu gewinnen. In der Zwischenzeit hat das nächste und übernächste Stück den Absprung gewagt, und bald dreht sich die ganze Gesellschaft bis auf ein paar alte Tanten, die über solche kindische Spiele erhaben sind, im Kreise die Rodelbahn hinauf und hinunter.

Damals – du lieber Himmel, es sind noch keine 20 Jahre her – damals war das Wild in weiten Gebieten der Heide noch so vertraut, daß man es zu jeder Tageszeit im offenen Gelände antreffen und jede seiner Lebensäußerungen – Intimsphäre würde man heute sagen – bei vollem Büchsenlicht beobachten konnte. Nachdem nun auch die entferntesten Winkel „erschlossen“ sind, mit Wanderwegen durchsetzt und mit Wochenendhäusern verziert, ist das Rotwild auch dort zum heimlichen Nachttier geworden.

Ich nahm die Trixi an die Leine, lud die Büchse durch und zog zum Bruch hinunter. Auf der Wiese hatten sich große Wasserlachen gebildet, an deren Rändern die Kiebitze standen, Stare flogen in großen Schwärmen und exerzierten ihre gemeinsamen Schwenkungen, in der Heide flötete der Brachvogel. Bald würde die Sonne herauskommen.

Bei dieser Pürsch in den Einstand des Hirsches wollte ich nichts riskieren, es durfte kein Ast brechen, ich durfte nicht seinen Wechsel abschneiden, ich mußte peinlich genau auf den Wind achten. Aber ich hatte ja Zeit. Für die 200 Meter, die ich in die Wildnis eindringen wollte, konnte ich mir gut und gern eine volle Stunde nehmen. Ein ganz kurzes Stück konnte ich einen alten Schleifweg benutzen, der vor Olims Zeiten einmal dazu gedient haben mochte, die Abfuhr der Erde vom Grabenaushub zu ermöglichen. Inzwischen war er mit daumenstarken Birken und Segge bewachsen, durch die ich lautlos pürschen konnte. Wo dieser Weg endet, beginnt einer der alten Gräben. Er führt ungefähr 100 Meter in die

Erlen hinein und wird dann von einem Quergraben geschnitten, der kurz vor der kleinen Höhe mit den Eichen endet. Wenn ich Glück hatte, würde nicht soviel Wasser in ihnen stehen, daß es mir über die Gummistiefel lief, und wenn ich noch mehr Glück hatte, würde das Wasser so klar sein, daß ich die Äste an seinem Grund sehen konnte und nicht auf sie trat. Ja, und wenn mir das Glück aus vollem Halse lachte, dann würden auch keine umgebrochenen Erlen quer über den Gräben liegen, und ich brauchte nicht mit meinem Zauberzeug über oder unter ihnen weg zu turnen. Hätte ich nur den Hund im Auto gelassen, jetzt mußte ich ihn tragen, es wurde nicht gerade leichter dadurch, aber wer weiß, dachte ich, wozu es gut sein mag, und ohne Hund komme ich mir auf der Jagd nackt vor.

Mit der Trixi im linken Arm, Jagdstock und Büchse im rechten, ließ ich mich ganz vorsichtig in den Graben rutschen. Schritt vor Schritt arbeitete ich mich in das Bruch hinein, zog die Füße langsam durch das Wasser, damit es nicht rauschte, suchte mit den Stiefelspitzen nach Ästen oder Löchern, prüfte immer wieder den Wind und lauschte nach vorn, ob ich irgendetwas hörte, das nach ziehendem Wild klang. Aber es fielen nur die Tropfen von den Blättern, und der Wind raunte in den Erlen. Ich erschrak, als ein Frosch vor mir in den Graben sprang, und lange Zeit irritierte mich ein Specht, der in einer der Eichen klopfte.

Nach 50 Metern wurde es schwieriger, hier wuchs mannshohe Nessel, die sich von beiden Seiten her über den Graben gelegt hatte, und nun wurde ich doch naß bis auf die Haut, denn mit jeder Berührung der Stauden floß mir das Wasser in den Kragen. Wenn nur der Hund nicht niesen mußte! Aber meine Spannung übertrug sich auf sie, sie blieb ruhig in meinem Arm liegen. Schließlich kam ich zu dem kleinen Fichtenhorst, hinter den ich mich setzen wollte, denn von da an bis unter die Eichen wurde das Bruch sehr naß und war deshalb nur lückig bestanden, die Erlen wurden krüppelig und mit Moos behangen, und zwischen ihnen wuchs dicht der Porst. Wenn ich mich mit dem Rücken gegen eine solche krumme Erle setzte, konnte ich eine ziemlich große Fläche übersehen und hatte selbst zur besseren Deckung die dunkle Kulisse der Fichten hinter mir.

Dort schob ich mich aus dem Graben heraus, suchte und fand eine passende Erle, bis zu der ich ohne Krach gelangen konnte, machte mir und dem Hund vorsichtig einen Platz frei, legte erst den Hund ab, stach dann den Sitzstock in die Erde und ließ mich darauf nieder. Uff, das war ein Stück mühsamer Pürsch gewesen, mein linker Arm war vom Gewicht des Hundes taub, Hemd und Jacke trieften von Wasser, und in die Stiefel hatte ich natürlich auch geschöpft. Aber eben kam die Sonne heraus mit goldenen schrägen Strahlen, und auch die Luft war nicht kalt, ich würde nicht frieren.

Ich sitze nicht gerne lange Zeit am gleichen Ort, es langweilt mich schrecklich, wenn stunden- und stundenlang überhaupt nichts passiert, und ich bewundere die Phantasie der Leute, die sogar ganze Nächte auf einem Sitz verbringen können. Manchmal, wenn es sich gar nicht vermeiden läßt, lange sitzen zu müssen, dann nehme ich mir ein Buch mit, aber wenn mir dann, so nach zwei bis drei Stunden, mit Verlaub zu sagen, der Hintern einschläft, ist auch das schönste Buch nicht mehr fesselnd genug, um mich an den Hochsitz zu bannen. Ich stehpürsche lieber, bleibe hier und da mal eine viertel oder sogar halbe Stunde stehen oder hocken, pürsche dann wieder ein Stückchen bis an eine mir aussichtsreich erscheinende Stelle und verharre dort wieder solange, bis es mir langweilig wird oder die berühmte innere Stimme sagt, hier kommt doch nichts mehr. Ich weiß natürlich nicht, ob diese innere Stimme lügt oder die Wahrheit sagt, denn wenn ich weg bin, kann ich nicht feststellen, ob nicht doch noch etwas gekommen ist. Andererseits ist es aber so, häufig sogar, daß ich eigentlich weiterpürschen möchte, aber die innere Stimme sagt, bleib doch noch ein paar Minuten, und siehe da, sehr oft kommt dann in diesen Minuten das Wild. Wenn es also so herum klappt, warum dann nicht auch anders herum? Also bleibe ich bei meiner Meinung und warte auf den Beweis des Gegenteils!

Damals wurde meine Geduld auf keinerlei Probe gestellt, und auch die innere Stimme kam nicht zu Betätigung. Ich hatte mich nämlich noch kaum richtig auf meinem Stühlchen hingesetzt, als vor mir unter den Eichen ein Stück Wild sich das Wasser aus der Decke schüttelte. Wenn es der Hirsch war, dann hatte er, wie gehofft, in den Himbeeren gesessen, und jetzt troff das Wasser aus den Eichen von oben auf ihn. Er würde also dort ganz gewiß nicht bleiben wollen, sondern dahin ziehen, wo er sich die Decke trocknen konnte.

Es wurde sehr spannend. Der Hirsch trat eine Weile unter den Eichen hin und her, ich hörte es daran, daß Äste knackten, dann vernahm ich einen dumpfen Aufsprung, also hatte er einen der Gräben überfallen. Anschließend war längere Zeit Ruhe, nur ein Rotkehlchen warnte rechts vor mir, wo hinter der lichten Stelle im Erlenwald am Übergang zu dem höheren Teil ein großer Fleck mit fast zwei Meter hohem Mädesüß mir die Sicht nahm. Dahinter krachten jetzt wieder trockene Erlenäste, dann klang ein scharfer Schlag herüber, und eine Erle wackelte, daß die Tropfen stäubten. Also war es wirklich der Hirsch, er schlug noch mehrfach in den Baum, schüttelte sich wieder, sprang auf die andere Seite des Grabens zurück, von wo er gekommen war, zog nach links hinüber durch die Himbeeren, wendete und kam jetzt genau auf mich zu.

Ich war sicher, daß er auf die blößige Fläche vor mir treten würde, die von der Abendsonne beschienen und erwärmt wurde. Auch wuchsen zwischen dem Porst so viele Kräuter, daß er daran lange und gern äsen mochte, wenn er Hunger hatte.

Da war er auch schon. Haupt und Vorschlag erschienen aus den Nesseln am Grabenrand 60 Gänge vor mir. Breiter Schädel mit stumpfem Ansatz zum Träger, fahlgelb im Haar. Der Hirsch war unendlich vorsichtig, lange sicherte er auf die Blöße hinaus, endlich zog er einen Schritt weiter, und ich konnte die Stangen in ganzer Länge sehen, die vorher über den Augsprossen durch einen Erlenast verborgen waren. Ja, es war der Hirsch, den ich im Juli gesehen hatte, mit den dicken Stangen bis zur Mittelsprosse und dann leicht gedrehte, dünne und lange Spieße darüber ohne jeden Ansatz zur Gabelung, weiß, spitz und scharf. Er gehörte zum zierlichen, feinknochigen Typ, den man hin und wieder in der Zentralheide findet, und bei dem es so schwer ist, das Alter festzustellen, wenn man nicht sehr lange und genau beobachten kann. Sie werden Sechser, Achter, Eissprossenzehner und, wenn sie wirklich mal eine Krone aufsetzen, dann hat sie Enden wie Kinderfingerchen. Immer wieder schlüpfen sie durch die jährliche Auslese, weil man sie für jung hält, und ich traue mir selbst noch nicht ein einwandfreies Ansprechen zu, wenn mir einer ihrer Vertreter unverhofft in der Unruhe der Brunft für nur kurze Zeit vor das Glas kommt. Darüber bin ich nicht unglücklich, denn die Natur hat diesen Typ anscheinend doch gewollt, und sie erhält ihn nach ihrem eigenen und zum Glück für uns in vielem unerforschlichen Ratschluß.

Der Hirsch zog langsam in den Porst hinein, äste hier und da ein paar Halme, sicherte lange und aufmerksam, äste wieder und stellte sich endlich ganz breit. Knapp handbreit hinter dem Blatt kam ich ab. Im Schuß machte der Hirsch eine weite Flucht nach vorn, knickte ein wenig in den Vorderläufen zusammen und stürmte prasselnd durch Porst und Erlen geradeaus in Richtung der Anflugkiefern in der Heide. Vor dem Platz, auf dem er eben noch gestanden hatte, neigte sich langsam eine Erlenstange, wurde im Fall schnell und schneller und versank mit ihrem grünen Wipfel im Porst.

Ich muß ein unendlich blödes Gesicht gemacht haben und habe ganz sicher minutenlang mit offenem Mund auf jene Stelle geschaut, von wo mich blendend weiß der zersplitterte Stumpf des Astes höhnisch angrinste. Ausgerechnet! Es war die einzige Erle weit und breit, und daß ich sie hatte übersehen können, war unverzeihlich, durch nichts zu entschuldigen. Eigentlich war nur zu hoffen, daß das Geschoß nicht im Gießkannenprinzip zersplittert war und mit Teilen den Hirsch erreicht hatte. Im Geiste sah ich noch das schreckerstarrte Gesicht des alten Försters im Lüß, dem ich eines Tages ein schon stark angegangenes Alttier zeigte, das die Trixi gefunden hatte. Es hatte einen winzigen Splitter vom Mantel des Geschosses in der Aorta über dem Herzen. Die Kugel selbst hatte ihrem Kalb gegolten, das nur 30 Meter weiter im Knall zusammengebrochen war. Dem guten Mann war keinerlei Vorwurf zu machen, denn das Alttier stand fast im rechten Winkel abseits zum Kalb, aber ich kann es verstehen, daß er sich wochenlang grämte und von Stund an noch vorsichtiger wurde, als er es ohnehin schon war.

Ich komme gleich wieder zur Sache, aber ich muß schnell noch ein Erlebnis erzählen, das ich während der Staatsprüfung hatte und das gut hier hinein paßt.

Es war in der Jagdprüfung, mündlicher Teil, für den nur 20 Minuten vorgesehen sind. Der Prüfer, natürlich ein erfahrener Jäger und sogar Jagdreferent beim Ministerium, begann, mir folgende Situation zu schildern:

„Also stellen Sie sich mal vor, Sie sitzen auf einem Hochsitz auf einem Kreuz von breiten Feuerschneisen, die dicht mit Heide bewachsen sind. Rundum sind Dickungen, in die Sie nicht hineinsehen können. Noch bei vollem Licht kommt aus der Dickung ein einzelnes Alttier heraus und äst sich immer an der Dickungskante auf einem der Brandstreifen entlang. Sie haben ein Tier frei und sollen sogar eines schießen. Was tun Sie?"

Ich dachte mir gleich, daß hier eine Fußangel liegt und sagte meiner Überzeugung nach:

„Nein, Herr Landforstmeister, ich schieße das Stück nicht, es kann noch ein Kalb in der Dickung stecken."

„Richtig, richtig", war die Antwort, „aber sehen Sie, es vergehen so 10, 15 Minuten, und das Stück ist immer noch allein und äst dicht an der Dickungskante entlang, schießen Sie dann?"

Nachtigall, dachte ich, ich hör dir trapsen, er will mich reinlegen. „Nein, ich schieße nicht!"

Nun wurde der Herr sichtlich unruhig.

„Aha, aha", meinte er und rutschte auf seinem Sessel hin und her, „Sie schießen also immer noch nicht, aber stellen Sie sich vor, das Büchsenlicht schwindet allmählich und das Stück ist immer noch allein, ist *immer* noch allein!"

Und wenn du mich umbringst, jetzt gerade nicht!

„Herr Landforstmeister, ich schieße das Tier nicht!"

Und damit war das Thema beendet, aber nachher, nach dieser Prüfung, kam der alte Professor Nüßlein zu mir, der als Beisitzer die ganze Zeit über schmunzelnd danebengesessen hatte, hielt mich fest und sagte mich anlächelnd: „Ach, hätten Sie ihm doch den Gefallen getan und das Stück geschossen, denn er hat vorgestern abend darauf geschossen – und, natürlich kam dann das Kalb aus der Dickung!" Sehen Sie, es gibt immer Momente auf der Jagd, in denen auch beste Dressur und Erziehung nichts nützen und man mit sich und seinem Gewissen allein ist. Schon deshalb können die Maßstäbe gar nicht streng genug sein, nach denen man Jäger macht.

Nun war also ich selbst, der vortreffliche Jäger, reingefallen und hatte in meiner Schußgier versagt.

Gut, daß ich den Hund dabei hatte. Der Anschuß war dank der blöden Erle mehr als leicht zu finden, und meine Hoffnung stieg ein ganz klein wenig, als ich sah, daß der Hirsch unmittelbar dahinter gestanden hatte, denn gleich hinter der Erle zog sich der dunkle Strich der Fluchtfährte durch den sonst hell mit Wasser überperlten Porst. Na, und da war ja auch Schweiß! Und gar kein so schlechter!

Ich machte den Riemen lang und hing dem Hunde nach, der eifrig die Fährte ausbosselte, hier und da und dort Schweiß verwies und sich mächtig in den Riemen legte.

Die ganze Strecke durch das Moor war die Fährte leicht zu halten, ich hätte nicht mal einen Hund gebraucht. In der Heide wurde es etwas schwieriger, weil der Schweiß auf den rostbraunen Pflanzen nur schwer zu erkennen war. Aber der Hund lag fest im Riemen und, als wir um eine kleine Gruppe von niedrigen Kiefern herumkamen, lag der Hirsch in seiner Fährte zusammengebrochen, Haupt und Träger nach vorn gestreckt wie ein Hund in Downlage.

Gute alte Donnerbüchse. Das Teilmantelgeschoß hatte die Erle durchschlagen, sich lediglich stark gestaucht, war dem Hirsch zwischen zwei Rippen hindurchgefahren und steckte, ohne Knochen gefaßt zu haben, unter der Decke der linken Seite. Der Einschuß war daumennageldick, daher der viele Schweiß. Nie, nie würde ich mir eine andere Waffe kaufen, ganz gleich, was geschähe – und ging hin und besorgte mir eine elegante Büchsflinte 7 × 65 mit diesem schönen Leichtmetallkasten, der immer glänzt, auch wenn man ihn nicht putzt, erwarb sie zu einem sündhaften Preis und ärgerte mich fortan, wenn ich damit etwas anderes schoß als Rehe. Aber davon vielleicht später einmal.

Ich habe diese Geschichte mit dem Hirsch erzählt, weil es das erste Stück Wild war, das ich eigentlich der Lady verdankte, die mir die Fährte gezeigt hatte. Ich habe mich anschließend nicht viel um sie kümmern können, einmal, weil die Brunft kam, und zum anderen, weil ich im Laufe des Winters ständig unterwegs war mit meinen Forsteinrichtungen. Deshalb war ich ein wenig im Druck, als mir der Münsterländerverband im Februar eine Einladung zur Jugendsuche schickte.

Aus meinem Schriftwechsel mit Neddermeyer hatte ich ja erfahren, was dort so ungefähr verlangt wird, tröstete mich aber damit, daß die ganze Angelegenheit ja nur eine Eignungsprüfung sei und mit Dressur nichts zu tun habe. Immerhin, so ein bißchen üben könnte auch nichts schaden, wenigstens das Vorstehen sollte sie schön zeigen und auch die Suche, alles andere, so glaubte ich Tor, ergebe sich dann schon von selbst.

Als die Hühner sich gepaart hatten, zog ich also hin und wieder mit der Lady ins Feld. Na ja, wie soll ichs sagen: Es war nicht gerade eine Offenbarung, was sich dort tat. Sie interessierte sich, endlich von der lästigen Leine frei, sehr genau für die zahlreichen Lerchen, sie meinte wohl auch, daß es nun endlich höchste Zeit sei, den Hasen bis in die aschgrauen Pechhütten zu hetzen, und daß die Hühner so wundervoll tiefe und flache Flieger seien, daß man ihnen herrlich folgen könne. Kurzum, von Vorstehen war keine Rede mehr, von Suche schon gar nicht, denn was sie suchte, das war nur ein Hetzobjekt, und das fand sich meist schon nach Sekunden. Reinweg zum Verzweifeln waren die Kiebitze, denen es einen Mordsspaß machte, den Hund zu foppen und, sich mit lustigem Quietschen in der Luft herumwirbelnd, bald ihm vor der Nase hinflogen, bald in eleganter Volte sich von oben auf ihn stürzten.

Also kaufte ich mir eine lange Feldleine, an die ich den Hund band. Die war dann aber bald naß vom Tau und schwer von Dreck, und der Hund mußte an ihr schleppen. Die Suche wurde also zum Herumgezerre und machte keinerlei Fortschritte. Besser ging es mit dem Vorstehen. Wir hatten da so eine schmale Hecke im Revier aus Eichengebüsch, in der sich die Hühner gern aufhielten, wenn der Wind scharf über die Felder pfiff. Wenn ich mich unter Wind hielt in gebührendem Abstand, damit die Hühner nicht wegflogen, klappte es mit der langen Leine ausgezeichnet. Sobald ich merkte, daß der Hund Wittrung bekam, trillerte ich ihn gleich herunter in Downlage, ging vorsichtig heran, lobte das gute Tier und ließ es am gespannten Riemen langsam vorangehen. Purrten dann die Hühner los, wollte sie natürlich hinterhersausen, lief aber in die Koralle und tat sich weh. Die Lady war ja zum Glück nicht dämlich, also kapierte sie die Sache schnell, und schon nach kürzester Zeit hatte ich das Vergnügen, daß sie auch ohne Leine vorstand und mit Hilfe der Trillerpfeife sogar dazu zu bringen war, das Abstreichen der Hühner durchzustehen.

Soweit war ich gekommen, als der Tag der Prüfung nahte. Mit reichlich gemischten Gefühlen setzte ich mich in Richtung Schwarmstedt an der Aller in Bewegung.

Dort hatte sich eine sehr illustre Gesellschaft zusammengefunden, in der das Grau der Berufsjäger bei weitem überwog, die bereits am frühen Morgen ihr Bier tranken und mit ihren um sich beißenden oder schwanzverklemmt dasitzenden Hunden renommierten. Keiner der vorhandenen Münsterländer war auch nur entfernt so klein wie die Lady, die – mit Liebe gemessen – 48 cm Stockmaß erreichte. Nachdem man mich mit der üblichen Herablassung der Vielerfahrenen begrüßt hatte, ging die Tafelrunde ohne weiteres zur Tagesordnung über, kaum, daß man mein Hündlein eines mitleidigen Blickes gewürdigt hätte.

Schließlich traten die Richter aus ihrem Beratungszimmer, und alles sprang auf, um draußen Aufstellung zu nehmen und der Einteilung zu lauschen. Die Schwarmstedter Bläser ließen das Signal „Begrüßung" hören, das allerdings im Gejaul aus 15 Hundekehlen völlig unterging. Alsdann beschwor der Vorsitzende und Prüfungsleiter den Wettergott und das Suchenglück, wünschte Waidmannsheil, und schon waren wir unterwegs ins Revier. Von meinem Nachbarn und Vordermann bei der Gruppe erfuhr ich, daß die morgendliche Hast guten Grund habe, weil die Klippe der Suche, also die Spurarbeit, am besten früh am Morgen im Tau der Wiesen und Saaten zu absolvieren sei.

Die Schießerei zur Feststellung der Schußfestigkeit überstanden wir alle gut, weniger gut die anschließende Beurteilung des Gebäude- und Haarwertes, wobei meinem Hündelein allzuwenig Substanz attestiert wurde. Ich tröstete mich aber damit, daß ihr Haar als „sehr gut" bezeichnet wurde.

Jetzt aber ging es richtig los.

Die Prüfung ließ sich für mich gut an. Nachdem mein Vordermann mit seinem Flitz v. Mühlenstein seine Sache am Hasen sehr schön gemacht hatte, gingen wir weiter in breiter Linie über die Felder, bis dann irgendwo ein Hase aufstand, an dessen Sasse ich gerufen wurde. Im Schweinsgalopp setzte ich mich in Bewegung, ließ den Hund Wittrung nehmen, und ab ging die Post über die Saat.

„Hau, hau", machte die Lady und hielt ihren Laut über den ganzen Acker hin, bis die Spur nach vielleicht 200 Metern in einen alten Obstgarten führte, der von einer Hecke umschlossen war. An dieser Hecke schlug sie einen Bogen, kam wieder auf die Spur, folgte ihr in den Garten hinein – „Ja, sie ist richtig!" schrie jemand – und wieder klang ihr Laut hinter den Büschen.

„Also spurlaut", sagte Tamme Harms, der Obmann; da kam die Lady hinter dem Garten herum durch eine Wiese gelaufen, immer noch mit der Nase am Boden und in windender Fahrt. Plötzlich wurde vor ihr im alten Gras der Hase hoch, und nun überschlug sich ihre Stimme in gellendem Hetzlaut, der nach geraumer Zeit über einer kleinen Bodenwelle verklang.

Während wir auf die Wiederkehr des Hundes warteten, raunte mir mein Vordermann zu: „Glatte 4 ist das, sehr gut!" Ja, schon, dachte ich, wenn nur der Hund wiederkommt, sonst ist die Führigkeit im Eimer. Aber sie kam wieder. Nach gebührender Zeit hörte man ihren Hetzlaut, dann erschien ein Hase an der Kimm, rannte in einer Saatfurche entlang, und dann kam, genau auf der Spur, die Lady und jagte laut, immer noch spurlaut, denn der Hase war gut und gerne 150 Meter vor ihr, und sie konnte ihn nicht sehen.

„Wenn ich nun genau wüßte, daß dies der gleiche Hase von vorhin ist", meinte Tamme Harms, „dann wäre das für mich eine 4^h. Aber jetzt laufen Sie und fangen Sie Ihren Hund ab, wir müssen weiterkommen."

Ich will es gleich sagen, diese Hasenhetze war die Glanztat der Lady an jenem Tage. Es war echte Anlage, gefördert durch die Arbeit am Schweißriemen. Sie war aber von da an dermaßen auf Spur eingestellt, daß sie überhaupt nichts anderes mehr im Kopf hatte. Kaum war sie zur Suche geschnallt worden, als sie auch schon lossockte, um ein Hetzziel zu finden. Unglücklicherweise fand sie es in einem Motorradfahrer, der auf der Chaussee im Hintergrund zu sehen war und von dem sie wohl glaubte, er sei ein Stück Wild. Als sie trotz Trillerns und Pfeifens nicht daran dachte, zurückzukommen, sondern über den Horizont verschwand, war mir klar, daß ein Wunder geschehen mußte, wenn ich die Prüfung bestehen sollte.

Das Wunder erschien in Gestalt des Obmannes, der die unfreiwillige Wartepause benutzt hatte, um aus seinem Wagen eine recht handliche kurze Kette zu holen, in deren Mitte er einen bunten Fetzen Stoff band. Er drückte mir das Ding in die Hand und sagte, ich solle das der Lady ins Kreuz schmeißen, wenn sie wieder durchgehen wolle, und ich möchte, bitte, verdammt genau zielen, denn wenn ich keine Wirkung brächte, sei für mich wohl die Prüfung aus.

Die Lady kam dann auch gelegentlich wieder und mußte auf Wunsch des Obmannes gleich wieder antreten. Es war dies eine Guttat, wie er mir später erzählte, denn er glaubte, daß der Hund durch die zwei Hetzen binnen kurzer Zeit nun doch so müde sei, daß er zu halten wäre. Ja, der gute Mann kannte die Durchhaltekraft der Lady nicht!

Aber es klappte, ganz ausgezeichnet sogar, denn als die Lady, kaum wieder von neuem angesetzt und energisch hin und her gewinkt, schon wieder abhauen wollte, schmiß ich sie mit der Kette, traf auch, was zwar ein großes Jammergeheul zur Folge hatte, aber doch sehr heilsame Wirkung zeigte. Sie begriff, daß ich auch ohne Feldleine weithin wirksam werden konnte und blieb mir künftig einigermaßen in der Hand. Die verlangten schönen Wendungen und Haken gegen den Wind machte sie aber nur, wenn ich mit den Armen winkte und auf dem Feld in Schlangenlinien vorwärtsging. Nachdem der Obmann mir das untersagte, ließ sie die Quersuche auch bleiben. Dabei schmiß sie natürlich die einzigen Hühner raus, und konnte froh sein, daß ich sie wenigstens zu Boden trillern konnte, denn sie hatte gewiß große Lust, hinterher zusausen.

Beim nachmittäglichen Gang machte sie ihre Sache etwas besser, aber mehr als ein „gut“ war es ganz gewiß nicht, obschon ich mich bereits damals fragte, was eigentlich, beim Henker, die Abrichtung zu einer tadellosen Quersuche mit Anlage zu tun habe. Anlage zur Suche, zur weiträumigen, windausnutzenden, felddeckenden Suche zeigt sich zunächst einmal – so meine ich – beim jungen Hund darin, daß er nicht am Herrn klebt, nicht minutenlang herumstochert, daß er den Wind ausnutzt, vor allem aber darin, daß er Jagdverstand hat. Ich verstehe darunter, daß er intuitiv spürt, wo Wild sein könnte, und sich dorthin begibt, auch wenn der Weg nicht durch Quersuche gefunden wird. Der alte Spruch „Ein guter Hund sucht sich sein Wild“ beruht hierauf, er hat nichts mit Dressur zu tun, im Gegenteil, durch die Dressur zur sturen Konsequenz in der Suche kann sogar ein Teil des angewölften Jagdverstandes verdorben werden. Aber ich eile vor – noch sind wir bei der Jugendprüfung, die, wie ich feststellte, eben doch schon ein Teil Dressur ist, die mitunter sogar die Qualität der Anlage überdeckt.

Schließlich, sehr spät am Nachmittag, kam die Lady noch zum Vorstehen, nachdem wir gesehen hatten, daß zwei Hühner in eine Hecke geflogen waren, die meiner Übungshecke stark ähnelte. Ich machte es also genauso wie dort, führte den Hund so zwanzig, dreißig Meter an ihr entlang und, Gott sei dank, sie wendete an der richtigen Stelle in den Wind, zog an und stand vor. Sie tat es wenigstens so lange, daß man bis 5 zählen konnte, dann strichen die Hühner ab und mit ihnen die Chance, eine sehr gute Zensur im Vorstehen zu bekommen.

Immerhin, es reichte zum 1. Preis und dank des Spurlautes sogar an 3. Stelle. Für einen „Anfänger“ schien es mir gut genug, und ich fuhr zufrieden nach Hause.

Eingedenk der goldenen Worte des Suchenleiters, nicht auf den Lorbeeren auszuruhen, sondern fleißig für die Herbstprüfung weiterzuarbeiten, nahm ich mir die Lady in den folgenden Monaten vor allem im Wasser und auf den Schleppen vor. Während dieser Zeit hatte ich mit ihr ein Erlebnis, das so recht zeigt, was in diesem kleinen Hunde steckte.

Es war anläßlich einer Forsteinrichtung. Ich ging mit dem Waldbesitzer einen Knüppeldamm entlang, der ein langgestrecktes Bruch in zwei Hälften teilte, als am Ende des Dammes ein Fuchs von der einen Bruchhälfte in die andere wechselte. Wie meist, trottete die Lady unangeleint neben uns her. Sie wurde, an der Spur angekommen, in höchstem Grade aufgeregt und, bevor ich überhaupt reagieren konnte, verschwand sie, vom Platz an Laut gebend, in den Erlen. Das Bruch mag an dieser Seite etwa 500 bis 600 Meter lang sein, es war stark verschilft und in den höher gelegenen Teilen mit Fichten ausgepflanzt. Wir hörten den Hund mit gleichmäßiger tiefer Stimme Laut geben, sie entfernte sich von uns offensichtlich durch die ganze Länge der Senke, dann wurde der Laut wieder kräftiger, also hatte sie wohl gewendet. Und da war auch schon der Fuchs, diesmal auf der anderen Seite des Dammes.

Der Jagdherr wurde ganz aufgeregt und rief: „Paß auf, die Lady wendet den Fuchs drüben noch einmal, ich hole die Flinte." Damit rannte er los zum Wagen. Aber er war noch nicht wieder zurückgekommen, als der Fuchs abermals auf der Linie erschien, diesmal auf seinem alten Wechsel dicht bei mir, und der Hund folgte ihm auf weniger als 100 Meter. Nun stellten wir uns auf, der Jagdherr an dem Paß auf der Jenseite, ich blieb – unbewaffnet – auf meinem alten Platz stehen. Aber, wie mein Freund Behnke zu sagen pflegt: wie die Natur so schäkert, der Fuchs nahm diesmal den Hinwechsel als Rückwechsel und lief mir fast über die Füße, noch immer in fast gleichem Abstand vom Hunde verfolgt. Natürlich hütete ich mich, ihn zu beunruhigen, denn dann wäre er sicherlich ausgebrochen.

In der Zwischenzeit war das ganze Bruch rebellisch geworden, das weit und breit die beste Kinderstube des Rotwildes war. Nicht weniger als drei verschiedene Alttiere mit ihren Kälbern waren vorsichtig über den Damm gewechselt und hatten sich nach der Seite hin verkrümelt, verschiedene Rehe hatten flüchtig das Weite gesucht und zu guter Letzt war sogar noch ein einzelner Überläufer nach der Seite hin ausgebrochen, hatte sich an unseren Autos gestört und war stark flüchtig und prasselnd die ganze Länge des Dammes dicht an diesem entlang quer durch die Erlen geflohen.

Alles dieses hatte die Lady nicht beirrt, sie war auf der Spur geblieben, ganz gleich, ob diese sich mit ihrer alten Fährte oder mit Verleitungen kreuzte. Die Ausdauer wurde belohnt. Als sie den Fuchs nun zum vierten Male wendete, nahm er endlich den richtigen Paß an und kam dem Jagdherrn, der ihn mit sauberem Schuß auf dem Damm streckte.

Eine solch hervorragende Leistung im Brackieren hatte ich bisher nur in Schweden erlebt, sie legte den Grund dazu, mit diesem an und für sich körperlich knapp ausreichenden Hund später einmal zu züchten, falls es sich herausstellen sollte, daß die Lady auch auf anderen Gebieten überdurchschnittliche Leistungen zeigen würde. Im Wasser hatte ich keinerlei Schwierigkeiten mit ihr. Als Übungsgelände stand mir die ganze große Teichwirtschaft meines Freundes Barthold Schrader im Meißendorfer Sunder zur Verfügung, wo auf einer von Sporken bestandenen Insel eine kleine Jagdhütte stand, die ich stets benutzen konnte. Ich habe in der Wildnis von 400 Hektar Teich- und Schilffläche unzählige schöne Stunden verbracht, allein mit meinem Hund bei der Übung, zusammen mit guten Freunden bei der Jagd, beim Filmen und beim gemeinsamen Abrichten unserer Hunde. Da kam im Frühjahr der Tierfilmer Sielmann und stand wochenlang bis an die Hüften im Wasser, um das Schlüpfen der Gelege von Rohrweihe und Löffelente zu photographieren, Hermann Huttel führte seine Hunde und schrieb in der Hütte an seinen Büchern, es kamen die Ornithologen von weit und breit zur Zugzeit der Fischadler, von denen ich einmal 16(!) Stück gleichzeitig in der Luft sah, es kam der beamtete Kreuzotternfänger des Tropeninstitutes aus Hamburg. Und so etwas habe ich noch nie erlebt: Ich ging mit meinem Hund und B. Schrader einen der langen Dämme entlang, auf denen ein Mittelstreifen stets vom Schilf freigehalten wurde, damit die Futterwagen freie Fahrt hatten. Auf diesen Mittelstreifen, die vom Schilf von allen Seiten gegen Wind geschützt lagen und auf die die Sonne brannte, sonnten sich sehr gern alle nur möglichen Sorten von Schlangen, meist natürlich Ringelnattern, aber an vielen Stellen, die an das Moor grenzten, auch Kreuzottern.

Von weitem schon sahen wir ein höchst verdächtiges Individuum uns entgegenwanken. Der Kerl trug einen alten Sack in der Hand und schwankte wie ein Besoffener von einer Seite des Dammes zur anderen. „Was zum Kuckuck", fragte mein Freund, „machen Sie denn hier?"

Der also Angeredete sah uns aus halb gebückter Stellung von unten her aus verquollenen Augen an:

„Ich s-s-s-uche K-K-Kreuzot-t-tern."

„Ja, Mann, sind Sie denn krank, Sie sind ja ganz verschwollen und taumeln!?"

„N-n-n-ein, d-d-das ist ganz n-n-natürlich, d-d-reie haben mich schon ge-ge-gebissen!“

Wir fuhren zurück und starrten den Mann mit offenem Munde an. Der klärte uns auf:

„Wissen Sie, ich m-m-mache das für das T-t-t-ropeninstitut in Hamburg schon seit vielen Jahren, und hier ist mein bester Fangplatz.“

„Sie müssen aber doch gleich zum Arzt, sollen wir helfen?“

„Nein, nicht nötig“, kam die Antwort, „ich b-b-b-in fast immun, wollen Sie mal sehen?“

Und damit fuhr er bis zum Ellenbogen in den scheußlichen Sack, wühlte darin herum und holte mit einem Griff drei Kreuzottern heraus, die sich um seinen Arm ringelten.

Wir sprangen automatisch in sichere Deckung und schrieen wie auf Kommando, daß er das widerliche Viehzeug wieder zurückstecken solle, bevor sie bissen.

„Ach die“, tröstete er uns, „die haben schon ge-ge-gebissen, die s-s-s-sind jetzt h-h-h-harmlos.“

Damit stopfte er sie wieder in den Sack zurück, wühlte in dessen Tiefen und zog eine Buddel Schnaps heraus, aus der er einen kräftigen Hieb nahm.

„D-d-das, meine Herren“, erklärte er, „ist m-m-mein Gegengift, wirkt p-p-prima.“ Damit warf er die Flasche zu den Ottern zurück und setzte grußlos und taumelnd seinen Weg fort. Wir starrten ihm mit offenem Mund nach.

Eine ganz hervorragende Vorarbeit für die Prüfung war das Stöbern nach Bleßhühnern, die sich lange vor dem Hunde im Schilf herumdrückten, bis sie auf die offene Wasserfläche schwammen, wo man sie zum Apportieren leicht schießen konnte.

Binnen kurzem klappte die Wasserarbeit ganz ausgezeichnet, selbst das in Schweden gelernte „rechts!“ „links!“ „geradeaus!“ und „weit voran!“ saß ziemlich sicher, in dieser Hinsicht blickte ich der Prüfung mit Vertrauen entgegen. Als am 1. August die Entenjagd aufging, benahm sich der Hund ganz ausgezeichnet, nur mit der Trixi bekam ich Schwierigkeiten, und zwar – wie ich annehme – aus Eifersucht gegen den jüngeren Hund. Schoß ich nämlich eine Ente, die maustot ins Wasser fiel, und setzte die Trixi darauf an, dann schwamm sie wohl willig bis zur Ente hin, beschnupperte sie und, wenn sie festgestellt hatte, daß sie wirklich tot war und kein Ruder mehr bewegte, machte sie kehrt und kam ohne Ente zurück. Diese leichte Arbeit überließ sie gern der Konkurrentin. Zappelte aber die Ente noch oder war gar geflügelt, dann suchte sie in alter Form unermüdlich, bis sie den Vogel bekam. Ich sah keine Möglichkeit, ihr diese Unart oder diesen Dickkopf auszutreiben, und mußte sie zähneknirschend gewähren lassen. Dennoch nahm ich sie immer mit, denn mitunter schoß ich an einem Abend 20 Enten und mehr, von denen die Hälfte ins Schilf fiel, was für den jungen und zarten Hund allein eine zu große Anstrengung gewesen wäre. Im fließenden Wasser machte die Trixi diese Mätzchen nicht, dort holte sie alles, ob tot oder krankgeschossen, ohne Anstände heraus.

Mit den verschiedenen Schleppen ging es auch tadellos. Ebenso auch mit dem sauberen Apportieren und Ausgeben, das ich ihr nach den bewährten Rezepten der gängigen Lehrbücher beibrachte. Als sie einmal zu Anfang der Hühnerjagd ein bißchen zu knautschen begann, gewöhnte ich ihr dies sehr schnell dadurch ab, indem ich ein geschossenes Huhn mit dünnem Stacheldraht umwickelte und sie dieses hin und wieder aufzunehmen und über längere Zeit zu tragen befahl.

Die Schleppen mit dem Kaninchen legte ich meist mit dem Auto, aus dem heraus ich eine lange Stange hielt, an die mit einer entsprechenden Schnur das Karnickel angebunden war. Damit vermied ich, daß sie meine Spur arbeitete und nicht die Schleppspur, und ließ nach und nach zwischen dem Legen der Schleppe und ihrer Ausarbeitung immer mehr Zeit verstreichen, so daß die Gestanksglocke des bald ziemlich haut gout riechenden Wildes sich verdünnte und der Hund schon wirklich die Nase herunternehmen mußte.

Den tieferen Sinn dieser Schlepparbeit habe ich allerdings nie so recht begriffen. Von der Nasenleistung des Hundes her gesehen ist die Schleppe eine Farce, sie könnte auch von einem Pekinesen gehalten werden. Den Bringwillen und die Bringfreude kann man auch anders prüfen und auf jeden Fall jagdnäher, indem man nämlich das zu bringende Wild in eine Deckung wirft, dort mindestens 10 Minuten liegen läßt und dann den Hund auffordert zu suchen und zu bringen. Die alberne Prozedur mit dem geschleppten und dem ausgelegten Stück Wild kann man sich sparen, es sei denn, daß man Schwerapportieren auf Distanz prüfen wollte, und das ist eine Arbeit für die Gebrauchsprüfung. Trotz dieser ketzerischen Gedanken scheiterte ich in der Herbstprüfung an der Huhnschleppe, aber nicht an deren Schwere, sondern aus ganz anderem, weiß Gott nicht vorauszusehendem Grund.

Es war der 27. September 1959, einem der in diesem Jahrhundertweinjahr üblichen Hitzetage. Aber nicht nur das Wetter war heiß, leider auch mein Hund, und zwar seit noch nicht ganz acht Tagen. Dennoch verlief der ganze erste Teil der Prüfung nach Wunsch. Wasser, Suche,

Vorstehen, Nase, Kaninchenschleppe, alles war einwandfrei gegangen, im Wasser sogar ganz besonders gut, weil die Ente ausgestiegen war und der Hund sie nach einer Spurarbeit von weit mehr als 100 Metern über Land in einem Graben gegriffen und gebracht hatte. Als letztes stand die Huhnschleppe an, ein Kinderspiel natürlich, und ich sonnte mich schon als Suchensieger, als ich die Lady mit lässiger Handbewegung auf die Reise schickte. Ich hielt es auch gar nicht für nötig, mir die Arbeit des Hundes anzusehen, und unterhielt mich fröhlich mit dem Obmann der Gruppe und wendete der Schleppe den Rücken zu.

Plötzlich wurden dessen Augen mitten im Gespräch starr, er griff zum Fernglas und schaute angestrengt in die Wiese, über die sich die ersten Abendnebel legten. Dann nahm er das Glas herunter und wandte sich zu mir:

„Ihr Hund", sagte er, „frißt jetzt das Huhn!"

Von meinem aus tiefster Verzweiflung aufröhrenden Schreien ließ sich der Hund nicht im geringsten stören, er vollendete seine grausame Mahlzeit und kam alsdann fröhlichen Galopps dahergelaufen. „Und vom ganzen Hühnerschmaus", sagte der Gemütsmensch von Neddermeyer, „hängt nur noch ein Bein heraus."

So war es dann auch, ich packte mein Hündlein ins Auto und fuhr sang- und klanglos nach Hause. Der „Suchensieger" schlief schon lange den Schlaf des Gerechten, als ich mich noch im Bette wälzte und mich mit Mordplänen trug.

Am nächsten Morgen hatte ich mich beruhigt, suchte und fand den Fehler bei der Hitze der Hündin, setzte mich ans Telefon und meldete für den nächsten Sonntag bei Kurzhaar Hannover zur Wiederholung der Prüfung. Natürlich fuhr ich in der Zwischenzeit hinaus auf Hühner, schoß mir ein paar und legte einige Schleppen, die von der Lady einwandfrei gemacht wurden.

Am Sonntagmorgen ging es mir gottsjämmerlich schlecht, ich hatte Fieber und fühlte mich wie zerschlagen, aber ich fuhr los zum bestellten Treffpunkt, irgend so ein ... bostel in der Nähe von Hannover, traf ein und wurde von einem dicken Oberförster, der einen ziemlich klobigen, seiner eigenen Statur angemessenen Kurzhaar hinter sich herzog, gleich mit einem „warum schaffen Sie sich eigentlich keinen Hund an?" begrüßt; worauf ich des steigenden Fiebers wegen nicht einmal in der mir eigenen leicht entflammbaren Art reagieren konnte, sondern nur müde abwinkte.

Den ersten Umgang zur Suche überstand ich so einigermaßen, nur wunderte sich der Obmann, warum ich mich dauernd hinsetzte, und hatte kaum gesagt: „Typisch, die Jüngsten sind immer die Faulsten“, als ich schon hinfiel und ohnmächtig wurde. Ausgerechnet an diesem Tage mußte mich die alte Malaria packen und so doll wie seit langem nicht mehr. Zum Glück kam gleich darauf der Suchenleiter, der gute Hasselbring, angefahren und packte mich in seinen bequemen Mercedes, in dem ich den ersten Schüttelfrostanfall überstehen konnte. Dann ging es wieder so einigermaßen, ich konnte meinen Hund die Kaninchenschleppe – bei Kurzhaar 500 Meter – machen lassen und brach darauf mit dem Hund als Wärmflasche auf dem Bauch wieder zusammen für die Zeit des nächsten Anfalles, der gerade dann nachließ, als wir zur Wasserprüfung umzogen.

Es wäre glatt gelogen, wenn ich jetzt noch weitere Einzelheiten dieses Tages berichten würde, denn ich kann mich an so gut wie nichts mehr erinnern, nur das eine weiß ich noch, daß der dicke Oberförster mit seinem Hund durchfiel und ich ihm im Fieberwahn als Retourkutsche sagte: „Warum kaufen Sie sich keinen Münsterländer?“ Denn meine Lady ging ihren Siegesgang trotz Kurzhaar, sie zeigte einen pointerhaften Suchenstil, sie umschlug die Hühner und machte sie zwischen sich und dem Schützen fest, sie schlug alle anderen im Wasser, und selbstverständlich brachte sie das Huhn. Aber, wie gesagt, erinnern kann ich mich an nichts mehr, ich weiß das alles nur aus späteren Schilderungen des Prüfungsleiters, der die ganze Zeit über nicht von mir wich und sicher viele Pflichten versäumte, nur um mich hin und wieder aus dem Auto zu zerren, wenn ich „dran“ war, und wieder im Auto zu verstauen, wenn der Prüfungsteil beendet war. Irgendwie bin ich am Abend nach der Prüfung und nach Empfangnahme meines Preises im eigenen Wagen nach Hause gekommen. Dort brach ich auf der Schwelle zusammen. Das Fieberthermometer zeigte 40,9 Grad.

Seither hält mich meine Frau, was Hunde anbetrifft, nicht nur für kompetent, sondern für unheilbar verrückt!

Bald darauf machte die Lady ihr Gesellenstück auf einer Nachsuche hinter einem Rotschmaltier, das der Sohn eines Bauern am Abend vorher beschossen hatte. Er rief mich früh am Morgen an, als ich mich eben auf meinen Bürostuhl in Uelzen setzen wollte, und bat um Hilfe bei der Nachsuche. Natürlich hatte er die Trixi gemeint, aber die hatte ich zu Hause gelassen an diesem Tage und fuhr also mit der Lady hin, denn ich traute ihr die leichte Arbeit schon zu, weil der Bauer gesagt hatte: „lang wird es nicht dauern, am Anschuß liegt der halbe Pansen.“

Es war natürlich nicht der halbe Pansen, der dort lag, aber doch ziemlich reichlich Panseninhalt, jedoch sah mir die Stelle vertrampelt aus, und ich fragte den Jungbauern, argwöhnisch geworden, was er schon alles angestellt habe.

„Na ja“, war die Antwort, „ich habe natürlich den Anschuß untersucht gestern abend, und dann habe ich unseren Ajax geholt, aber der hat nicht gefunden und ist nach einer halben Stunde wieder zurückgekommen.“

Ach du grünes Lieschen, dachte ich, das kann ja reizend werden, machte auch kein Hehl aus meiner Mißbilligung und sagte nur noch, der Bauer solle sich um Gottes willen jetzt zurückhalten und abseits, ich wollte es wenigstens versuchen, aber garantieren könne ich für nichts mehr.

Das beschossene Stück war von der Wiese in einen Kiefernbestand geflüchtet, in dem ein Fichtenhorst wuchs. Dort hatte es sich gleich am Rande niedergetan, es lag Schweiß und Panseninhalt im Wundbett. Ziemlich verlegen meinte der Unglücksschütze: „Ja von hier aus hat der Hund gehetzt gestern, dort in die Dickung hinein ist es gegangen.“

Auch das noch, meine Stimmung fiel unter Null.

Der Hund arbeitete die Fährte weiter, allerdings zeigte sie keinen Schweiß mehr, ich erwartete das auch kaum, es ging aber recht zügig bis an den Dickungsrand, als ich aber hinein wollte, sagte mir der Bauer ganz glücklich, mir nun etwas Gutes antun zu können: „Hier brauchen Sie nicht zu suchen, ich bin mit dem Ajax heut morgen schon alles abgegangen, die Fährten stehen auf der anderen Seite heraus über den Sandweg.“ Ich bin in der Regel ein friedlicher Mensch, aber das war mir zu viel. Mochte in jenem Dorf mein diplomierter Ruf „einen ruhigen Minschen“ zu sein, gestrost zum Teufel gehen. Ebendahin schickte ich jetzt den Schützen mit dem Zusatz, er solle sich bloß nicht wieder blicken lassen, sonst könne ich für nichts mehr garantieren. Auf Plattdeutsch klingt das nicht ganz so hart, aber es war so gemeint, wurde auch so verstanden und binnen kürzester Frist war ich mit meiner Lady allein.

Ich arbeitete mit ihr die Fährte durch die ziemlich schmale Dickung hindurch, bekam wenigstens an einer Stelle abgestreiften Schweiß verwiesen, kreuzte den Sandweg und durchzog ein räumiges Kiefernaltholz mit viel Beerkraut, an dem die Wittrung hängengeblieben war, jedenfalls ging es flott vorwärts bis über einen nächsten Sandweg, über den die Fluchtfährte des Schmaltieres, aber immer noch die Spur des Hundes führte. Dann ging es durch einen horstweise mit stubenhohen Fichten unterbauten Eichenbestand, wo sich das kranke Stück alle Mühe gegeben hatte, jeden Fichtenbusch, aber auch wirklich jeden Fichtenbusch zu durchkriechen. Erst als ich den Hals bis Oberkante Unterlippe voll mit Spinneweben und Fichtennadeln hatte, wurde ich einsichtig genug, diese Horste jeweils zu umschlagen und zu hoffen, daß der Hund die Fährte wieder aufnehmen würde.

Hier hatte nun zum Glück der hetzende Hund den Anschluß verloren, denn auf dem nächsten Weg, den wir kreuzten und hinter dem es in eine Kieferndickung ging, stand nur mehr die Fährte des Wildes. Ich nahm jedenfalls an, daß es die richtige Fährte war, beweisen konnte ich es nicht, denn Schweiß hatte ich nirgends mehr gefunden, wahrscheinlich hatte sich die Decke über Ein- und Ausschuß gezogen.

Im ganzen waren wir nun drei Stunden unterwegs, mir und dem Hund klebte die Zunge am Gaumen, aber weit und breit, wie es eben in der Hochheide ist, gab es kein Wasser, nicht mal eine Suhle. Oder doch? Ich überlegte, denn ganz genau kannte ich diese Gegend nicht mehr, hatte auch keine Ahnung, in wessen Jagd ich jetzt suchte; das störte mich allerdings am wenigsten, wichtiger war die grobe Orientierung und die Suche nach Wasser. Wir mußten, das wurde mir klar, inzwischen mindestens drei der schmalen Jagden gekreuzt haben, und wenn die Suche in der eingeschlagenen Richtung weiterging, dann müßten wir früher oder später an den Ahrbeck kommen und damit, wenn mich nicht alles täuschte, wieder in die Ausgangsjagd. Vor dem Ahrbeck, einem kleinen Heideflüßchen mit Forellen und Äschen, lag eine ziemlich große Dickung, und in dieser Dickung war eine Suhle, die kannte ich von der Forsteinrichtung her und von einem unvergeßlichen Grenzbegang aus meiner Staatsforstzeit.

Diese Grenzbegänge mußten turnusgemäß alle paar Jahre stattfinden, sie waren jedesmal eine Art Volksfest mit den angrenzenden Bauern. Damals war es die langgestreckte Grenze gegen Marwede gewesen, die wir abgelaufen hatten, und der dortige Bürgermeister Brese, Bauer, Jäger und Bundestagsabgeordneter, hatte sich ein Vergnügen gemacht, uns nach alter Sitte zu bewirten. Das ging dann so vor sich, daß wir jeweils einige hundert Meter am Bachlauf des Ahrbeck entlangkrochen und die Grenzsteine weiß anpinselten und dann gebeten wurden zu warten, denn, so sagte Brese: „Ick heff hier mine Aalreuse stehen!“ Dann pirschte er sich ein paar Meter vorwärts, bückte sich nach einer Schnur, die aus dem Wasser auf das Land führte, nahm sie ganz vorsichtig auf und mit einem Schwupp! holte er sie ein. Jedesmal hingen dann nett gebündelt einige Flaschen „Härte Export“ daran, die wir uns mit Genuß zu Gemüte führten.

Sintemalen der Gute es aber zu gut gemeint hatte und die Abstände zwischen den „Aalreusen“ immer enger wurden, nahm dieser Grenzbegang ein furchtbares Ende, zumal es entsetzlich heiß war, wodurch wir weit schneller als üblich betrunken, nein besoffen, wurden.

Aus den Anfängen dieser Besoffenheit aber erinnerte ich mich an jene Dickung an der anderen Seite des Baches und an den Hinweis, daß sich in ihr eine große Suhle befinde. Seufzend machte ich mich also wieder auf und wollte wenigstens noch ein Stück weit voransuchen, bis mir die allgemeine Richtung der Fluchtfährte richtig klar wurde. In dieser verdammten Dickung aber hatte das Schmaltier derart viele Widergänge gemacht, daß ich völlig konfus wurde und schließlich überhaupt nicht mehr wußte, in welcher Ecke ich mich befand. An ein Abbrechen war also gar nicht zu denken, ich hätte die Stelle kaum je wiedergefunden. Zum Glück aber ging die Fährte endlich aus der Dickung heraus – ich atmete auf – und auch wirklich weiter in Richtung auf Bachgrund und Suhle. Ich brauchte also nicht abzubrechen, wenn es auch für alle Beteiligten schwer genug war, durchzuhalten. Und vor dem Hündchen nahm ich schon lange den Hut ab! Ach, ich habe vergessen zu sagen, daß wir in der Dickung noch einmal Schweiß fanden, wo sich das Tier zwischen zwei sehr eng stehenden Kiefernreihen durchgequetscht hatte. Wahrscheinlich war dabei die schon verkrustete Wunde wieder aufgebrochen. Nichts gibt bei einer Nachsuche mehr Auftrieb, als wenn man nach langer Zeit der Unsicherheit, des Zweifelns, des Verzagens feststellen kann, daß man doch richtig ist. Auch der Hund wird von dieser wiedererwachenden Zuversicht angesteckt und arbeitet freudiger.

Vor uns lagen bis zu der Dickung am Bach nur noch Althölzer, die zunächst noch mit Beerkraut, dann mit Schmielengras unterstanden waren. Dort war eine etwas feuchtere Senke, wahrscheinlich mit Ortsteinuntergrund, denn die Bäume wuchsen krüppelig und waren ästig bis unten hin.

Der Wind stand uns entgegen.

Plötzlich nahm die Lady den Kopf hoch, blieb stehen und windete sehr angestrengt in das unübersichtliche Grasland. Vor uns, wahrscheinlich dicht vor uns, mußte das gesuchte Stück sein. Was tun? Ich nahm also zunächst mal die Büchse von der Schulter, entsicherte und hielt sie in der rechten Hand, mit der linken führte ich den Riemen. Der Hund bog mit hoher Nase von der geraden Richtung in spitzem Winkel ab, drängte förmlich vorwärts, und ich wartete jede Sekunde darauf, daß wir an das Wild kommen müßten. Da entschloß ich mich, die Lady zu schnallen, gewiß das Verkehrteste, was ich machen konnte, denn wer weiß, wie schnell sich die Dinge entwickeln konnten, ohne daß ich fertig wurde, und dann wäre ich den jungen Hund mitsamt dem Wilde los und stünde vor dem Bauern genauso dämlich da, wie er am Morgen vor mir. Aber es lief zum Glück ohne Panne ab. Nach kaum 30 Metern sah ich, daß die

Lady innehielt und sich mit etwas beschäftigte, das ich im hohen Grase nicht sehen konnte. Weil ich viel zu kaputt war, um mit Warten noch Zeit zu vergeuden, und keinerlei Lust verspürte, irgendwelche versteckten Verweiserqualitäten des Hundes hervorzulocken, ging ich mit halb angeschlagener Büchse auf sie zu.

Da lag nun endlich das arme Schmaltier, die Lichter schimmerten grünlich opal, und die dicken Schmeißfliegen saßen in Trauben auf dem rostrotgrün verklebten Ausschuß.

Das Schmaltier war, vom Hunde gehetzt, so lange gelaufen, bis es die Kräfte verließen und es in der Fährte zusammengebrochen war. Es hatte die Kühlung und das Wasser nicht mehr erreicht. Die Lippen waren fest zusammengebissen im Schmerz und unbändigem Willen, fliehen zu müssen, Wasser zu finden, dem Fürchterlichen, was hinter ihm lag und dem Dunkel, das es immer mehr umfing, zu entkommen.

Je älter ich werde, und je mehr ich das Schießen auf Wild als geringer gewichtigen Teil der Jagd auffasse, um so mehr mühe ich mich, jeden Schuß als sofort tödlichen Schuß anzubringen. Ich habe zu viel Leid im Ausdruck der Tiere gesehen, die ich habe nachsuchen müssen, und zu selten Glück bei den wenigen Malen, in denen es mir vergönnt war, hochentwickelte Wildarten in völliger Unbefangenheit beobachten zu können.

Die Lady hatte so ruhig, so sicher am Riemen gearbeitet wie eine Alte, und ich überlegte, ob ich diese Anlage nicht noch in anderer Weise fördern solle, vielleicht zum Totverbeller, zum Totverweiser. Aber ich kam bald davon ab, denn beim Totverbellen hatte ich schon lange ein Haar in der Suppe gefunden, die Ausbildung ist schwierig, und das Erreichte muß durch häufige Übung erhalten bleiben und, wenn es dann einmal so weit ist, daß man den Verbeller einsetzen möchte, müßte oder könnte, dann geht der Wind so stark, daß man ihn nicht hört, oder er steht überriegelt in einem Graben oder Wasserlauf. Ich habe das alles erlebt. Und das Verweisen? Nun, die Sache mit dem Bringsel macht sich auf Prüfungen sehr schön, fast so schön wie das Verbellen, aber es ist so schrecklich künstlich und unnatürlich. Ich habe etwas dagegen, mehr aus dem Gefühl heraus als aus der Praxis, obwohl ich auch da Sachen erlebte, na ja, Schwamm drüber, ein andermal.

Die Lady wurde aus Anlage und Unterstützung so etwas wie ein lauter Verweiser. Das bildete sich erst allmählich im Laufe der Zeit und vieler Nachsuchen heraus. Sie verbellte das gefundene Wild ganz kurz, sie bellte es an, ist richtiger gesagt, dann machte sie kehrt und kam zu mir zurück, ließ sich wieder auf der Fährte voranschicken, bellte, kehrte um, ging vor, bellte, und so weiter und so weiter, bis man selbst am Stück angelangt war. So richtig fest saß diese Art des Verweisens etwa in ihrem 4. oder 5. Feld, und sie behielt es bei bis in ihr hohes Alter, wo ich sie überhaupt nicht mehr an den Riemen nahm, weil sie so bedächtig vor mir her zottelte, daß ich fast immer bequem folgen konnte, und wurde es doch einmal zu dicht in der Dickung, brauchte ich nur zu rufen: „Halt Lady!“, dann blieb sie stehen und wartete auf mich.

Die Verweiserei hatte da längst ihre Tochter Bianca übernommen, die aber leider nicht entfernt das Durchhaltevermögen der Mutter geerbt hatte, weshalb ich sie bei schwierigen Nachsuchen nur als Beihund für etwa notwendige Hetzen mitführte oder eben zum Verweisen, falls es sich so ergab. Diese Bianca hatte da eine eigene Art entwickelt – man muß solche Anlagen beim jungen Hunde sehr beobachten und kann sie dann fördern; sie faßte mich entweder beim Ärmel oder am Mantel, wenn sie gefunden hatte, und zog mich zum Stück hin. Wenn sie sehr erregt war, dann faßte sie auch mal so stark zu, daß ich tagelang blutige Striemen am Arm hatte, so heftig war ihr Wille, mich schnell in den Besitz des Wildes zu bringen. Außer Lob bei den ersten Malen, an denen sich diese Naturveranlagung zeigte, habe ich zu der ganzen Sache nichts beigetragen.

Das Durchhaltevermögen der Lady zeigte sich kurz vor der VGP, also der Verbandsgebrauchsprüfung, der sogenannten Meisterprüfung der Jagdhunde, zu der ich sie am 15. Oktober 1960 gemeldet hatte.

Drei Tage vor dieser Prüfung hatte ich bei einem Freunde im Wald zu tun, dem ich einen Eichenschlag für den Winter auszeichnen sollte. Es hatte ziemlich stark geregnet, und ich mußte den Wagen weit vor dem Eichenwald stehenlassen, weil der Weg grundlos schien. Ich schlidderte dann zunächst einmal diesen Lehmweg entlang, lief über einen Knüppeldamm, der durch eines der zahlreichen kleinen Brücher führte, die mehr eigentlich mit Brennesseln, Waldrebe, Schierling und Mädesüß bestanden sind als mit Stockausschlagserlen, und ging im Anschluß daran meiner Tätigkeit in den Eichen nach. Es war eine recht zeitraubende Arbeit in dem ehemaligen Mittelwald, in welchem Stämme aller Stärken und Altersstufen durcheinander wuchsen; endlich wurde ich aber doch fertig und machte mich bei sinkender Dämmerung auf den Heimweg. Als ich mit dem Hund an der Leine eben den Damm betrat, bemerkte ich in dem ziemlich hohen Gras auf der anderen Seite des Bruches eine Bewegung, hob das Glas und sah eine brettdürre Sau, die in irgendwie unsicheren Bewegungen den Damm überquerte und nach rechts hin in den Erlen untertauchte.

Mit dieser Sau stimmte etwas nicht, sie war mit Sicherheit krank. So schnell ich nur konnte, eilte ich zu meinem Wagen, holte mir die Büchse heraus und begab mich an den Einwechsel. Das Büchsenlicht mochte noch für zehn Minuten ausreichen, wenn ich die Sau einigermaßen frei bekam, aber ich mußte mich beeilen. Also schnallte ich den Hund, der ohne zu zögern die Fährte annahm und in der Wildnis verschwand. Gleich darauf gab er auch schon Laut, Standlaut, und zwar keine 50 Meter vom Damm entfernt. Kurze Zeit wartete ich, aber weil sich an der Situation nichts änderte, mußte ich in das Bruch hinein. Und damit beginnt eine nicht gerade sehr rühmliche Episode meines Jägerlebens.

Ich kam ganz gut an die Sau heran, konnte sie sogar mit bloßem Auge in dem Grünzeug stehen sehen, weil aber das Fernrohr beschlagen war, bekam ich sie nicht hinein, mußte an den Linsen wischen, und in dieser Zeit rückte die Sau ein paar Schritt zur Seite, wo eine Erlengruppe dicht von Waldrebe umsponnen war und somit völlige Deckung gab. Ich mußte also noch näher heran, was die Sau veranlaßte, ihr Versteck aufzugeben, aber natürlich in voller Deckung durch den Busch. Einen Augenblick lang sah ich aber einen schwarzen Schatten und schoß. Die Kugel ging natürlich vorbei, die Sau floh weiter in das Bruch hinein, aber steckte sich dort wieder, vom Hunde nun scharf attackiert. Bis ich aufgerückt war, wurde es wirklich dunkel, und ein zweiter Schuß aufs Geratewohl in eine dicht verwachsene Stelle, in der ich die Kranke vermutete, ging irgendwo in den Dreck.

Für Notfälle habe ich immer eine Taschenlampe im Auto. Ich lief also los, diese zu holen, und eiferte den Hund an, ja der Sau an der Schwarte zu bleiben, was die Lady auch willig tat, und als ich nach wenigen Minuten wiederkam, hatte sich an dem Bild nichts geändert, Hund und Schwein waren an der gleichen Stelle.

Nun steckte ich mir die Taschenlampe in den Mund, nachdem ich sie in Gang gesetzt hatte, nahm das Fernrohr von der Büchse, was ich schon längst hätte tun sollen, und ging den Keif an. Um nicht den Hund zu gefährden, wollte ich ihn zurückrufen, hatte aber keinen Erfolg damit, kriegte dann aber doch die Sau ins Licht und, als ich wußte, daß der Hund zur anderen Richtung hin stand, schoß ich. Der Erfolg war äußerst mangelhaft, was das Treffen anbelangt, hatte die Sau aber in Bewegung gesetzt und zwar auf mich zu, wobei ich nicht einmal weiß, ob sie mich auch wirklich annehmen wollte, denn ich glaube nicht, daß sie in dem sie blendenden Licht einen echten Feind vermutete. Jedenfalls rannte sie mich über den Haufen, und ich verlor die Lampe. Es verging natürlich einige Zeit, bis ich festgestellt hatte, daß bei dem Fall keine Erde in den Lauf der Büchse gekommen war, und diese Zeit hatten Wild und Hund benützt, sich noch tiefer ins Bruch zurückzuziehen, wo es recht wässerig und moorig wurde.

Ich mag jetzt niemandem mehr mit zu großer Ausführlichkeit dieses abendlichen Intermezzo quälen; wenn schon etwas schief geht, dann geht es gründlich schief. Ich schoß auch den vierten und fünften Schuß in die Erde, und damit stand ich da: Ohne Munition und ohne Hund. Die Sau war durch die fortgesetzte Ballerei etwas munterer geworden und stellte sich immer nur kurze Zeit, meist rückte sie langsam zwar, aber doch stetig vor dem Hunde hin und her. Und der Hund reagierte auf kein Kommando, er blieb an der Sau, ich mochte rufen und pfeifen, soviel ich wollte. Damit habe ich gewiß eine volle Stunde verbracht, dann gab ich es resignierend auf und ging zum Auto zurück und wartete dort noch einmal eine ganze Weile.

Was ich dann tat, ist eine Gemeinheit gegen den Hund, aber man halte mir bitte zugute, daß ich naß, erschöpft, hungrig, wütend und dreckig war, dazu praktisch waffenlos, und die Taschenlampe gab auch ihren Geist auf.

Ich fuhr einfach weg! Fuhr weg und ließ meinen Hund im Stich, legte nur seine alte Decke an den Platz, wo ich geparkt hatte, und dachte, daß ich ihn dort am nächsten Morgen frühzeitig abholen könnte. Ich fuhr zu dem Freund auf dessen Hof, erzählte ihm die Geschichte, bat um ein Bett, legte mich hin, aber ich muß schon sagen, ein ganz schlechter Mensch bin ich nicht, denn ich habe so gut wie nicht geschlafen, immer wenn mir die Augen zufielen, sah ich vor mir den Hund im Bruch an der Sau, unter der Sau, im Rachen der Sau.

Es wurde eben hell, als wir am nächsten Morgen zu zweit und schwer bewaffnet ins Bruch fuhren, den Wagen abstellten, auf der ausgelegten Decke nichts vorfanden und nun voller Sorge in den Wald hineinlauschten. Schwach, abgerissen, heiser, kam ein kärgliches Bellen aus den Erlen. Ich bin ziemlich hart im Nehmen, aber hier traten mir die Tränen ins Auge, und ich schäme mich nicht, es gern zu gestehen.

Der Rest war in wenigen Minuten getan. Die Sau – ein zweijähriger Keiler – hatte einen Schuß ins Gebrech bekommen, wodurch der ganze Unterkiefer weggerissen worden war. Die fürchterliche Wunde war schon ziemlich verheilt, dennoch wäre der Keiler mit großer Gewißheit verhungert, er war nur noch Haut und Knochen.

Das Erlebnis dieser Nacht brachte mich meinem Hunde so nahe wie nie zuvor, aber es kostete mich auch den I. Preis bei der VGP, nicht etwa, weil die Lady zu schlapp gewesen wäre, die Strapazen durchzuhalten, sondern weil sie auf der Schweißfährte — fast — versagte.

Natürlich hatte ich fleißig geübt, mit Rinderblut und Wildschweiß Fährten gelegt, aber ich merkte schon gleich bei den ersten Malen, daß diese Sorte Arbeit der Lady nicht den geringsten Spaß machte. Weil sie nun auch überhaupt nicht verfressen war, hatten Lobesbröckchen keine Wirkung, und auch sonst konnte sie nichts überzeugen, daß auch Kunstfährten ihren Reiz hätten. Sie war nun einmal ein ausnehmend kluger Hund und durch die frühe Einstellung auf die Praxis für diese Sorte von Mätzchen verdorben.

Die VGP ist mit Ausnahme der Schweißarbeit sonst eine recht praxisnahe Prüfung, und ich sehe leider keine Möglichkeit, auch diesen Teil der Prüfung der Wirklichkeit näher zu gestalten, ohne Ablauf, Zeitdauer und Risiko der ganzen Veranstaltung zu gefährden.

Im ersten Teil der Prüfung hatten wir mächtig geglänzt mit nur sehr guten Leistungen, die Fuchsklippe war mit Bravour umschifft worden, und für die Wasserarbeit hatten wir sogar einen Sonderpreis bekommen. Der Suchenfuchs war ein recht strammes Exemplar von acht bis neun Pfund, und ich sah uns schon an und mit ihm scheitern, weil dieses unhandliche Gewicht, über vierhundert Meter geschleppt, für den kleinen Hund wahrscheinlich zu viel sein würde. Sie machte es aber sehr brav, hatte den Fuchs schön in der Mitte gefaßt und kam im schlanken Trabe mit ihm angelaufen, bis sie mich von ferne sah. Dort setzte sie sich einen Augenblick lang hin und fing an zu miefzen. Weil ich ihr nun aber durchaus nicht näher kommen und helfen wollte, entschloß sie sich zu meiner Erleichterung, sich wieder in Marsch zu setzen und kam nun im Schritt, aber mit jedem Meter immer lauter heulend. Es sah einerseits rasend komisch aus, wie der Hund die Lefzen blähte, aber den Fuchs fest im Griff behielt, so daß die Oberlippen wie Segel im Wind flatterten, und dabei das unglücklichste Heulen von der Welt ertönen ließ, andererseits waren wir alle fast zu Tränen gerührt, mit welch eisernem Apportierwillen dieser viel zu kleine Hund die viel zu schwere Last brachte. Der Richterobmann, Graf Schwerin, hat seinerzeit hierüber einen ergreifenden Artikel in der „Deutschen Jägerzeitung“ geschrieben. Mein eisernes Training mit dem immer mehr beschwerten Apportierbock hatte sich gelohnt. Dabei hatte ich mit diesem sehr empfindlichen und leicht kränkbaren Hund äußerst vorsichtig vorgehen müssen. Sie tat alles für mich, sie tat es aus Liebe, aber sie tat es nur dann, wenn man es ihr auch mit Liebe beibrachte oder aber, wenn sie aus Erfahrung wußte, daß der Befehl jagdliche Freude bringen würde. Auf Schärfe reagierte sie mit Desinteresse und Obstruktion, sie tat dann so, als ginge sie die ganze Sache überhaupt nichts an, und blickte starren Auges in eine andere Richtung.

Bei der Schweißarbeit merkte ich schon bei den ersten Metern hinter dem „Anschuß“, daß sie keine Lust hatte, das stinkige Rinderblut zu verfolgen. Mit unendlich vielem guten Zureden brachte ich sie bis zum ersten Haken nach hundertfünfzig Metern. Ausgerechnet dort aber hatte sich ein Kaninchen in die Sonne gesetzt, von dem sie Wind bekam und das sie ausgiebig und mit Lust vorstand. Ich mußte dieses Tier erst einmal vertreiben, und die willkommene Unterbrechung nutzte der Hund aus, um mich gründlich reinzulegen. Sie war mit keinem guten Wort über die Kaninchenspur hinwegzubringen, legte sich dann sogar noch hin, und es hätte nicht viel gefehlt, daß sie sich auf den Rücken gewälzt hätte, um mir ganz deutlich zu sagen, wie sehr sie die Sache langweile.

Ich trug sie also ab, griff vor und fand die Fährte wieder, auf der es dann im Schneckentempo weiterging. Plötzlich wurde die Lady ganz lebhaft, sie verbohrte sich förmlich in die Fährte, die Rute ging aufgeregt hin und her, der Arbeitseifer war erwacht.

Das hätte mich eigentlich stutzig machen müssen!

Aber ich war so verbissen in meinen Ärger und in den Willen, endlich ein Ende machen zu können, daß ich an nichts Böses dachte und dem Hunde folgte, bis mich die Richter abriefen. Man gestattete mir aber, da ich es nun genau wissen wollte, festzustellen, auf was für einer Verleitfährte der Hund gearbeitet hatte. Nach wenigen Metern schon zeigte sich des Rätsels Lösung: Im anmoorigen Sand stand über einen Rückeweg eine Fährte, die nagelfrische Fährte einer Sau. Drum! Das war natürlich interessanter als der Kunstschweiß, gemischt mit dem Geruch nach Gummistiefeln des Fährtenlegers. Ich konnte die Lady wohl verstehen, aber dieses Verständnis würde mich schwerlich die Prüfung bestehen lassen.

Ich trug sie also ab, setzte sie am letzten Haken neu an, und dann fanden wir auch in mühsamer Zusammenarbeit bis zum Stück, ohne noch einmal zu straucheln, aber der I. Preis war eben weg. Einen Trost hatte ich nicht nötig, denn ich wußte, was mein Hund wert war. Verkaufen wollte ich ihn nicht, also spielte der Preis keine Rolle, ich wollte sie führen und mit ihr züchten, und 307 Punkte von 320 möglichen sind für einen so kleinen Hund eine unwahrscheinlich gute Leistung.

Der früher schon genannte Flitz v. Mühlenstein wurde der Vater meines ersten Wurfes. Der Rüde hatte mir bei der Arbeit gut gefallen, er war ruhig und doch willig, schien einen ordentlichen Charakter zu haben und paßte auch in seiner Blutführung einigermaßen mit der Lady zusammen, obschon gerade das sehr schwierig war, weil der Ulmenhöfer Zwinger durch viele Generationen hindurch sehr eng in sich selbst gezogen wurde und praktisch ohne Blutzuführung durch Langhaar und

Spaniel auf die Urmünsterländer, die sogenannten Heidmann-Hunde, zurückging. Ich durfte also mit Recht auf das Ergebnis gespannt sein.

Bis diese 63 Tage aber herum waren, machte ich einen Ausflug jagdlicher Art nach England, wo ich Tauben schießen sollte, bis mir die Federn zum Hals herauskämen. So lautete jedenfalls die Einladung meines Freundes Buchanan, den ich im Laufe des Sommers beim Forellenfischen in der Heide kennengelernt hatte und mit dessen Labrador-Retriever namens Pu-Put wir die schwierigsten Enten aus dem Schilf geholt hatten.

Taubenjagd in England - und allerlei Meisterleistungen der „fertigen" Lady

Diese Reise, am 30. November begonnen, verlief so unprogrammmäßig, daß ich von ihr erzählen will, schon um Englandreisende, die dieses Wagnis gleich mir im Winter vornehmen wollen, rechtzeitig auf alle Möglichkeiten vorzubereiten. Das Drama fing damit an, daß das Fährschiff, welches laut Auskunft des heimischen Reisebüros gegen 17 Uhr ab Ostende nach Dover gehen sollte, keineswegs abging. Von Ostende ging zu dieser Jahreszeit überhaupt kein Fährschiff mehr, und der Hafen lag trübe und leer im Nebel, mit dem die Sonne den ganzen Tag über einen vergeblichen Kampf geführt hatte. Ein freundlicher Hafenbeamter, den ich rein zufällig traf, schaute auf seine Uhr, als ich ihm mein Leid klagte, und meinte, daß ich vielleicht noch das Schiff Dünkirchen–Dover bekommen könne, wenn ich mich sehr beeile. Das tat ich dann auch und kam noch rechtzeitig in Dünkirchen im Hafen an, wo mir – nun in völliger Dunkelheit – an einer Schranke ein Zöllner ins Auto guckte und ein anderer Mensch das Fahrgeld abnahm. Hinter mir fiel die Schranke zu, und ich fuhr endlose Kais entlang, sah aber nirgends ein Schiff, lediglich ein Häufchen verlassener Menschen mit einigen Fahrzeugen, die auf dem Pier auf irgendetwas zu warten schienen. Ja, sagten sie auf Befragen, auch sie wollten mit dem Boot nach Dover, aber das sei noch nicht da. Es war inzwischen etwa halb acht Uhr, dazu ziemlich kalt, regnerisch und dunkel.

Um neun Uhr etwa verteilte eine Dame, die mit Chauffeur in einem Rolls Royce saß, Tee an die Frierenden.

Um zehn Uhr gingen einige Lichter an, und unsere Hoffnung stieg.

Um elf kam das Boot, und uns wurde mitgeteilt, daß es Maschinenschaden habe, aber dennoch abfahren werde, allerdings werde die Überfahrt etwa drei Stunden lang dauern.

Nachdem das Schiff unendlich viele Güterwagen mit Schweinen von sich gegeben hatte, wurde uns gestattet, hineinzufahren. Hungrig nach der langen Wartezeit versuchten wir etwas Eßbares aufzutreiben. Aber es gab nichts außer Kippers, das sind in Öl gebackene Heringshälften. Davon wurde allen, außer den geborenen Engländern, bereits auf dem stehenden Dampfer übel. Schließlich fuhren wir im Schneckentempo ab, die Passagiere saßen oder lagen auf harten Bänken im Halbschlaf oder krochen durch das Schiff, um sich die Zeit zu vertreiben. Auf einem Bronzeschild unter der Brücke fand ich eingetragen, daß dieses Boot im Jahre 1916 als H.M.S. Minenleger gebaut worden sei und in zwei Weltkriegen seiner Majestät treue Dienste geleistet habe. Das war ja recht schön und erbaulich, aber offenbar hatte es vor, mit seinem fünfzigsten Dienstjubiläum endgültig in Pension zu gehen, man konnte nur hoffen, daß es sich nicht mitten auf dem Kanal dazu entschloß.

Es war aber auch uns Preußen treu, denn nach der angegebenen Zeit von drei Stunden wuchsen vor uns die Kreideklippen von Dover auf, allerdings in völliger Dunkelheit, was den Kapitän veranlaßte, heftig die Sirene heulen zu lassen. Hierdurch aber änderte sich nichts am Zustand des Hafenbeckens, es blieb dunkel. Offenbar in einem Anfall von Ratlosigkeit blieben wir längere Zeit mit gestoppten Maschinen liegen, dann entschloß man sich, von den Eastern Docks, wo wir lagen, in außerordentlich langsamer Rückwärtsfahrt zu den Western Docks zu dampfen, eine Entfernung von etwa zwei Kilometern, für die wir eine weitere halbe Stunde brauchten. Dort gingen dann auch einige Lichter an, und zwei sehr mürrische Hafenoffiziere, der Zöllner und der Einwanderungsbeamte, kamen an Bord. Nachdem man festgestellt hatte, daß wir alle vernünftige Menschen waren, ließ man uns an Land. Es war inzwischen fast drei Uhr geworden.

Das White Cliff Hotel hatte noch Licht, und man gab mir ein Zimmer mit Seeblick, worauf ich zwar keinen Wert gelegt hatte, aber man überzeugte mich dadurch, daß man mir sagte, es sei geheizt, und ich fror ganz jämmerlich.

In diesem Zimmer herrschte eine infernalische Hitze. Es war auch nicht möglich, die Heizung abzustellen, sie war irgendwie automatisiert und lag hinter einem Rost verborgen. Also schob ich das Fenster hoch, zog mich aus und ging zu Bett. Eben war ich eingeschlafen, als ich senkrecht hochschreckte: Auf dem breiten Fensterbrett gaben sich alle Hafentauben ein nächtliches Stelldichein, und, weil ihnen von der Wärme aus meinem Zimmer so angenehm zu Mute wurde, bekamen sie Frühlingsgefühle, und die Tauber gurrten, nein brüllten ihr Gru – gru – gru in meinen Raum. Ich sprang also aus dem Bett und riß das Fenster herunter. Kaum aber war ich wieder eingeschlafen, als ich durch die Hitze wach wurde, schweißüberströmt abermals aufsprang und das Fenster öffnete: Aus beglückten runden Augen schauten mich Dutzende von Tauben an und begannen augenblicklich wieder ihre Liebestänze, noch bevor ich bis zum Bett gekommen war.

Ich will es kurz machen: Diese Nacht habe ich überhaupt nicht geschlafen und war froh, als der Morgen graute und ich mir einen Tee bestellen konnte.

Mit der Erzählung dieser Geschichte als gedachter Erheiterung für meine englischen Freunde hatte ich übrigens absolut kein Glück, Mit einem „That's normal!" wurde ich in meine kontinentalen Schranken verwiesen und auf meine bescheidene Frage, ob es denn wirklich so normal sei, wenn bei einer winterlichen Kanalüberquerung der Kapitän des Bootes entweder verrückt oder betrunken sei, wurde mir wiederum mit steinernem Gesicht gesagt: „Normally both!"

Die Taubenjagd war ein großer Erfolg. Ich weiß nicht genau, wie viele ich schoß in diesen Tagen, weil wir die Strecke nicht zählten und froh waren, wenn wir die Tiere überhaupt losbekamen an Leute, die sich noch nicht an Tauben überfressen hatten. Wenn wir am Morgen in unseren Deckungslöcher hockten am Rande eines Feldes, zu dem die Tauben zur Äsung strebten, dann geschah es an guten Tagen, daß sich stundenlang ein nicht abzusehendes Band von Vögeln, in Wellenlinien schwebend, vom königlichen Forst her bewegte. Wenn ich jetzt die Augen schließe und mich an diese Zeit erinnere, so entsteht vor mir das Bild der unendlichen Weideflächen der Salisbury Plains, hier und da von Schwarzdornhecken durchzogen, und von fern her, vom Horizont, wo der Wald einen dunklen Abschluß bildet, fliegen Tauben, blausilberne Vögel, in unendlicher Zahl über grünem Grund.

Nach einer Woche war ich wieder zu Hause und blieb für die nächste Zeit auch dort, ohne mich in das Revier zu getrauen, denn nicht nur die Lady sollte ihre Jungen kriegen, auch wir erwarteten Nachwuchs, und weil wir so abseits wohnten, war es besser, ich blieb für alle Fälle daheim. Wie Sie hieraus ersehen können, war es unser erstes Kind.

Am 3. Januar war es soweit, der Junge kam an, und als ich noch den nächsten Tag mit Erfüllung der notwendigen Formalitäten und unzähligen Telefonaten zu Hause verbracht hatte, zog es mich am 5. Januar unaufhaltsam in das Büro nach Uelzen, wo sich ein Berg Arbeit angestaut hatte. Die hochschwangere Lady nahm ich mit, denn ich mochte es der zwar tierlieben, aber doch in diesem Spezialfach unerfahrenen Säuglingspflegerin nicht zumuten, neben ihrer sonstigen Arbeit auch noch die Entbindung eines Hundes durchzuführen.

Ich saß am Morgen des 6. an meinem Schreibtisch, die Lady lag darunter auf ihrer Sauschwarte und war ebenso breit wie hoch, da weckte mich das Telefon aus meiner beschaulichen Rechenarbeit, und Ernst, der Vollhöfner aus Brambostel, war dran.

Er erklärte mir, der Jagdpächter habe am Abend vorher auf einen Überläufer geschossen, die Kugel sitze gut, doch sie könnten ihn nicht finden, weil in der Nacht Schnee gefallen sei, aber er liege ganz bestimmt nur ein paar Meter in der Dickung. Mein Einwand, daß die Lady im Moment durchaus nicht in der Lage sei, Nachsuchen durchzuführen, wurde mehr und mehr durchlöchert, und schließlich ließ ich mich breitschlagen.

Als ich auf dem Hof ankam, troff das Schmelzwasser vom Dach, und vom Misthaufen her ringelten sich braune Rinnsale zur Straße hin. Wenn die Tauerei so weiterging, würden wir binnen weniger Stunden von der Welt abgeschnitten sein, denn es führte damals noch kein fester Weg auf den Hof, und ich hatte es im Jahre zuvor schon einmal erlebt, daß ich drei Tage lang nicht abfahren konnte, weil der Boden so fünf bis zehn Zentimeter tief aufgetaut war und wie Schmierseife wirkte. Es war zwar eine tolle Zeit gewesen damals mit einem herrlichen Dauerskat und unentwegtem Spiegeleieressen, aber diesmal wollte ich es denn doch nicht riskieren. So bat ich, anstatt des eingeplanten Frühstücks lieber gleich die Sau nachzusuchen und dann zu essen, wenn es die Witterung zuließe.

Wir fuhren also bereits heftig schliddernd den breiten Heideweg bis an die Dickung, die der Überläufer noch erreicht haben sollte, hielten an, ich machte meinen Schweißriemen fertig, und dann gingen wir zum Anschuß. Dort hatte der Schütze einen Kiefernzweig in den Acker gesteckt, mehr aber war beim besten Willen nicht zu sehen, immerhin, die Lady tat sehr interessiert und wühlte mit der Nase im Schnee herum. Sie zog mich dann auch bis an den Dickungsrand, wo ein anderer Zweig steckte, der den Einwechsel markierte. Jetzt fing ich an zu überlegen, ob es überhaupt sinnvoll sei, mit dem Hund am Riemen die Fährte zu arbeiten und nicht besser, ihn gleich zu schnallen. Denn, wenn die Sau wirklich läge, dann würde sie der Hund verweisen, wenn nicht, dann käme er gewiß zurück dachte ich, nein, hoffte ich, denn der Grund dieser Überlegung war natürlich nicht jagdlicher Art, sondern ganz einfach die Furcht davor, auch nur einen Meter mehr als notwendig in diese fürchterlich triefende Dickung hineinkriechen zu müssen. Gut, also ich schnallte die Lady, die mit der Nase am Boden bedächtig in den Kiefern verschwand. Sie konnte noch keine zwanzig Meter weit gekommen sein, als sie Standlaut gab, richtigen giftigen Standlaut.

„So!" sagte ich, „da hast du deine tote Sau, jetzt fängt die Schweinerei erst an!"

So war es auch, der Standlaut ging nämlich in Hetzlaut über und entfernte sich, zwar nicht schnell, aber doch stetig, die Sau war also sehr krank, aber doch nicht so krank, daß sie nicht mehr weiterkonnte. Ernst setzte sich mit dem Pächter ins Auto und fuhr um die Dickung herum auf ein breites Birkengestell, das sie besetzen wollten, und mir blieb nichts anderes übrig, als in die Dickung hineinzukriechen.

Ich nahm mir die Büchse, setzte den Mündungsschoner auf, band mir die Mütze unter dem Kinn zusammen und kroch los. Die Sau schien sich aber nun doch endgültig gestellt zu haben, der Laut des Hundes veränderte sich nicht mehr. Als ich nahe genug herangekommen war, machte ich eine kleine Umgehung mit dem Winde und, als ich die Pflanzreihe einsehen konnte, in der die Sau stand, konnte ich den Fangschuß anbringen.

„Sau tot!" schrie ich, und „Huup!" machten die beiden draußen und konnten sich nun auch die Krägen voll Wasser holen.

Aber, du lieber Himmel, was machte der Hund? Sie kratzte sich unter dem sehr relativen Schutz einer Kiefer eine Mulde in das Moos, begann in hohen Tönen zu klagen, und drehte sich dabei in ihr selbst geschaffenes Bett hinen.

„Du, din Täven jungt!" rief Ernst, der eben herangekrochen kam.

„Ja, das sehe ich selbst", schrie ich in höchster Aufregung, „tschüs denn, ich fahr los!"

So griff ich mir meinen armen, nassen, leise wimmernden Hund, bei dem die Aufregung der Nachsuche die Geburt beschleunigt hatte, und rannte rücksichtslos gegen klackernden Schnee, schlagende Äste und auf der Haut rinnendes Schmelzwasser zum Auto, packte die Hündin auf den Rücksitz und fuhr los wie von Furien gehetzt.

Es sind 54 Kilometer von dort bis zu meinem Haus, und selbst bei bestem Wetter und schönster Fahrkunst braucht man hierzu fast eine dreiviertel Stunde. Und das war heute entschieden zu lange. Als ich hinter Holdenstedt in den Wald kam, schrie der Hund so erbärmlich, daß ich anhalten mußte. Bis ich das geschafft und mich auf meinem Sitz umgedreht hatte, war der erste Welpe angekommen. Ich brauchte gar nicht zu helfen, Lady machte alle Arbeit sehr geschickt und schnell, biß die Fruchthaut auf und nabelte das Kleine ab. Mir blieb nur übrig, den Welpen in meinen Hut zu packen, den ich zwischen die Knie nahm, und ein Taschentuch daraufzulegen, mehr hatte ich nicht zum Wärmen, denn alle meine Sachen waren klatschnaß.

Dann fuhr ich weiter, kam aber nur bis zur Gastwirtschaft in Breitenhees, als die Lady wieder anfing zu jammern. Der zweite Welpe kam genauso schnell wie der erste und wurde zu diesem in den Hut gelegt. So ging es dann alle fünf bis zehn Minuten, und als ich in Celle an der Nebelkaserne vorbeifuhr, erschien der fünfte und letzte. Der Rücksitz des Autos war ein einziger Sumpf, in dem die Hündin durch diese Sturzgeburten völlig erschöpft lag, zwischen meinen Knien piepten die jungen Hunde, und mir klapperten die Zähne vor Nässe, als ich vor unserem Garagentor hielt.

Alles übrige wickelte sich dann völlig programmgemäß ab. Die Hunde kamen in die seit langem vorbereitete Wurfkiste, die mit Strohhäcksel ausgelegt war, sie wurden unter einem Strahler zunächst einmal getrocknet, und dann die Hündin zum Säugen und Ablecken hineingelassen. Für meine arme Frau, der es gar nicht besonders gut ging, mögen die nächsten Wochen eine rechte Anfechtung gewesen sein. Die tierliebende Säuglingsschwester nämlich war von den Welpen so sehr entzückt, daß sie ihre eigentlichen Pflichten aufs äußerste versäumte und, wenn man so will, der Lady weit mehr zur Hand ging als meiner Frau, was nun wieder keinem von beiden recht war, der Lady nicht, weil sie ihre Ruhe haben wollte, und meiner Frau nicht, weil wir die junge Dame doch nicht als Welpenpflegerin teuer bezahlten.

Ich, als Mann und Hauptschuldiger an dem gesamten Massenzuwachs, hielt mich nach Möglichkeit aus der Affäre heraus und verbrachte sehr viele Tage im Walde mit der alten Trixi.

Allein die Lady, ihren Namen mit Recht führend, betätigte sich als Wogenglätter und nutzte jede freie Minute, die ihr die Welpen ließen, um unter der Wiege des Kindes Posten zu fassen und dieses weit stärker zu verteidigen als ihre eigenen Kinder. Dadurch wiederum war meine Frau gerührt, und so stellte sich allmählich der Zustand völligen Hausfriedens ein, der zu einer jungen Ehe gehört.

Nach der üblichen Zeit von acht Wochen wurden die Welpen verkauft, zwei allerdings gegen die Zusicherung, daß ich sie zur Abrichtung bis einschließlich Herbstzuchtprüfung wieder zurückbekäme. Dies waren die Rüden Anton und Axtus, wovon Anton die väterliche Schimmelzeichnung und Axtus das mütterliche Braun-Weiß geerbt hatte. Den Rüden Artus, von uns „Le pauvre Petit“ genannt, weil er der Zierlichste war und abseits der anderen ein meist mißvergnügtes Eigenleben führte, bekam auf Wunsch von Neddermeyer einer seiner Postkollegen, Herr Sperling. Es war mir absolut nicht klar, warum sich Neddermeyer gerade diesen Hund ausgesucht hatte, jetzt weiß ich es, denn vor die Wahl gestellt, würde auch ich heute in jedem Falle einem Welpen den Vorzug geben, der schon in frühester Jugend die Anlage zur Selbständigkeit zeigt.

Aus dem Artus wurde ein ganz berühmter Hund mit höchsten Postbelobigungen, weil er im Alter von nur 9 Monaten einen Einbrecher im Schalterraum stellte, sogar zu Boden riß und solange festhielt, bis die Polizei sich des Mannes erbarmte. Sperling machte mit ihm einen Versuch, er führte den Hund bereits im gleichen Herbst, also mit 10 Monaten auf der HZP, erlangte den Ia-Preis, holte mit gleichem Ergebnis im folgenden Frühjahr die Jugendprüfung nach und wurde im Herbst Suchensieger auf der VGP. Von da an drehte der Hund durch. Er wurde ein übler Beißer, der weder Menschen noch Hunde und nicht einmal seinen eigenen Herrn schonte, und mußte binnen Jahresfrist erschossen werden. Wahrscheinlich hatte sich das Erbe einer bissigen Großmutter bei ihm kompriniert durchgesetzt, vielleicht auch war die zu frühe Dressur mit ihrer notwendigen Härte dazu angetan, in ihm seelische Stauungen zu verursachen, die mit der unglücklichen Anlage zusammen schließlich zur Katastrophe führten. Man wird das eine wie das andere nicht ausschließen können, ich habe jedenfalls hieraus den Schluß gezogen, einem jungen Hunde die Flegeljahre nicht zu beschneiden und ihm immer nur jeweils soviel beizubringen, wie es der natürlichen Entwicklung entspricht, das heißt mit anderen Worten, ich bin nie vor dem zehnten Monat eines Hundes von der spielerischen Dressur zur exakten Dressur übergegangen, und ich muß sagen, daß ich in jedem Falle bisher mir das Wesentliche bei meinen Hunden erhalten habe, nämlich ihre freie Entscheidung in schwierigen Momenten, den instinktgesteuerten Jagdverstand. Eine zu frühe, und deshalb für den jungen Hund in jedem Falle zu harte Dressur wird ihn zu einer Jagdmaschine machen, die zwar jedes Kommando einwandfrei ausführt, in Augenblicken der Notwendigkeit zu freiem Entschluß bei weiter Hetze, bei freier Nachsuche, bei der Arbeit in Wasser und Schilf wird solch ein Hund aber häufig versagen müssen, sobald ihm die zu eng gewordene Bindung an seinen Leithund, den Menschen, fehlt. Ich habe mich hierüber oft mit Dr. Brüll unterhalten, dem Leiter der damaligen Schleswig-Holsteinischen Forschungsstation „Wild, Wald und Flur“, vor allem, als ich später meine Hunde zur Meutejagd abrichtete. Seine Erkenntnisse, gewonnen an dem Verhalten von Wildhunden im Rudel, haben mir ganz wesentlich geholfen, die Arbeitsteilung meiner Meute zu verstehen und zu fördern. Dazu jetzt nur so viel: Zwingt man durch Dressur einen Hund, anderes zu leisten, als seinem Typ zukommt, so wird man zwar im besten Falle Durchschnittsleistung erreichen, jedoch gleichzeitig damit eine ganz allgemeine Verunsicherung seines Wesens in Kauf nehmen müssen, die sich nach irgendeiner Seite hin Luft macht, sei es durch Beißlust, durch Versagen auf anderem jagdlichen Gebiet, durch Ängstlichkeit und so weiter. Die konsequente Zucht der Engländer auf Spezialismus vermeidet solche Pannen, und jeder, der in England gejagt hat, wird mir recht geben, wenn ich behaupte, daß es nirgends so viele in ihrem Wesen vollständig ausgeglichene Hunde gibt wie dort und daß die Furcht vor einem Totalversager drüben fast unbekannt ist.

Artus wurde ein Opfer falscher Zuchtwahl und menschlicher Eitelkeit.

Nachdem die Welpen aus dem Haus waren, die Küche neu gestrichen und der Garten in Ordnung gebracht, nahm das Leben wieder seinen normalen Verlauf. Die sehr alt gewordene Trixi blieb auf dem Altenteil als Wachhund zu Hause, sie litt unter zahlreichen Gebresten, vor allem Ohrenzwang und Rheuma, ihr Fang war schlohweiß geworden und die Zähne schlecht.

Mit der Lady hatte ich im zeitigen Sommer eine jener Nachsuchen, die man nie vergißt. Bei einem guten Freund, in dessen Wald ich die Forsteinrichtung durchführte, hatte ich einen Bock freibekommen. Es brauchte nicht irgendein ganz bestimmter zu sein, ich konnte mir aussuchen, was ich wollte, jedoch machte er zur Bedingung, daß er nicht unter sechs Jahren alt sein durfte. Das war so eine jagdliche Marotte von ihm, der ich übrigens viele gute Seiten abgewinnen kann.

Er schoß von seinem Jahresabschuß von etwa 30 Böcken mehr als die Hälfte als Jährlinge, wobei er hier keineswegs zimperlich vorging, sondern alles, was nur Spieße trug, rücksichtslos totschoß. Die zwei- bis fünfjährigen Böcke waren dann vollständig tabu, sie mochten auf dem Kopfe tragen, was sie wollten, und erst vom sechsten Jahre an wurde wieder verstärkt eingegriffen. Ich habe in diesem Revier im Laufe von drei Jahren neun Böcke erlegt, von denen keiner unter dem geforderten Alter von sechs Jahren ist. Alle Gehörne zeigen, ob sie nun „normal“ oder „monströs“ sind, viel Masse und sind in jedem Falle weit interessanter als die Bleistiftgewichtel, welche die Zwei- oder Dreijährigen getragen haben mögen.

Das Reh hat eine natürliche Lebensdauer von 10 bis 12 Jahren und dürfte unter normalen Umständen – also ohne Überhege – im zweiten

Drittel dieser Zeit sein bestes Jahr haben. Beim Rotwild ist diese Auffassung inzwischen Allgemeingut geworden. Da aber das Rehwild sich kaum exakt zählen läßt, was beim Rotwild immerhin annähernd genau möglich ist, wird kaum irgendwo in unseren Revieren jener Zustand erreicht, den ich oben mit „normalen Umständen“ bezeichnet habe. Ich vermute nach reichlichen Erfahrungen in vielen Revieren, daß die ökologisch tragbare Wilddichte fast immer um mindestens 200 Prozent überschritten wird. Daß die dort kümmernden Exemplare bereits mit vier oder fünf Jahren zur Vergreisung neigen, ist kein Wunder! Unsere Feldrehe in Schlesien, die man genau zählen konnte, so daß sich vom Geschlechterverhältnis wie vom zahlenmäßigen Aufbau her keine Geheimnisse bildeten, hatten ihren Höhepunkt in der Entwicklung nicht vor dem siebten Lebensjahr. Ein Bock, der 400 Gramm Gehörngewicht auf die Waage brachte, fing deshalb auch erst an, zu den „Guten“ zu zählen.

Mein Freund nun, mit seinem schönen Revier im Drawehn, diesem Endmoränenhügelland im östlichen Niedersachsen, hatte die vernünftige Ansicht, daß ihm auch das verrückteste Altersgehörn mehr Spaß mache als ein langweiliges Jünglingskrönlein. Der Abschuß mußte mit dem 15. August erledigt sein, anschließend war der Hirsche wegen Ruhe, und diese zeitliche Beschränkung trug natürlich dazu bei, daß auch bei ihm der Bestand viel zu dicht war, weshalb ich mich nicht erinnern kann, auch nur einen einzigen wirklich hochjagdbaren Bock gesehen zu haben. Die Veranlagung zur Masse war aber vorhanden.

Solch einen Bock hatte ich mir ausgesucht, er trug zwei dicke pechschwarze Spieße mit ein wenig nach innen gedrehten stumpfen Enden, war eng gestellt und nur im unteren Drittel der Stangen geperlt. Uralt mußte er überdies auch sein und dazu unendlich vorsichtig. Sein Lieblingseinstand war auf dem Rücken eines Geschiebeberges, der nach Südwesten steil abfällt und in seinem Ostteil dicht mit unterständigen Eichen unter alten Kiefern bewachsen war. Dort, wo diese vom Häher ausgesäten Eichen sich gegen den kahlen Rücken des Berges allmählich verlieren, fanden sich überall seine Betten in der Nadelstreu und seine Fegestellen. Ich hatte ihn während meiner Arbeit zweimal gesehen, wenn er sich nach Art der alten Böcke lautlos davonschlich mit tiefem Kopf, immer darauf bedacht, zwischen sich und mich soviel Deckung wir nur möglich zu bringen. Jedesmal aber, wenn ich versucht hatte, mich ernstlich mit ihm zu beschäftigen, war er es gewesen, der mich zuerst sah, oder er schlich sich in meinen Wind, gedeckt durch die Eichenbüsche, und nur ein einziges tiefes Schrecken zeigte mir, daß ich mal wieder vergebens gesessen hatte.

An jenem Abend im Juni pirschte ich, mit dem Hund an der Leine und die Büchse geruhsam über der rechten Schulter mit der Hand über dem Vorderschaft, den steilen Weg hinauf, der von der Westseite auf den Berg führt. Als ich fast so weit gestiegen war, daß ich über die Kuppe hätte sehen können, trat der Bock hinter einer der dicken Kiefern hervor, stellte sich mitten auf den Weg und äugte mich erstarrt an. In einer Art von Reflexbewegung nahm ich die Waffe von der Schulter, brachte sie in fließender Bewegung in Anschlag und schoß spitz von vorn freihändig auf den Träger in dem Moment, in dem der Bock sich mit jäh gespannter Flucht herumwarf. Im Schuß stürzte er zusammen, nahm sich jedoch sofort wieder auf und floh nach rechts hin den Steilhang hinunter in eine Kieferndickung, die sich auf den abgewaschenen Sanden der Moräne kümmerlich durch die Heide quälte. Die Kugel mußte er haben, sonst wäre er nicht zusammengefallen, aber sie mußte ganz schlecht sitzen, hatte wohl nur den Hals gestreift.

Eine Nachsuche am Riemen würde sinnlos sein, das war mir klar, hier half nur noch ein ganz schnelles Schnallen des Hundes und die Hoffnung, daß er den Bock noch im ersten Schock erreichen und niederziehen könne. Spurlaut jagte die Lady von dannen, und schon nach wenigen hundert Metern ging ihr Laut in den hellen Keif der Hetze über. Mir blieb zunächst einmal gar nichts anderes zu tun übrig als zu warten, wie sich die Dinge entwickeln mochten, denn ich stand auf der höchsten Höhe der ganzen Gegend und würde den Laut des Hundes von hier oben verfolgen können durch die ganze riesige Dickung von mehr als 50 Hektar hinweg. Dabei machte ich mir schlimme Vorwürfe über den leichtsinnigen Schuß und malte mir in düsteren Farben aus, was daraus alles entstehen könnte. Ich war noch ein gebranntes Kind vom letzten Jahre her, in dem ich in Gemeinschaftsarbeit mit einem Schweißhundführer eine drei Tage dauernde Nachsuche hinter einem Hirsch durchgestanden und durchgelitten hatte, der an einem Trägerschuß mit Verletzung der Speiseröhre nicht weniger und nicht mehr als 16 Kilometer zurückgelegt und schließlich in der blühenden Heide verendet gelegen hatte, weil ihm die Drossel zugeschwollen und er elend erstickt war. Ich sah das Gesicht dieses Hirsches vor mir, diese noch im Tode qualvoll aufgerissenen Lichter, den weit offenen Äser, durch den er doch keine Luft mehr bekam, die Wunden im schwarzen Heideboden, von den schnellenden Läufen geschlagen, die auch im Verlöschen des Lebens noch fliehen wollten. Alle Fehler, die jemals gemacht wurden, eigene und fremde, stürzten mit einem Male auf mich ein.

Bock und Hund überquerten weit unten im Grund den Weg, den ich hinaufgeschritten war, folgten einander gegen das Feld hin, schlugen um, jagten wieder über den Weg, etwas näher aneinander wie mir schien, aber doch noch sehr weit voneinander entfernt, viel zu weit, als daß ich an einen Erfolg denken konnte. Dann zog sich die Hatz gegen mich hin bis an den Fuß des Berges, lief an diesem entlang, dorthin, wo der Moränenzug sich in seinem halbmondförmigen Bogen abflacht, um auf der anderen Seite in die zerfurchte Grundmoräne überzugehen mit ihren fetten Böden, ihren Fichten- und Buchenwäldern, Weizen- und Rübenäckern.

Das ist das Schöne an diesem verlassenen Winkel der Ostheide, diese Vielgestaltigkeit der Landschaft, dieser bestürzend schnelle Wechsel zwischen arm und reich, zwischen Sand und Lehm, zwischen hohen Eichen und Buchen und kümmernden Heidekiefern. Jetzt konnte ich den Hund nicht mehr hören, ich mußte auf dem Bergrücken vorlaufen bis an die beiden Loshiebstreifen, die vor zwanzig Jahren angelegt worden waren, um das Revier zu erschließen. Sie zogen sich kilometerlang durch die Kiefern in einer Breite von nur einem Schrotschuß und waren in der Zwischenzeit mit Eichen und Ginster bewachsen, beliebte Fernwechsel der Sauen bei den winterlichen Drückjagden; einmal schoß ich drei ganz langsam anwechselnde Überläufer mit mühelosem Schuß hinter den Teller.

Als ich hinter dem ersten Streifen hervorkam, hörte ich den Hund in Höhe des zweiten, etwa dreihundert Meter entfernten Loshiebes Laut geben. Aber es war immer noch Hetzlaut, und er bewegte sich den Streifen entlang, fort von mir. Wenn es dem Hunde nicht gelang, den Bock in diesem Streifen zu stellen oder ihn herauszudrücken, mußte ich damit rechnen, daß er verloren war, denn im Anschluß an den großen Kiefernblock zogen sich endlose, unübersichtliche Dickungen hin, das wildeste Kunterbunt von Baumarten, Schluchten, Dünen, Gräben und Ebenen, das ich jemals gesehen habe. Auf den Höhen stehen Alteichen mit Buchen unterbaut, in den Tälern Lärchen und Fichten, dazwischen in Streifen und Bögen Kiefern mit Eichen und Buchen. Dieses Gewirr sind die besten Sautreiben im Winter, aber immer verlaufen sich die Treiber und kommen weiß Gott wo heraus, nur nicht dort, wo man sie erwartet. Ich habe dort die bösesten Nachsuchen meines Lebens gemacht, vor allem schon deshalb, weil die meisten erfolglos waren. Das eine Mal ging es um eine Sau mit Vorderlaufschuß, die sich nicht stellte, das andere Mal um einen Hirsch, dem ein Jagdgast die Augsprosse abgeschossen hatte. Wir vermuteten, daß der Hirsch gekrellt war, weil er im Knall zusammengebrochen und gleich wieder hoch geworden war, und fanden die Spitze des Endes erst nach langem Hin und Her in der Dickung und beim xten Ansetzen des Hundes am Anschuß. Eine Sau mit Gebrechschuß haben wir zwei volle Tage lang nachgesucht, bis wir sie endlich hatten. Heute noch liegen dort zwei Handschuhe, sehr viele Taschentücher, ein Hut und unzählige

Knöpfe meiner Mäntel und Joppen, die abgerissen, verloren oder als Markierungen für Schweiß abgelegt wurden. Es wäre hoffnungslos, wenn der Hund den Bock dort hineintriebe.

Aber der Laut, der sich eben noch von mir entfernt hatte, kam jetzt wieder näher, jedoch nicht in dem Streifen entlang, sondern quer durch die alten Kiefern, schräg auf mich zu. Wegen des dichten Unterwuchses von Hähereichen konnte ich aber nichts sehen und nur hoffen, daß der Bock seinen alten Einstand aufsuchen würde, wo er sich am besten auskannte und wahrscheinlich hoffte, dort durch Widergänge den Hund loszuwerden.

Ich rannte also auf dem Höhenrücken wieder zurück bis fast an die Anschußstelle, hatte mich aber doch verrechnet, denn der Bock schlug seine Haken und Bögen nicht hier, sondern zwischen den beiden Streifen immer in der vollen Deckung der verdammten Eichen. Dem gleichmäßigen, wenn auch nicht mehr so schnell aufeinanderfolgenden Laut des Hundes nach zu schließen, war Lady aber immer dicht am Stück und ihrer Sache sicher.

Für mich war es zum Verzweifeln, denn ich konnte überhaupt nichts tun als abzuwarten und mußte wie der brüllende Löwe am Gitter den Höhenweg rauf und runter laufen, je nachdem, wo vielleicht zu vermuten stand, daß der Bock sich doch einmal über den Berg begeben würde. Die Hetze hatte fast zwei Stunden gedauert und war auf einer Fläche von ungefähr 200 Hektar mehrfach hin und her gegangen. Hund und Bock mußten am Rande der Kraft sein, es kam darauf an, wer von beiden die meisten Reserven hatte. Zu meiner Erleichterung war es der Hund, denn nachdem das Karussell der Verfolgung zum unendlichsten Male sich zwischen den beiden Streifen herumgedreht hatte, wurde die Stimme des Hundes plötzlich heftig und gell, sie ging von dem tiefen Spurlaut in den höheren Sichtlaut über, und es dauerte nicht lange, bis das Klagen des Bockes, das nur einmal kurz auftönte, erscholl, und dann war tiefe Stille. Ich hatte mich so sehr an den Laut des Hundes gewöhnt und nur darauf geachtet, daß ich jetzt die Ruhe fast körperlich empfand und einen Augenblick lang beinahe verwirrt war. Dann hörte ich wieder den Specht, die Finken, die Hohltauben, den Kolkraben, es kam das Gefühl der grenzenlosen Erleichterung und des Dankes an meinen Hund, dem ich jetzt schnell helfen mußte.

Die Stelle, an der die Lady den Bock niedergezogen hatte, mußte etwa 200 Meter vor mir sein, und je näher ich ihr kam, um so vorsichtiger pürschte und lauschte ich. Aber ich hörte und sah nichts, konnte auch nichts sehen, es sei denn aus purem Zufall, denn die Eichen standen so dicht, daß es schon viel war, wenn man 2 Meter weit sehen konnte. Es blieb mir nichts anderes übrig, ich mußte rufen: „Lady, gib Laut!“ „Hau!“ klang es einmal ganz dicht vor mir und gab mir Richtung und Entfernung. Dann brach ich so schnell ich nur konnte, durch die Büsche, denn zu verderben war nun nichts mehr, wenn der Bock noch hochgekommen wäre, hätte er es bei meinem Ruf getan.

Erst auf den letzten Metern hörte ich die Lady hecheln und, als ich herangekommen war, bot sich mir ein noch nie gesehenes Bild. Dort lag der Hund auf dem abgetanen, längst verendeten Bock, lag lang ausgestreckt auf ihm, den Fang zum Träger des Bockes gekehrt und war vollständig am Ende seiner Kraft. Sie war nicht einmal mehr in der Lage, mir ihre Freude zu zeigen, als sie mich sah. Sie erhob sich mühsam und schwerfällig, tat ein paar Schritte zur Seite hin und fiel um. Sie fiel vor Schwäche um und regte sich nicht mehr, nur ihr Atem ging stoßweise aus dem weit geöffneten Fang.

Zum Bock hin habe ich in diesen langen und bangen Minuten nicht gesehen, ich habe meinem Hund die Hand auf den Kopf gelegt und mit leiser tiefer Stimme ihm Geschichten erzählt, bis der Atem ruhiger ging und die wilden Stöße des Herzens gleichmäßiger wurden. Dann erst konnte ich mich dankbar freuen, allerdings nicht an mir und meiner Leistung, die verursacht mir noch heute ein flaues Gefühl in der Magengrube, sondern an der Leistung des kleinen Hundes, der seit einem halben Jahr ohne Training und, noch geschwächt vom Säugen des Wurfes, zwei Stunden Schwerstarbeit durchhielt.

Das Brackieren und das Jagen mit der Hundemeute

Im Herbst, als die Felder kahl waren, die Hasenjagd aufging und für den Jäger mit Hunden die schönste Zeit des Jahres beginnt, kamen Axtus und Anton wieder zu mir. Die beiden waren Mordsbengels geworden, und nach der ersten, dringend notwendigen Rauferei, in der keiner der Stärkere geblieben war, weil ich beide mit einem gezielten Schubs die Treppe hinunterbefördert hatte, wurden sie gute Freunde, die miteinander durch Dick und Dünn gingen.

Beide wollte ich zwar durch die Jugend- und Herbstzuchtprüfung bringen, sie aber von vornherein auf ihre Spezialaufgaben vorbereiten, für die sie später hauptsächlich gebraucht werden sollten. Beim Anton war es die Wasserjagd und das Stöbern in Schilf, Moor und Heide und bei Axtus das Stöbern auf Kaninchen und Fasanen in Knicks und Büschen.

Nachdem ich sie mir einzeln vorgenommen hatte und feststellen konnte, daß ihnen, gleich der Mutter, die Arbeit auf der Spur über alles andere ging, aber auch das Vorstehen nicht schlecht war, machte ich mir keine große Sorgen mehr über die Jugendprüfung im nächsten Jahr und fing schon bald an, sie zu spezialisieren.

Grundbedingung für jede Arbeit des Hundes ist der Gehorsam, worunter ich nicht kriecherische Unterwürfigkeit verstehe, sondern die Anerkennung des Herrn als Meuteführer, von dem die Mitglieder der Meute erwarten, daß er klare Einsatzkommandos gibt, deren Durchführung überwacht und notfalls mit Gewalt durchsetzt und der zu jeder Zeit Mittelpunkt der Arbeit ist. Nachdem der Gehorsam bei den beiden Jünglingen durchgearbeitet war, prüfte ich sie eines Tages mit der alten Lady auf ihre Anlage zur gemeinsamen Arbeit in der Meute, auf ihr Zusammengehörigkeitsgefühl, auf ihre Arbeitsteilung und auf ihren Jagdverstand.

Hierbei hatte ich ein Erlebnis, das mich außerordentlich beeindruckt hat.

Alle drei Hunde arbeiteten in einer Buchendickung mit einzelnen Fichten, die sich am Steilhang eines Baches entlangzog. Ich selbst hatte mich auf halber Höhe vorgestellt, in der Hoffnung, daß der oder sogar die Hasen parallel zum Hang die Dickung verlassen würden. Er dauerte nicht lange, da wurde einer der Hunde laut, ein anderer fiel ein, der dritte schlug bei, und das schöne Konzert der tiefen Stimmen der beiden Rüden mit dem helleren Hals der Hündin läutete über das Tal, bald höher, bald tiefer, mal näher, mal weiter. Dann kam der alte Waldhase auf seinem Paß, und ich schoß ihn mit dem rechten Lauf sauber vorbei und mit dem linken in den Vorderlauf. Dann kamen die Hunde auf der Spur, ich pfiff die beiden Jungen ab, denn was jetzt kam, das war Meisterarbeit, und dazu waren die beiden noch zu dumm. Sie legten sich neben mich ins Kraut und ließen die Zungen heraushängen, Lady fiel die Wundspur an und ihr hau! und hau! und hau! aus der Dickung zeigte, daß sie richtig war, denn nur auf der Spur des kranken Wildes zeigte sie diesen tiefen Ton in längeren Abständen, sonst war ihr Laut heller, höher.

Dann verstummte sie für einige Zeit, anscheinend machte der Hase Widergänge und Absprünge, die sie mühsam austüfteln mußte – aber jetzt, jetzt hatte sie die Spur wiedergefunden; doch was war das? Der Hund heulte, als ob er den Mond anbellte und meine beiden sprangen auf und wollten hin zur rufenden Mutter.

„Nein, Platz!“ rief ich, denn wieder erklang in der Dickung normaler Spurlaut, bögelte hoch gegen das Altholz, bögelte sich wieder hinunter zum Bach, verstummte und nach einiger Zeit erscholl wieder das rufende Heulen, das Erbgut der Bracken, der Hurleure aus mittelalterlichen Zeit, und abermals wollten die Jungen dem Ruf, dem ihr Instinkt folgen wollte, gehorchen. Aber schon erscholl abermals Spurlaut in der Dickung und schließlich Hetzlaut, der näher kam. Und dann erschien der Hase, der Schuß brach, und ich war um ein Erlebnis reicher, das zu erleben so selten ist, wie weiße Raben zu sehen.

Nie hörte ich das rufende Heulen, wenn ich mit der Lady allein jagte, immer nur in der Meute, der sie, gleich ob ihre Zusammensetzung wechselte, immer Kopfhund blieb, allerdings in enger Verbindung zu mir. Jagte ich allein mit den Hunden und blieb draußen vor der Dickung stehen, dann war sie es, die ab und an ihren Kopf fragend aus den Kiefern oder Fichten herausstreckte, um zu sehen, ob ich noch an der gleichen Stelle stände oder ob ich neue Kommandos hätte.

Wenn man der Brüllschen Einteilung der Meutehunde folgen will, dann kann man drei Haupttypen unterscheiden. Nennen wir sie die Typen α, β, und γ. Die α-Hunde sind diejenigen, bei denen sich überlegener Jagdverstand mit Kraft vereinigt, es sind die Kopfhunde im Rudel, zum Teil unduldsam und dies so stark ausgeprägt, daß sie sich auch dem Chef der Meute, dem Menschen, den sie als α^1-Rüden anerkennen sollten, nicht unterordnen. Mit solchen extremen Typen kann man in der Abrichtung große Schwierigkeiten haben, hat man diese erst überwunden oder gebrochen, wird man aus solch einem Hunde den besten Gebrauchshund machen können. Man sollte sich aber hüten, diesen ganz allein und ausschließlich auf eine Person geprägten Hund, verkaufen zu wollen, denn er wird sich dem Käufer ganz gewiß nicht unterordnen und wahrscheinlich mit einer Kugel vor dem Kopf bald enden. Ich habe einen solchen Rüden, den Falk v. d. Großen Barlinge, zur Abrichtung gehabt und mit jeweils hohen 1. Preisen durch Jugend- und Herbstzuchtprüfung gebracht. Bitte aber fragen Sie nicht nach der Zahl der Schweißtropfen, der geschmissenen Kuhketten und der zerdroschenen Haselgerten, die ich brauchte, um mir diesen Hund unterzuordnen. Nie wieder habe ich einen Hund so hart anfassen müssen, es ging auf Biegen oder Brechen; achtete ich nur einen Augenblick nicht auf sein Benehmen, dann saß er mir an der Kehle. Dieser harte, fast unbeugsame Hund wurde zu einem weithin bekannten Schweißhund, zu einem Verlorenbringer aus dichtestem Schilf, zu einem Spurhund über viele Kilometer hinter dem kranken Hasen – aber keiner außer mir durfte ihm ein heftiges Kommando geben, gleich sträubte sich sein Fell und die Lefzen gingen hoch. Was er tat, was er für andere als mich tat, das tat er nur aus Passion, aus Jagdverstand und zwar freiwillig.

Als ich ihn nach den Prüfungen bei seinem richtigen Herrn ablieferte, der ihn in der Küche einsperrte, um mich draußen zu verabschieden, sprang der Hund durch das geschlossene Fenster mir nach, rücksichtslos gegen sich selbst, und zerschnitt sich Gesicht und Läufe. Erst nachdem wir gemeinsam eine kleine Jagd inszeniert hatten, blieb er freiwillig dort. Kam ich später wieder, und ich kam oft wieder, dann saß er unter meinem Stuhl und knurrte jeden an, der sich in meine Nähe traute.

Dies also war ein α-Rüde par excellence!

Die β-Hunde sind solche, bei denen die rohe Kraft dominiert und der Intellekt kümmert. Es sind im Wildrudel die Packer, die sich am Paß vorlegen und das gejagte Wild anspringen und reißen. Sie sind als Jagdgebrauchshunde nur beschränkt brauchbar. Man kann sie in der Regel an der Grobzelligkeit des Körperbaues erkennen. Sie sind zu ruhig, zu wenig flüchtig im Feld, sie interessieren sich nur recht bedingt für die Folge auf der Spur, sie neigen zum Kleben am Führer. Man kann aus ihnen bestenfalls mit viel Geduld Durchschnitt erreichen und wird nach wenigen Jahren feststellen, daß solch ein Genosse gar bald den Platz hinter der Ofenbank der Arbeit im Felde vorzieht. Mit solchen Hunden sollte man nicht züchten.

Die γ-Hunde nun sind jene, bei denen die Intelligenz bei weitem dominiert vor der Kraft, es sind diejenigen, die im Rudel den Plan zur Jagd fassen, die das Wild umgehen, den Wind ausnützen, die Zutreiberdienste leisten. Es sind häufig Hündinnen, deren Feinzelligkeit besonders deutlich ist, die in vielen Fällen die Leithunde der Meute auf der Jagd sind, nicht aber im Lager, dort ist es mit Sicherheit der im Range höchststehende α-Rüde.

Solch typischer γ-Hund war meine Lady mit ihrem hohen Jagdverstand, ihrer Fähigkeit, Erfahrungen auszuwerten, und der sich im Laufe der Jahre immer stärker ausbildenden Meisterschaft, Wild an einen bestimmten Platz zu lancieren. Dieses überragende Können habe ich außer an ihr nur noch bei dem ganz alten Don, dem Hund meines Vaters, erlebt. Er wie auch die Lady waren beide in der Lage, schon nach wenigen Reviergängen, zum Beispiel bei der Entenjagd, einzuschätzen, wie die Enten fliegen würden, wenn sie an bestimmten Plätzen hochgemacht wurden. Beide Hunde verließen ihren Herren, wenn man sie zur Suche aufforderte und umschlugen oft große Teichflächen, um von hinten, von der Jenseite des Jagdgebietes her, zu arbeiten. Diese Eigenschaft des selbständigen Erkennens von Möglichkeiten, sich, und damit den Herrn zum Erfolg zu bringen, hatte die Lady bereits kurz vor der Gebrauchsprüfung entwickelt. Ich hatte es schon damals nicht mehr nötig, etwa ein langgestrecktes Feld zusammen mit dem Hunde abzugehen, um Hühner zu suchen, sie machte das allein, indem sie auf der windabgewandten Seite das Feld entlanglief, und sei es auch mehrere hundert Meter lang, um entweder zurückzukehren, wenn kein Wild darin lag, oder die Hühner vorzustehen.

Diese Typisierung der Hunde nach Brüll hat mir in den folgenden Jahren sowohl bei der Zuchtwahl wie auch beim Einsatz und der Ausbildung zur Meutejagd sehr geholfen.

Das Hurlieren der Lady bei dem ersten Versuch, mit mehreren Hunden zugleich zu stöbern, hatte mich auf den Gedanken gebracht, einmal in den Zuchtbüchern zu wühlen und festzustellen, woher ihr diese Eigenschaft käme.

Man sollte gar nicht glauben, wieviele Ahnen solch Hund in den sechzig Jahren hat, seitdem die Münsterländer im Zuchtbuch erfaßt werden. Mein Schreibtisch und der des von mir arg geplagten Zuchtwartes quollen über von Papieren mit Ahnentafeln, Zusammenstellungen von Blutlinien und Anmerkungen zum Ahnenschwund. Es war mir ein völlig neues Gebiet, in das ich mich einarbeiten mußte, aber es machte viel Freude, besonders, als ich feststellen konnte, daß mit einer Ausnahme, die allerdings schon mehr als dreißig Jahre zurücklag, alle Ahnen meines Hundes reinblütig auf die Urmünsterländer, von denen es nur acht Stück gab, zurückgehen und der leidige Lord Schleithoff, ein Springer-Spaniel, eben nur in dieser einen Linie vorkam. An dem Ahnenerbe des Spaniels haben die Münsterländer bis in die letzte Zeit zu tragen gehabt, er war daran schuld, daß sie in den Verruf des schlechten Vorstehens kamen, das er von seiner Natur her auch nicht vererben konnte.

Nun wurde mir klar, weshalb die Lady die Brackierlust der alten Epagneuls hatte und woher ihre frühe Vorstehlust kam. Um dieses alles in meiner Zucht zu erhalten, mußte ich darauf sehen, einen Rüden zu finden, der ähnlich wie sie auf die Urhunde zurückging. Der Vater meines zweiten Wurfes wurde deshalb Junker vom Eidertal. Aus dem Wurf behielt ich mir eine Hündin zurück, die zwar in ihrer Farbverteilung nicht ideal war, die aber sonst alle Eigenschaften besitzen sollte, die ich mir erwartet hatte, es war die Bianca vom Entenfang.

Im folgenden Jahre waren es dann meist vier Hunde, mit denen ich jagte, nämlich Lady, Bianca, Falk und einer der beiden Rüden aus dem A-Wurf, also Anton oder Axtus. Später kamen dann Casanova und Diana dazu, aber die älteren Rüden schieden aus, denn Anton fiel leider einem bösen Anschlag zum Opfer und wurde vergiftet.

Die Dressurarbeiten zur gemeinschaftlichen Stöberjagd bestehen aus nur wenigen Grundlagen, von denen die wichtigste der Gehorsam am Wilde ist. Das heißt, wenn einer der Hunde beim Stöbern ein Stück Wild hochgemacht hatte, dann durfte er ihm keinesfalls folgen, sondern hatte seinen Platz in der Linie beizubehalten. Das galt natürlich nur dann, wenn ich mit den Hunden mitging. Drückten sie allein eine Dickung durch, durfte dem Wilde gefolgt werden. Zweite Voraussetzung war, daß alle Hunde laut wurden, sobald sie an Wild gerieten, damit ich dieses gewahr wurde und den jeweiligen Hund stoppen konnte. Die Hunde mußten also wenigstens sichtlaut, besser noch spurlaut sein.

Es hat im Laufe der letzten Jahre manche Überlegungen um den Wert des Lautes gegeben, über seine dominante oder rezessive Vererblichkeit, über die Abhängigkeit des Spurlautes von der Spurfreudigkeit, über die Zusammenhänge zwischen Wesensfestigkeit und Laut und dergleichen mehr. Diese Gedanken, die indessen bisher noch nicht auf exakten Forschungen beruhen, haben zu Vorschlägen geführt, den Hunden bei der Lautprüfung abzuverlangen, daß sie erst nach mehreren Minuten Stehzeit der Spur des hochgemachten Hasen folgen sollen. Ich bin fest davon überzeugt, daß ein solcher Beschluß verfrüht wäre und für die Gebrauchshundzucht nicht förderlich ist.

Meine in jenen Jahren mit meinen Hunden, vor allem mit der Lady und ihrem Sohne Casanova, angestellten Untersuchungen ergaben, daß die Auslösung des Spurlautes von einer ganzen Reihe von Komponenten abhängig ist, die bewirken, daß bei ein und demselben Hund die Reizschwelle zu sehr verschiedenen Zeiten über- bzw. unterschritten wird. Es konnte sein, daß bei entsprechender Wetterlage, Jahreszeit, Bodenbewuchs und Disposition des Hundes noch nach 220 Sekunden Stehzeit der Spur Spurlaut ausgelöst wurde, daß bei anderer Lage aber schon nach 30 Sekunden Stehzeit kein Spurlaut mehr erfolgte. Dazu kommt noch, daß ein spurlauter Hund im Walde viel länger und anhaltender laut wird (Meuteruf) als im Feld, und auch die Stehzeit der Spur im Walde nicht entfernt die gleiche Rolle spielt wie im Feld.

Mein Hund Bianca war im Wald kurzzeitig spurlaut – etwa bis zu drei Minuten –, im Felde nur sichtlaut. Freya ist im Walde ausdauernd – d. h. bis zu einer Viertelstunde – spurlaut und variiert sogar ihren

Spurlaut in der Tonlage gleich der Urgroßmutter Lady je nach Art des gejagten Wildes, sie ist jedoch im Felde stumm! Dennoch ist sie, von ihrem Laut her gesehen, der wertvollere Hund als ihre Mutter und Großmutter, die nur minutenlang Laut gaben.

Mit diesem Exkurs in Zuchtfragen will ich darlegen, welch weites Feld dieses Problem noch heute ist, und daß ich es für falsch halte, vor seiner eingehenden Erforschung Maßnahmen zu treffen, deren Erfolg höchst zweifelhaft ist.

Aus den genannten Grundvoraussetzungen entwickelte ich das System: Die jungen oder schwerer führigen Hunde blieben rechts und links neben mir in einem Abstand, der jederzeit durch Ruf oder Pfiff eine Einwirkung ermöglichte. Die älteren und erfahrenen Hunde bildeten die Flügel. Gingen wir ein Treiben an, dann schickte ich diese Hunde zuerst nach rechts und links, bis sie den gehörigen Abstand hatten, dann erst sandte ich die anderen voran. Merkte ich, daß sich die Bögen der einzelnen Hunde zu sehr überschnitten oder sie dazu neigten, sich zusammenzuballen oder einem der Hunde – meist der Lady – zu folgen, dann rief ich sie einzeln ab und befahl sie in den Abschnitt, der ihnen angewiesen war.

Eine solche Ausbildung braucht eine gewisse Zeit, und sie wäre undurchführbar, wenn man nicht wenigstens einen Hund hat, auf den man sich voll verlassen kann. Selbstverständlich kommt es an jedem solchen Jagdtage vor, daß einer oder mehrere Hunde aus der Hand geraten, besonders dann, wenn vor der Dickung stark geschossen wird oder wenn sehr viel Wild, vor allem Kaninchen, vorhanden ist. Wenn aber nach reichlichem Üben in übersichtlichen Kulturen das Prinzip einer solchen Jagd erst einmal sitzt, wird man schnell wieder Ordnung in seine Meute hineinbekommen. Selber darf man dabei natürlich nicht ans Schießen denken, sondern muß sich voll auf die Hunde konzentrieren, wenn nicht der Erfolg einer solchen „Treibjagd“ in Frage gestellt werden soll. Meinen schönsten Erfolg hatte ich mit meiner Meute bei einer kleinen Jagd in der Nähe von Braunschweig, wo wir zu acht Flinten ohne Treiber allein mit den Hunden insgesamt 72 Stück Wild erlegten, in der Mehrzahl Hasen und je zur Hälfte Hähne und Kaninchen. Es wurden nur Dickungen abgetrieben und einige Moorpartien, und es wurde die beste Jagd, die seit Menschengedenken in diesem Forstort der Staatsforst abgehalten wurde.

Am liebsten aber jagte ich allein mit meinen Hunden in meiner kleinen Jagd an der Ilmenau, in der ich alles fand, was die Heide zu bieten hatte.

Da stand ich dann am Morgen auf der Brücke über dem Fluß, die Hunde saßen neben mir, und ich überlegte, was ich zuerst machen sollte:

Am Wasser die Enten und mit ihnen die Fasanen im Schilf, auf dem Felde die Hühner und den einen oder anderen Hasen oder im Wald die Kaninchen und die Herbstschnepfe? Zwei Tage lang hatte ich Zeit für das Revier, zwei Tage, in denen ich jedes Jahr ernte, dann herrscht wieder Ruhe, die Hunde kommen an die Koppel, und auf dem Rücken schleppe ich Futter und nicht mehr die Flinte, zwei Tage ganz allein für mich, ohne Treiberlärm, ohne Geschwätz, ohne biertriefende Reden, zweitägige Ernte dessen, was Brutkörbe und Fütterung, was Schutz vor Katze und Wiesel, vor Mähdrescher und Hochwasser, was die Hege hat aufwachsen lassen. Seit damals sind es mir die schönsten Tage im Jahr, so richtig bedächtig genießendes Jagen auf vertrauter Scholle, die mir so lieb geworden ist, als wäre sie mein Eigen.

Damals also, das hieß jagen mit Lady und Bianca, mit Casanova und Falk, jetzt allein mit Flicka, der Urenkelin, aber immer bleibt es das gleiche.

Damals, das war so: Die Hunde drängen vorwärts zum Schilf, und ich stelle mich vor, dort, wo der tote Arm des Flusses eine Insel bildet, die wir mit Pappeln bepflanzt haben, unter denen das Schilf mannshoch wächst. Ein Schoof Enten kommt unter dem überhängenden Ufer herausgeflogen, zwei davon fallen ins Wasser und werden von den Hunden gebracht. Dann schicke ich sie wieder ins Schilf, denn dort müssen Fasanen sein in der Nähe der Schüttung. Da geht auch schon der erste hoch, ein Hahn, aber er streicht über den Fluß auf das hohe Ufer. Ein anderer kommt mir besser, mit dem zweiten Schuß kriege ich ihn. Damit sind die Hunde bis in meine Höhe gekommen, ich halte sie kurz und in Linie neben mir in dem zwanzig Meter breiten Schilfstreifen, der sich einen halben Kilometer den Fluß entlang zieht. An einem so warmen Tage wie heute liegen die Fasanen nicht so gern in der prallen Sonne im Schilf, sie suchen meist den Schatten der anderen Seite auf dem zerklüfteten Steilhang unter den Eichen und Dornen. Deshalb ist unsere Jagd mager, wir bekommen nur einen Hahn und schließlich noch eine Ente, die von oben her ganz allein den Fluß hinabstreicht.

Hinter der Biegung der Ilmenau gelangen wir in das Erlenbruch mit seinen Suhlen. Mitten hindurch zieht sich eine kleine Anhöhe, auf der drei alte Fichten wachsen, aus denen ich mir im Frühjahr den Tauber hole. Jetzt im Herbst sitzt gern der Hase unter ihnen in den trocknen Nadeln. Also stelle ich mich am gewohnten Paß vor, lege die Hunde auf der anderen Seite ab – Lady kennt die Geschichte –, dann pfeife ich einmal kurz, und die Hunde beginnen zu suchen. Es dauert nicht lange, da kommt der Hase, aber im gleichen Augenblick, in dem ich ihn schieße, sehe ich schräg rechts von mir, dort wo das Bruch in den Steilhang übergeht, der mit Farnkraut und Pulverholz bewachsen ist, die Schnepfe hochgehen, und der Schuß geht, viel zu überhastet hingeworfen, natürlich vorbei. Das wäre eine schöne Doublette gewesen!

Sie streicht die Abbruchkante entlang außer Schußweite, und mir ist so, als wäre sie kurz vor der Grenze im Stangenholz wieder eingefallen, wo das Uferschilf in einen Farnkrautbusch übergeht.

„Alle Hunde down!" rufe ich, „nur Lady kommt!" Da ist sie auch und ich schicke sie die Kante am Fluß entlang. Jetzt hat sie das Geläuf gefunden, hält es, zieht nach, und klatschend steht der Vogel auf, schwenkt im Kreis wieder zurück in die Erlen, wo sie mein Schuß ereilt.

„Alle Hunde hierher!" rufe ich, und weiter jagen wir am Fluß entlang und auf dem anderen Ufer zurück, wohin die Fasanen gestrichen sind, bis es Mittag wird und wir am Kamin eine lange Rast einlegen. Der Nachmittag gilt den Hühnern und der Abend dem Entenstrich, und der nächste Morgen bringt den Fuchs in der Hecke und die Kaninchen in den jungen Kulturen. Bis zum Nachmittag haben wir das ganze Revier bis auf die Saudickungen bejagt, es ist auch genug, denn ein paar Hasen müßte ich mir noch bis Weihnachten übriglassen und den einen oder anderen Gockel. Aber immerhin, mit den Enten haben wir 37 Stück Wild bekommen, und wenn man mich fragt, werde ich noch nach Tagen wissen, wo ich jedes einzelne Stück geschossen habe und welche Aufregung oder Umstände seine Erlegung begleiteten. Wir machen dann noch einige Gehorsamsübungen und eine Schleppe mit dem Fuchs und Wasserübungen mit einer Ente, die ich über den Fluß weit ins Schilf werfe, denn es ist schon ein Unterschied, ob ich kaltes Wild aus tiefer Deckung suchen lasse oder frisch geschossenes. Außerdem ist das Bringen durch den sehr schnell fließenden Fluß mit seinen Strudeln auch eine gute Übung, die Technik der Ausnützung von Strömung und Gegenströmung zu lernen und das Überwinden von Steilufern mit einer Beute im Fang.

Solche Jagdtage sind nach meinem Geschmack, es sind die wenigen Gelegenheiten echten Jagens, und nun wo ich mit meiner Meute so gut zusammengearbeitet habe, daß nur wenige Winke und Pfiffe genügten, sie zu regieren, da verstand ich erst richtig, was der alte Tewesbur vor ein paar Jahren damit gemeint hat, als er mir bei seinem 90. Geburtstag sagte: „Für mich ist das Leben vorbei, seit ich nicht mehr mit den Bracken jagen kann."

„Damals in den zwanziger Jahren", erzählte er mir oft, und immer hörte ich seine Geschichten wieder gern, „damals waren wir Kerle, wir vier Bauern, und man nannte uns die vier Apostel, weil wir das einfache

Bauernleben predigten mit unseren Schnucken und Bienen und unserer Koppel Bracken und nicht den neumodischen Kram mitmachten, der nachher so viele an den Bettelstab brachte. Junge, Junge, unsere vier Höfe mit über 2000 Hektar zusammen und dann noch die Pachtjagd von den Nachbarn, wir hatten eine Jagd größer als ein staatliches Forstamt, und dann jagten wir mit unseren Hunden, soweit der Himmel blau und die Heide rot war. Nichts mehr ist davon übriggeblieben, die Jagden verpachtet, die Hunde tot, und wir vier sind alte Esel geworden."

Aber noch immer saßen sie voller Schnurren und Einfälle, und selbst von ihren Alterstaten erzählten sich die Leute in den einsamen Dörfern noch manche Geschichte. Verschiedenes habe ich selber erlebt.

Da saßen wir spät am Abend, eigentlich war es sogar schon Nacht, in einem der Höfe und warteten auf Onkel Hermann, den Altbauern, der mit den anderen drei Aposteln zum Skat auf dem Nachbarhof eine halbe Stunde Wegs entfernt zusammengekommen war. Schließlich machten wir uns Sorgen und wollten eben auf die Suche gehen, denn Onkel Hermann war schließlich auch schon hoch in den Achtzigern, da ging die Tür auf, und der Vermißte trat ein. Allerdings ohne Hut und Stock und hinter ihm troff und floß ein ganzer Bach aus seinem dunklen Anzug. Wir standen alle auf und blicktem mit starrem Auge auf die sich immer mehr vergrößernde Pfütze und auf die triefnassen Sachen des Bauern.

„Tjä", meinte er, „da mögt ihr euch wohl wundern, was?" und hielt sich am Tisch fest und war, das merkte man dann doch ziemlich deutlich, so ganz schön beschickert. „Tjä", fuhr er fort, „das ist so ein Ding mit der Chaussee, da kann man leicht unter die Räder kommen in der späten Nacht. Wißt ihr, da habe ich mir gedacht, besser ist nicht immer sicherer, und am sichersten ist es im Bach, da kommt bestimmt keiner gefahren, und verlaufen kann ich mich auch nicht, denn wo die Brücke ist, da ist mein Hof. Aber ich muß schon sagen", und damit klopfte er mit den Knöcheln auf den Tisch, „Junge, du solltest ja nun wirklich die Beeke mal reinigen, da kann einen ja glatt versaufen in den Kölken mit dem Treibholz, und da kannst du auch morgen meinen Hut suchen – verdammte Unordnung ist das auf dem Hof!"

Damit verschwand er, immer noch Wasser versprühend, das leicht nach Moor und Entengrütze roch, und ließ uns staunend, und, was seinen über sechzigjährigen Sohn anbetraf, sogar verlegen zurück. Im Jahre darauf haben wir Onkel Hermann zu Grabe getragen, und es war recht eigentümlich, daß der offenbar größte Leidtragende der Produktenhändler aus dem Marktflecken nebenan zu sein schien, denn die Tränen liefen ihm über das Gesicht, was sonst in der Heide wahrhaftg nicht üblich ist.

Nach acht Tagen oder so klärte sich das Rätsel: Ich ging mit Heinrich, dem Bauern, durch den Wald und dabei fiel uns ein, daß wir einmal nach dem Wasserstand im Teich sehen sollten, weil wir demnächst abfischen mußten. Heinrich klappte den verschlossenen Deckel des Mönches hoch, steckte seinen Kopf tief in das Loch, zog ihn wieder heraus und meinte kopfschüttelnd: „Nee, kiek mol eens, was hat Vaddern da nur für Garn reingehängt?", und damit kriegte er eine lange Schnur zu fassen, zog sie heraus, und siehe da, es hing eine volle Flasche Korn dran. Nach und nach beförderte er wohl ein Dutzend solcher Buddeln nach oben, die, alle säuberlich an Schnüren aufgehängt, in der Kühle des Wassers temperiert waren. „So ein Feinschmecker!" sagte er erstmal und dann, „Du, die müssen wir irgendwo beiroden, Muddern darf das nicht wissen, aber jetzt ist mir das große Weh vom Produktenklaus klar, Vaddern war wohl sein bester Kunde." Drum also hatte sich der Altbauer die Bewirtschaftung des Teiches vorbehalten, wo man ihn zu allen möglichen Tageszeiten herumkriechen sehen konnte. „Stür man hier nicht so viel herum", pflegte er zu sagen, „ich habe da 'n paar Eisen gestellt für die Katzen." Jetzt wußten wir Bescheid, was das für eine Sorte „Eisen" war!

Aber ich bin weit von den Hunden abgekommen, das kommt davon, wenn einen die Erinnerungen überfallen. Mit der Bianca hatte ich im Sommer einen Wurf gezogen.

Es traf sich mal wieder ganz ausgezeichnet, daß sie ihre Jungen gleichzeitig mit unserem eigenen Nachwuchs kriegen sollte und wir abermals eine tierliebende Säuglingspflege ins Haus bekamen. Die Geburt des Jungen erfolgte am 11. Juli, und am 16. kam meine Frau aus der Klinik. In der nächsten Nacht ging es bei Bianca los, Gott sei Dank nicht unter so dramatischen Umständen wie beim ersten Wurf der Lady, aber doch des Erzählens wert, findet jedenfalls meine Frau.

Sie hatte gerade ein wenig geschlummert, als sie davon wach wurde, daß draußen vor dem Fenster, wo der Hundezwinger stand, Licht flackerte. Als sie sich im Bette aufgerichtet hatte, bot sich ihr folgendes Bild: In der Finsternis der Nacht stand im Zwinger vor der aufgeklappten Hütte unsere Säuglingspflege in einem rotsamtenen Morgenrock und hielt in ihrer Hand einen vierarmigen silbernen Leuchter mit Kerzen, ein Erbstück der baltischen Vorfahren, hoch empor, während ich, ebenfalls in wallende Gewänder, jedoch grün, gekleidet, mit dem halben Oberkörper in der Hütte verschwunden war, um der Bianca Geburtshilfe zu leisten.

Das ganze muß einen ziemlich Macbeth-haften Eindruck gemacht haben, jedenfalls hatte sich meine arme Frau entsetzlich erschrocken, fand aber dann doch ihren Humor wieder und brachte uns lachend einen Tee und Ersatzkerzen, weil die erste Garnitur schon bald heruntergebrannt war. Auch die zweiten reichten nicht aus, denn die Geburt verlief zwar normal, dauerte aber doch einige Stunden und wurde gerade nicht sehr erleichtert dadurch, daß sich das dumme Tier die Hütte im Zwinger ausgesucht hatte und die Wurfkiste in der Küche verschmähte. Der Erfolg dieser Dummheit war denn auch, daß sie von ihren fünf Jungen zwei erdrückte. Eine Hündin, Diana, behielt ich mir zurück und züchtete mit ihr später zwei Würfe mit ihrem Onkel, dem Casanova, also einem Rüden aus der Lady, von denen ich mir wieder eine Hündin zurückbehielt, nämlich Flicka – eigentlich Freya –, mit der ich jetzt jage.

Im Jahre 1965 ging ich von Celle fort nach Bonn zum Deutschen Jagdschutz-Verband, wo ich unendlich viele jagdliche Freuden überall in Europa erlebte. Das geliebte Jagen mit meinen Hunden und vielleicht einem oder zwei guten Freunden wurde aber doch zur Ausnahme. Nur mein kleines Heiderevier, leider sehr weit vom Rhein entfernt, bot noch hin und wieder das große Glück der Einsamkeit.

Diana und Casanova hatte ich weggegeben, denn mehr als zwei Hunde mochte ich in der Stadt nicht halten, es wäre auch für die Hunde keine Freude gewesen, denn die meiste Zeit lagen sie doch nur unter dem Schreibtisch und betätigten sich als „Flohmutterschiffe“, wie Kollege Wiese nicht ganz zu Unrecht behauptete. Es ist darum aus dieser Zeit nicht ganz viel zu berichten, einiges aber will ich noch aus meinem Schußbuch herausziehen, wo hier und da ganz dick der Name des einen oder anderen Hundes eingetragen steht.

Eine Wasserarbeit, die weithin Aufsehen erregt hat, die sogar von Rundfunk und Fernsehen aufgenommen wurde, machten meine beiden Hündinnen anläßlich einer halben Staatsjagd in Bayern an der Isar unterhalb von München.

Diese Jagd war nicht nur als Geschenk an die Freunde des Jagdherrn gedacht, sondern sie sollte auch vor Funk und Fernsehen demonstrieren, wie eine Treibjagd in bester Weise durchgeführt werden kann. Infolgedessen war nicht nur ein gewaltiges Aufgebot von bedeutenden Jägern aus allen Landen am nebligen Stelldichein, sondern auch die Aufnahmewagen des Bayerischen Rundfunks mit Kabeln und Schnüren und Mikrophonen und all diesem notwendigen Klimbim. Als erstes Treiben war eine Feldstreife vorgesehen, und ausgerechnet mich nahmen die Aufnahmeteams aufs Korn und holperten mit dem schweren Auto hinter mir her. Wahrscheinlich waren es die bunten Hunde, die im Fernsehen so recht putzen würden, und man versprach sich von einem Jäger, der gleich mit zwei Hunden auf der Jagd erschien, wohl ganz besondere Wunderdinge.

Als sich nun auf den ersten zwei Kilometern der Streife absolut nichts dergleichen tat und ich die zwei oder drei Hasen und ein Huhn nicht einmal von den Hunden aufnehmen ließ, sondern die Treiber darum sandte, kam bald der Aufnahmeleiter und bat mich, erst einmal die Hunde loszulassen und dann in die Luft, möglichst mehrmals, zu schießen, die Schnitte mit dem Wild würden sie dann hineinkleben. Ich sah meine Hunde schon den ganzen Ablauf der Jagd durcheinanderbringen, denn auch der gehorsamste Hund wird einmal durchgehen und zwar immer dann, wenn man mit ihm glänzen will, das ist eine ganz natürliche Reaktion der Götter und Geschöpfe auf menschliche Eitelkeit, deshalb schlug ich zur großen Erbitterung der guten Leute ihnen diesen Wunsch ab, was zu so heftigem Wortwechsel führte, daß ich prompt einen Hasen vorbeischoß, was meine Laune nicht verbesserte. Aber dann flog ein einzelner Fasanenhahn die Treiber- und Schützenkette entlang, er hatte mächtig Fahrt drauf und drückte noch dazu nach unten, um ein Feldgehölz zu erreichen, das rechts von uns lag. Es erhob sich folglich der berühmte „Feuerturm", den man von querstreichenden Schnepfen bei Waldjagden gewohnt ist, und, wie immer in solchen Fällen, alle Schützen übereilten sich, weil keiner den Hahn dem Nachbarn gönnt, und so wurde er reihenweise vorbeigeschossen. Eine wunderbare Möglichkeit für die Fernsehleute. Als der Gockel auf mich zustrich, nahm ich ihm von weit vorn schon das Maß und schoß ihn – wie man alle hohen und schnellen Fasanen schießen sollte – von vorn in „die Fresse". Klatsch, fiel er herunter. „Ja, und jetzt die Hunde!" schrie einer der Fernsehonkels, und ich schnallte die Bianca, und sie brachte den Hahn. Na, Gott sei Dank, damit war ich die Leute los, hoffte ich.

Das nächste Treiben war als Demonstration eines Vorstehtreibens gedacht, und man verzeihe mir bitte, wenn ich als Jagdgast die Kritik äußere, daß dieses Treiben so blödsinnig wie nur möglich angelegt worden war. Die Fasanen wurden nämlich gezwungen, gegen die Isar zu fliegen, auf deren Damm die Ehrengäste standen, würdige Herren zumeist, von denen aber die wenigsten in der Lage waren, den Fasan nach vorn zu schießen. Sie ließen die Vögel querab kommen, schossen, und was sie trafen, fiel mit tödlicher Sicherheit in den Fluß.

Ich selbst stand als jüngerer und weniger zu ehrender Gast an einer der Flanken, ich glaube, ich schoß einen Hasen und einen Hahn und suchte nach dem Abblasen des Treibens, an dem es in der Front mächtig geknallt hatte, für meinen Nachbarn noch einen Fasan nach. Nachdem ich ihn gefunden hatte, setzte ich mich langsam in Richtung Sammelplatz in Bewegung, denn dort sollte es Frühstück geben.

Als ich um eine letzte Biegung des Gehölzes vor dem Fluß kam, vernahm ich von weitem ein unmäßiges Gebrüll aus verschiedensten Kehlen, dazu das Schrillen von Hundepfeifen. Da kam mir auch schon in starkem Galopp der Jagdherr entgegen mit schreckgesträubtem Haar und flehte mich an, so schnell wie möglich wenigstens zu versuchen, die Situation vor Fernsehen, Honoratioren und Politikern zu retten. Es war natürlich so gekommen, wie es kommen mußte, die in der Isar schwimmenden toten Fasanen trieben langsam, aber sicher der Donau entgegen, verfingen sich in den Weidenbüschen am Ufer oder waren sogar bis auf die Jenseite geflogen. Es war eine ziemlich scheußliche Situation, denn die Isar ist unterhalb Münchens kanalisiert in einem steil abfallenden Betonbett, in das nur alle 200 Meter eine Treppe eingelassen ist, auf der Mensch und Hund das Wasser erreichen können. Der Fluß selbst mit einer Breite von mehr als 90 Metern war stellenweise ziemlich reißend, und die Hunde wurden beim Schwimmen weit abgetrieben.

Ich sagte dem Jagdherrn, daß ich es zwar versuchen wolle, daß ich aber für ein Gelingen nicht garantieren könne, denn in Beton hätten auch meine Hunde noch nicht gearbeitet. Zunächst einmal müßten aber alle anderen Hunde verschwinden und zwar hinter den Deich, um nicht meine Hunde zu stören. Schon diese Vorarbeiten machten das Ganze für die Anwesenden noch spannender, und ich kam mir vor wie der Torero, der nach dem vorbereitenden Einsatz der Picadores jetzt den Stier zu töten hat. Ich weiß nicht, wie diesen Leuten zu Mute ist, aber ich könnte mir lebhaft vorstellen, daß es so ähnlich sein muß.

Unter dem Surren der Kameras und den teils spöttischen, teils erwartungsvollen Blicken einer unübersehbaren Korona von Schützen und Treibern schnallte ich aufseufzend meine Hunde, stieg eine der Betontreppen hinab und schickte die beiden ins Wasser. Drüben sah ich einen Hahn in einem Weidenbusch hängen.

„Weit voran!" befahl ich und „rechts!" Beide Hunde machten gehorsam die Schwenkung gegen die Strömung, und, nachdem sie drüben etwas oberhalb des Hahnes angekommen waren, befahl ich „links!", und sie drehten gehorsam, sahen den Vogel in den Büschen, steuerten darauf zu, faßten ihn alle beide und brachten ihn in Gemeinschaftsarbeit zu mir.

Dröhnender Applaus von hinten!

So ging es zwei- oder dreimal mit Erfolg, und ich hoffte schon, daß damit die Qual öffentlicher Prostitution beendet sei, aber nein, einer der Herren meinte, daß drüben auf der anderen Uferseite im Gebüsch oberhalb der Betonmauer noch ein Hahn krank eingefallen sei und ob ich den nicht auch holen lassen wolle. Probieren konnte ich es ja, also schickte ich die Hunde noch einmal los, dirigierte sie zu einem Ausstieg, schickte sie mit „Weit voran!" dort hinauf und konnte jetzt, nachdem die Hunde im Ufergebüsch verschwunden waren, nur noch hoffen, daß sie den Fasan finden würden. Weil ich unten am Fluß stand, konnte ich nicht sehen, was die Hunde drüben trieben, der Betonwall versperrte mir die Sicht. Plötzlich erscholl hinter mir auf dem Damm ein Klatschen wie nach einer gelungenen Theatervorstellung, und dann sah auch ich die Hunde, wie sie nebeneinander liefen und einer von ihnen hatte den Hahn im Fang. Sie kamen die Treppe herunter, stiegen ins Wasser und schwammen zu mir. Von diesem Augenblick an waren sie die Stars des Tages, bekamen eine Unmenge Regensburger Würste zu fressen, ein höchstministerliches Lob und am Abend beim Knödelbogen die Ehre, in einem Korb auf der Tafel sitzen zu dürfen, was ihnen zwar absolut keine Freude machte, denn sie hätten lieber den Schlaf der Gerechten genossen, aber die Lady jedenfalls fühlte sich auch geehrt und machte das Gesicht einer Diva.

Einige Tage nach diesem Erlebnis, das ich nicht schildern wollte, um mich zu loben – die ganze Feierei um mich und meine Hunde war mir schon arg zuwider, denn ich wollte mit dieser Geschichte nur erzählen, zu welchen Leistungen Hunde fähig sind, wenn man sich stets und intensiv mit ihnen beschäftigt und auch beim alten Hund das ständige Training nicht versäumt – einige Tage also nach diesem Erlebnis fuhr ich wieder in die Heide. Ich wollte dort das Fest des Heiligen Hubertus auf meine Weise feiern, denn ich hatte in den vergangenen Jahren eine Menge Haare gefunden in der Art, wie es häufig geschieht.

Ich liebe weder schales Bier noch schale Reden, und der falsche Weihrauch aus Eigenlob und mißverstandener Tradition sticht mir peinlich in der Nase. Ich meine, daß es geschmacklos ist, einen Kühlhaushirsch mit Kreuz im Geweih in einer Kirche aufzubahren, und ich glaube, daß die nichtjagende Öffentlichkeit kein Verständnis aufbringen kann für den Brauch des Jägerschlags im Bierdunst einer Gastwirtschaft. Man kann dies auch anders machen, würdiger, der Zeit gemäßer und in der Achtung, die wir den Geschöpfen Gottes, allen Geschöpfen Gottes, schulden sollten. Der Heilige, dem Gott im Hirsch begegnet, ermahnt uns, so will mir scheinen, zu stillerem Besinnen auf die Verantwortung, die uns Aufgabe und Erfüllung zugleich bedeutet.

Seither meide ich die Städte an diesem Tage und auch die großen Jagden, nehme Hunde und Flinte und fahre in mein Heiderevier, um einsame Zwiesprache mit mir und meinem Tun im letzten Jahre zu halten und um mich zu freuen an den Farben des Herbstes, dem raschelnden Schilf und den fallenden Blättern am Fluß.

Es war – und dies wußte ich damals noch nicht – die letzte gemeinsame Jagd mit den beiden Hündinnen, bald darauf wurde die Bianca blind oder fast blind, und erst nach langem Hin und Her, nach dem Probieren von ungezählten Medikamenten, stellte sich heraus, daß sie sich wahrscheinlich damals in der Isar mit Kolibakterien die Tränendrüsen infiziert hatte. Es wurde eine neuartige Operation an ihr versucht, indem man jeweils auf einer Seite eine der sechs Speicheldrüsen löste und unter der Haut vorsichtig nach oben anstelle der Tränendrüsen verpflanzte. Der Hund tränte zwar fortan fast immer, vor allem beim Fressen, aus beiden Augen, wurde doch aber wieder wenigstens beschränkt jagdfähig, nur ins Wasser und in den Staub der Hühnerjagd durfte ich sie nicht mehr lassen. Sie blieb als Beihund meist an der Leine und wurde nur für kurze Zeit geschnallt.

Die wenigen Gelegenheiten, die ich hatte, um in meinem Revier zu jagen, mußte ich immer gut ausnützen, denn wenigstens der Abschuß des weiblichen Rehwildes, nicht gern getan, aber notwendig, mußte erfüllt werden. Meistens ist es doch so, daß erst dann, wenn der Winter kommt, der Jäger sich daran erinnert, daß ihm noch etwas Unangenehmes zu tun bleibt, nämlich der Rickenabschuß. Oft verdrängt er dennoch die Mahnung des Gewissens ganz schnell und geht in seiner freien Zeit in die letzten noch stehenden Rüben auf Hühner und an den Bahndamm auf Kaninchen, auf die Fasanen im Bruch und den Hasen am Waldrand. Und plötzlich ist es dann Neujahr, und gleich ist die Jagdzeit zu Ende. Davor hat es dann noch tüchtig geschneit, das Wild steht an den Fütterungen, zum Ansitz mag man auch nicht mehr gehen, denn dazu ist es zu kalt geworden, und so retten die alte Ricke, die schon jahrelang nur kümmernde Kitze hochbringt, und das Schmalreh auf drei Läufen sich wieder einmal durch die Jagdzeit. Und um nicht als Blödmann vor der Jägerschaft und der Jagdbehörde dazustehen, gehen die fälligen Ricken als „Papierrehe“ in die Statistik ein und nicht in die ewigen Jagdgründe, wohin sie gehörten. Ich bin ehrlich: Mitunter auch bei mir!

Aber damals, im Jahre 1968 konnte ich bei der Versammlung der Jäger des Kreises hocherhobenen Hauptes einhergehen, denn ich hatte meinen Abschuß ehrlich erfüllt.

Mein Drang zur Einsamkeit der Heide vereinigte sich prächtig mit dem Wunsche meiner Frau nach einer gefüllten Kühltruhe, und so setzte ich mich schleunigst von Bonn ab, um ganz ernsthaft meinen Pflichten als Jagdausübungsberechtigter nachzukommen. Allein schon die Scheußlichkeit dieses Wortes verursacht in mir, sobald ich seiner Assoziation mit meiner jagdlichen Tätigkeit gewahr werde, eine Versteifung des Rückgrates, die zeitweise mit einem Handzuck zum Geldbeutel, zeitweise auch mit einem Blick auf den behördlichen Abschußplan verbunden ist. Letzteres war dieses Mal der Fall. Und siehe da: Drei Ricken harrten noch ihrer aus vielfachen Gründen gebotenen Erlegung.

Eine notwendige sehr scharfe und zeitlich eng begrenzte Planung des Möglichen ergab, daß ein Ansitz entweder auf dem Hochsitz an den Flußwiesen – uralte Ricke – oder am Feldstück Heide – jämmerliches Kitz – oder auf der Brandlinie am Hohen Ufer – kümmerndes Schmalreh – Erfolg versprach.

Die Entscheidung fiel mir schwer, denn ich wollte auch noch ein paar Hasen und Gockel schießen, sie wurde mir aber an Ort und Stelle leichter, weil der Ostwind wehte und dies so stark, daß ein Ansitz auf offener Fläche sich von selbst verbot. Danach kam nur die Brandlinie in Frage, die quer zur Windrichtung verläuft.

Ohne rechte Zuversicht und murrend setzte ich mich am Nachmittag hinter einen Faserholzstoß. Und siehe da, ich grabbelte noch in den Taschen nach Feuer und Zigaretten, und schon trat eine Ricke auf die Linie und mit ihr ein mickriges Kitz, ästen sich am spärlichen Gras – Sicherung herum und Büchse hoch – und alles übrige ist nicht des Erzählens wert.

Ich hängte das Kitz zum Auskühlen in eine Kiefer, trottete zur Ilmenau, um mir die Hände zu waschen, und überlegte, was ich jetzt anstellen könne, denn der Nachmittag war ja noch kaum angebrochen. So rechte Lust hatte ich zu nichts, zudem war ich nach vierzehn Arbeitstagen ohne Sonntag körperlich und geistig in einer schöpferischen Pause und völlig abgeschaltet. So beschloß ich zunächst einmal gar nichts, pfiff den Hunden, schlug mir die Büchse übers Kreuz und zog fürbaß der Nase nach, ohne rechtes Ziel.

So etwas zahlt sich mitunter aus! Obwohl ich die Augen zu den Stiefelspitzen herunterhängen ließ, wurde ich dennoch gewahr, daß mit einemmal beide Hunde fehlten. Einer aufkeimenden Verwunderung wurde ich sehr bald enthoben dadurch, daß in der Dickung rechts von mir doppelter Hetzlaut erklang, der sich rasch entfernte und hinter einer starken Bodenwelle gänzlich verhallte.

Was jetzt? Mein träges Gehirn begann zu arbeiten, es erinnerte sich eines ähnlichen Vorfalles vor einigen Jahren, es schloß auf eine ähnliche Ursache, aber bevor ich soweit war, liefen meine Beine schon, hatte ich das Fernrohr von der Büchsflinte heruntergerissen und, als ich über den Berg kam, hatte mein Denken den Instinkt wieder eingeholt, und ich wußte, daß die Hunde an einem kranken Stück Wild hetzten!

Da hörte ich sie auch, beide Hunde, den tiefen Ball der Bianca und den hellen, giftigen der Lady – doch plötzlich nur noch Stille, Wind in den Kiefern, ein Flug Tauben, der klatschend vor mir hochging, ein Eichelhäher in der Dickung, weit drüben im Feld der D-Zug nach Hamburg.

Doch dann: Hau! klingt es aus der Ferne, hau, hau! – Pause – Hau! hau! Lady verbellt tot, zaghaft zunächst, dann Schlag auf Schlag, hört auf damit, erscheint nach einer Weile vor mir am Dickungsrand, sieht mich, bellt zweimal kurz und scharf und macht wieder kehrt zum Stück hin. Also folge ich ihr, aber ich tue es ganz langsam, damit ich ihren Ruf so oft wie möglich hören kann, daß sie noch mehrfach zu mir kommen muß und wieder wenden. Dann stehe ich eine Weile und lausche zu ihr hin, zum schönsten Lied für einen Rüdemann: Dem Ruf des Hundes nach seinem Herrn, wenn er das Wild gefunden hat.

Ganz langsam trete ich näher, bis mich die Hunde durch die Kiefern brechen hören. Da kommt Bianca und zieht mich am Mantel zum Stück. Eine uralte Ricke ist es, längst von den Hunden abgetan und verendet, mit einer schweren Verletzung an der linken Keule, Prellungen und Brüche stelle ich fest, blutunterlaufen das ganze Gewebe. Ich war froh, dieses arme Opfer der Straße von seinen Schmerzen erlöst zu sehen, das sich ohne das eigenmächtige, instinkthafte Benehmen der Hunde vielleicht noch tagelang gequält hätte.

Meine Gedanken wurden nicht froher an diesem Hubertustage, denn ich mußte an die ungezählten Tiere denken, die, angefahren, irgendwo unter einer Kiefer verenden, und nur der Fuchs und die Sauen wissen davon und im nächsten Jahr der Pilzsammler, der die gebleichten Knochen findet.

Ich beschloß, nach Hause zu gehen, das Auto zu holen, um die beiden Rehe zu bergen, dann gehörig auszuschlafen und am nächsten Tage fröhlich zu jagen. Aber die Hunde sollten sich noch einmal so richtig austoben dürfen nach Wochen beschaulicher Ruhe unter dem Schreibtisch. Im Schilf geht das immer am schnellsten, dachte ich, da müssen sie sich mühen und haben obendrein noch Spaß an den Fasanen. So ging ich hinunter zum Fluß, schickte die Hunde zum Stöbern und war bald ganz wach und froh, denn ich sah, daß die Fasanen die Fütterungen gut angenommen hatten, und zählte die purrend aufsteigenden Hennen und Hähne.

Plötzlich aber rauschte es mächtig im Schilf, Wasser platschte, die langen Halme wackelten schräg nach vorn in Richtung der Viehweide, und ehe ich noch so recht geschaltet hatte, flüchtete die vorhin erwähnte alte Ricke quer zu mir dem Walde entgegen.

Manchmal handelt man wie unter einem Zwang, man tut oder sagt etwas ganz ohne Einschaltung des Verstandes. So auch hier: Die Büchse flog hoch, das Fadenkreuz suchte und fand die richtige Stelle kurz vor dem Halsansatz, fuhr mit, und in die volle Flucht hinein fiel der Schuß und die Ricke ging über Kopf wie ein roullierender Hase, lag da und hatte einen tadellosen Blattschuß.

Nie hätte ich so etwas mit Überlegung und vollem Bewußtsein getan. Ich bin auch nicht besonders stolz auf mich und meine Leistung, nur auf die Hunde. Denn was ich tat, das war Zufall, das Erfassen einer gegebenen Chance und schließlich sogar ein Gebot der Hegepflicht. Es ist auch ein wenig das große Staunen, daß der Heilige einem langsam alternden Jäger einmal so wohl will, wie er es dem Jungen gerne zuteil werden ließ. Sonst ist das nicht mehr meine Art, schon lange nicht mehr, solch Handeln aus dem Unbewußten heraus, weder meine Art, noch die meiner Hunde, denn wir waren alle mitsammen älter geworden, bedächtiger, abwägender – aber ich glaube, auch die Hunde genossen dieses verinnerlichte Jagen ohne Hast und Vorwärtsdrängen.

Und jetzt? Jetzt bin ich in Bayern gelandet in einem Revier, einem großen Revier und könnte einen neuen Anfang machen mit meinen Hunden, denn Platz ist da, Zeit ist da, und Wild ist da.

Aber die Lady ist tot und die Bianca alt und, als ich hier anfing, da trug ich mich schon mit dem Gedanken, wieder ganz von vorn anfangen zu müssen, denn die Welpen aus dem letzten Wurf waren in alle Winde verstreut. Einen von ihnen hatte mein alter Freund Wedigo, der mit dem Wulfi seligen Gedenkens, eine Hündin, doch es ergab sich, daß der Freund für Jahre ins Ausland mußte und den Hund nicht mitnehmen konnte. So bekam ich sie wieder zurück, die Freya, genannt Flicka, und ein wenig Üben würde zeigen, was in ihr steckte.

Es war Juni, die Bockjagd war eben aufgegangen, und nach dem Gewitterregen am Nachmittag, der die Schwüle der vorangegangenen Tage angenehm gebrochen hatte, war ich hinausgegangen mit Hund, Sitzstock und Büchse, ziellos eigentlich herumwandernd im Revier. Ich hatte mich an den vielen Jungfasanen gefreut am alten Hof, an den Kitzen auf den Böschungen der Teiche, am Ruf des Pirols, am Flugbild der eben flügge gewordenen Wiedehopfe und war schließlich am alten Nußbaum vor der Hecke von verwilderten Rosen gelandet, in der hintersten Ecke des Reviers. Ich weiß heute nicht mehr, was mich dorthin getrieben hatte, ob es die Hoffnung war, den alten Bock zu sehen, den ich einmal im Frühjahr im Bast hier beobachtet hatte, der aber seither verschwunden war, oder die immer wiederkehrende Freude an der Wildnis, der „Höll'“, die noch nie hatte eine Axt klingen hören, über die man hinwegsehen kann zur Donau hinunter und über die Au weit hinüber in die Berge des Bayerischen Waldes, wo unter mir aus dem tiefen Forst die krächzenden Schreie der Reiher heraufklingen, die in der Verborgenheit mächtiger Tannenwipfel ihre Horste haben, aus denen sie, vom Winde getragen, hinabstreichen in die Fischgründe der Altwässer.

Ich war an dem langsam zerfallenden alten Hof vorbeigewandert, der wie ein Dornröschenschloß von rotem Holunder umrankt wird, hinab über die ehemalige Hofwiese an den Kirschbäumen vorbei, aus denen die Amseln und Stare flogen, vorbei an den zerfallenen Bänken im Rosenhag bis hin zum Steilhang der wilden Fliederbüsche und breitlastenden Nußbäume, dem „Paradiesgärtlein" des Hofes.

Vor dem dicksten und ältesten Baum hatte ich mir ein Plätzchen gescharrt im Fallaub des Vorjahres, hatte den Stock aufgeklappt, den Hund zur Ruhe gewiesen und mich an die silbrige Borke des Stammes gelehnt – ich weiß jetzt, es war ganz ohne die Absicht zu töten, zu jagen gewesen, nur ausruhen wollte ich, rasten und schauen, genießen und lauschen. Und dann war es ganz schnell gekommen: Plötzlich stand unter mir am Waldrand ein rotes Schmalreh und äugte zurück in den Dchungel der Steilschlucht. Der Pirol flötete in den Bäumen, irgendwo klatschte ein Tauber im Flug, kirschsaftselige Wespen schwärmten, von der Donau herauf orgelte tief die Sirene eines Schleppzuges, und die Luft, die Luft war so durchsichtig klar, daß die Farben, die ganze Grünpalette der Natur, fast weh taten. Ich mußte blinzeln und mit den Augen zwinkern, und das Rot des Rehes wirkte fast schwarz, so stark war der Kontrast.

Es hatte eine kleine Weile gedauert, wie es eben dauert, wenn etwas geschieht, mit dem man nicht rechnet, ehe man reagiert, bis ich das Glas an die Augen nahm. Siebzig, achtzig Meter waren es bis dort hinunter, jede Einzelheit war zu sehen, die schwarz spiegelnden Lichter, das feine Zucken der aufmerksam nach vorn gerichteten Lauscher, die Angespanntheit des Körpers, jeden Muskels, die Erwartung. Ich behielt das Glas oben, vermied jede überflüssige Bewegung, denn ich saß ja ganz frei vor dem Baum, und der Bock, oder was da kommen mochte, stand vielleicht schon dicht am Rand und sicherte. Dann war er plötzlich da, wie aus dem Boden gezaubert, keine zehn Schritt neben der Schmalgeiß, aufgetaucht aus der tiefen Rille eines Wasserrisses, fahlgelb fast in der Farbe der Decke, grau geringelt in Löckchen die Haare auf der Stirn, schwarz die Stangen, geperlt, dick, ohne Enden und leicht zurückgebogen, in zwei schneeweißen Spitzen wie Dolche endend.

Alter Bock, der erste Gedanke, bloß feststellend, registrierend. Dann ein Herzschlag hin zum Hals; schießen! Du siehst ihn nie wieder; wer weiß, wo er dort unten seinen Einstand hält in Farn und Kraut und nie versagender Äsung in undurchdringlichem Schutz.

Der Bock äugte zu mir herüber, gar nicht mißtrauisch, kenntnisnehmend bloß von der ganzen Gegend, mit der ich am Nußbaum verschmolz, senkte das Haupt, drehte es hin zur Ricke, und in diese Drehung hinein ließ ich das Glas herunterrutschen, griff zur Büchse, stach sie im Hochgehen ein: Freihändig sitzend nach unten, den Rücken an den Stamm gepreßt – „Hund, bleib liegen, down", gezischt aus dem Mundwinkel. Siebzig Meter; der Stachel im Fernrohr tanzt ein wenig auf dem rechten Fleck am Bock, und jetzt tritt er herum spitz auf mich zu, ja verdammt, er eräugt mich. Irgendwie wird er starr in erkennendem Schreck, strafft sich zur Flucht. Da brach der Schuß, und die Bühne war leer.

Alles war eigentlich ganz unwirklich gewesen, wie eine Fata Morgana. Jetzt die Leere nach dem Schuß schien die wahre Wirklichkeit. Unten tutete immer noch der Kahn, die Reiher krächzten in ihren Horsten, der Pirol pfiff, und alles, was dazwischen geschehen war, brauchte seine Zeit, um zu reifen, erkennen, wissen zu lassen, daß es war, wirklich und wahrhaftig geschehen war.

Die Zigarette, Feuer, Büchse auf, Hülse raus – der Duft des abgebrannten Pulvers zieht als kleines Wölkchen mit dem Winde – neue Patrone hinein und wieder geschlossen. Der Hund mahnt, klopft mit der Rute. „Warten, Flicka!", warten bis die Zigarette in Rauch aufgegangen ist, warten auch, obwohl es mich mit allen Fasern hinzieht, wo das Gras rot beperlt sein wird, sein sollte.

Wie war es doch, wie stand der Bock, und wo war der Stachel, als die Kugel flog? Die Zweifel kommen, nagen, drücken: War ich doch zu weit nach hinten abgerutscht im Abziehen, hatte die sacht kreisende Mündung der Waffe vielleicht gerade im Schuß eine Seitendrehung gemacht? Dann wäre es ein Streifschuß, ein elender Patzschuß geworden, und überhaupt, mußte es nicht so sein, denn bei dieser Stellung von vorn und dem starken Geschoß müßte der Bock am Anschuß liegen, hätte ich mitten ins Leben getroffen. Siedende Zweifel und Angst – dann wäre es richtig, gleich mit dem Hunde loszugehen, zu suchen, hetzen zu lassen, vielleicht, daß er ihn niederzieht, solange der Bock noch benommen ist vom ersten Schmerz. Also schnell hin! „Komm, Flicka!"

Achtzig Schritte zähle ich ganz mechanisch bis an den Holunderbusch am Rande des Abbruchs, Klee wächst da und Löwenzahn und Huflattich. Und da ist Schweiß, Schweiß gespritzt in dünnen strichförmigen Tropfen auf dem Boden der Wiese und auch dort in den tiefhängenden Zweigen des wilden Birnbaums. Reichlich Schweiß, guter Schweiß, keine Wildpretfetzen, keine Knochensplitter, viel Schweiß sogar, aber kein Bock, auch nicht im Wasserriß, auch nicht unter dem Schwarzdornstrauch in dem niedrigen kleinen Loch zwischen seinen Zweigen, durch die er sich gezwängt hat hinunter in die „Höll". Ich setzte mich, überlegte, grübelte, ob ich es wagen darf, den jungen Hund anzusetzen ohne Riemen, allein in der Hoffnung, daß er sich benimmt wie seine Mutter, Großmutter und Urgroßmutter. Nachsuche am Riemen hier? Ein unmögliches Ding, ich würde froh sein, wenn ich mich rückwärtsrutschend durch den Urwald zwängen könnte. Ein Elend, daß ich es versäumte, rechtzeitig Nachzucht zu schaffen und auszubilden. Jetzt mußte ich sehen, wie ich zurechtkam mit dem halbfertigen Hund – ein anderer, besserer ist nirgends vorhanden weit und breit, nicht einer, der wirklich was taugt, meine ich.

„Also, komm schon, Flicka." Mit langem Sprung jagt sie hinunter vom Wiesenrand, wird langsam, ganz ruhig am Anschuß, tupft mit der Nase in den Schweiß, schaut mich an, und ich nicke und sage „Such verwundt!" Mit ganz tiefer Stimme sage ich es, beruhigend, auch um mich zu beruhigen. Der Hund untersucht noch einmal den Anschuß, findet den Absprung nach unten, kriecht durch die Dornen. Dann ist er verschwunden, verschluckt von der grünen Wildnis unter mir.

Warten müssen, gar nichts tun, nicht helfen können, eine Qual! Unter mir schreit ein Häher, Amseln zetern, hoch über mir fliegt die Münchener Maschine nach Wien. Warten ist die Pest, und ich weiß nicht, ob ich dem Hund vertrauen kann und was er wohl macht, wenn er findet. Die Mutter war lauter Verweiser, die Großmutter zog mich am Ärmel, die Urgroßmutter, die alte Lady, war so halb und halb ein Totverbeller aus Anlage, was wird die Flicka tun? „Hau" geht es da unten, „Hau" – Pause – und wieder „Hau".

„So recht", rufe ich, Rindvieh, das ich bin, denn jetzt weiß der Hund, daß ich weiß, wo er ist, und verschweigt. Aber es war nicht sehr weit. Büchse mitnehmen? Besser ist besser. Also rutsche ich rücklings durch den engen Tunnel, Fallaub rutscht nach, Erde, Steine, es poltert. Wohin jetzt?

„Gib Laut, Flicka, Laut!" Braver Hund: „Hau" ruft sie, einmal nur, aber jetzt kenne ich mich aus und rutsche weiter, zwanzig, dreißig Meter, immer durch Dornen und wilden Anflug. Es wird heller um mich, im Tobel auf nacktem Fels wächst kein Baum, der alljährliche Wasserriß im Frühjahr verhindert das. Ein paar mächtige Felstrümmer liegen da, moosüberspannt, dahinter stehen Tannen, silbergrau steigen sie aus dem mannshohen grünen Teppich. Und dort bewegt es sich, schlagen Zweige, Bock? Hund? – Bock! Dort liegt er, im Sprung über den Felsen verendet, gebettet zwischen den Steinen, und der Hund tanzt um ihn herum in Jagdlust und Eifer.

Welch eine Freude, wieder einen Hund zu haben, wie meine alten es waren, einen Hund aus eigener Zucht, in dem ich sie alle wiederfinde, deren Blut in seinen Adern läuft, einen Hund, der vorsteht wie der Casanova, der auf der Schweißfährte arbeiten lernt wie die Lady, der scharf ist wie der Falk und einen Dickkopf hat wie die Bianca, einen Hund mit Jagdverstand, mit dem ich züchten kann und den Stamm „vom Entenfang" erhalten werde, damit sie mich einst gerecht aufnehmen können in ihre große Koppel im endgültigen Revier.